举隅热传导

正反问题的数值计算方法

刘唐伟　著

电子科技大学出版社
University of Electronic Science and Technology of China Press

· 成都 ·

图书在版编目（CIP）数据

举隅热传导正反问题的数值计算方法 / 刘唐伟著.

成都：成都电子科大出版社，2024.10. -- ISBN 978-7-
5770-1241-4

Ⅰ. O551.3

中国国家版本馆 CIP 数据核字第 2024CA1978 号

内 容 简 介

在地球物理领域的地热学研究中,热传导正反问题的数值解法占据重要地位.本书重点关注几类热传导正反问题的数值解法,具体阐述了几类稳态热传导方程边值问题及反问题的计算方法,探讨了几类多层介质热传导正反演问题的计算方法和几类瞬态热传导正反演问题的计算方法.本书基于统计学习理论下的机器学习算法,对最小二乘支撑向量机方法求解微分方程正反演问题进行了讨论,利用人工智能领域的物理信息神经网络方法,对几类热传导微分方程的求解展开了探究.

举隅热传导正反问题的数值计算方法

JUYU RECHUANDAO ZHENG-FAN WENTI DE SHUZHI JISUAN FANGFA

刘唐伟　著

策划编辑　熊晶晶　李述娜
责任编辑　熊晶晶
责任校对　李述娜
责任印制　段晓静

出版发行　电子科技大学出版社
　　　　　成都市一环路东一段 159 号电子信息产业大厦九楼　邮编　610051
主　　页　www.uestcp.com.cn
服务电话　028-83203399
邮购电话　028-83201495

印　　刷　成都市火炬印务有限公司
成品尺寸　185 mm×260 mm
印　　张　14.25
字　　数　320 千字
版　　次　2024 年 10 月第 1 版
印　　次　2024 年 10 月第 1 次印刷
书　　号　ISBN 978-7-5770-1241-4
定　　价　80.00 元

前　　言

在科学与工程计算领域,热传导问题屡见不鲜,其数学模型通常利用偏微分方程的定解问题进行描述.本书所讨论的热传导正问题,涉及传统意义下的热传导边值问题与热传导混合问题等.一般来说,正问题中仅有温度函数为未知.如果某定解问题中的热传导方程和定解条件含有温度函数以外的其他未知量,该定解问题通常难以求解,通常需要增添额外条件才可能获得解.例如,在热传导边界值问题中,若定义域部分边界上的温度已知,而另一部分边界温度或者其他信息均未知,此问题便无法求解.对于温度函数和部分边界温度均未知的问题,若在已知温度的部分边界上增设热流条件,便会得到一类新的定解问题,称为边界反问题.类似地,还可以探讨热传导源项反问题、参数反问题、逆时反问题等与正问题之间的关联.若一个问题的解不存在、不唯一或者不稳定,那么该问题便被称作不适定问题,大部分反问题是不适定问题,求解难度相对较大.

鉴于众多热传导正反演问题通常难以通过解析方法求解,研究人员提出了各种数值计算方法来探讨热传导正反演问题,诸如有限差分法、有限体积法、有限元法以及谱方法等.然而,这些计算方法也存在一定局限性,如依赖于网格、难以解决高维问题、抗噪能力欠佳等.最小二乘支持向量机(least squares support vector machine,LS-SVM)是一种机器学习方法,可用于求解偏微分方程问题.LS-SVM 具有较强的泛化能力和非线性逼近能力,能够处理复杂的热传导正反演问题.LS-SVM 不需要对微分方程进行复杂的解析求解,而是把微分方程问题转化为优化问题,利用训练数据进行学习得到近似解,对于一些难以用传统方法求解的正反演问题,LS-SVM 提供了一种有效的求解途径.LS-SVM 的计算复杂度相对较低,训练速度较快,适用于复杂问题的求解.近年来,深度学习的快速发展使得通过人工智能求解偏微分方程成为可能.物理信息神经网络(physics informed neural networks,PINNS)是一种用于求解热传导问题的有效方法,能够自动学习热传导方程的解,无须对方程进行网格化处理,进而可以减少计算量.PINNS 可以处理各种类型的热传导正反演问题,具有较强的通用性.同时,PINNS 可以利用少量的数据和物理信息进行训练,对求解观测数据较少的问题具有显著的优势.

本书重点关注地球物理领域地热学研究中涉及的几类热传导正反问题的数值解法,

具体阐述了几类稳态热传导方程边值问题及反问题的计算方法、多层介质热传导正反演问题的计算方法、几类瞬态热传导正反演问题的计算方法、微分方程正反演问题求解的支撑向量机方法、基于物理信息的神经网络方法等. 本书可供相关领域的科技工作者和研究生参考.

本书包含作者及其所指导的研究生多年开展相关科研工作的成果. 在前期热传导相关问题研究的基础上, 进行了正反演数值计算方法的系统整合. 本书撰写获得了多位研究生的大力支持, 其中陈祥瑞、徐俊杰主要从事高维热流耦合方程正反演的数值计算方法方面的研究, 周晶莹从事微分方程正反演求解的最小二乘支持向量机方法的研究, 赖金凤、唐阿敏从事多层介质热传导问题的计算方法研究, 钟小雨、欧阳旺林从事稳态热传导方程正反演问题的计算方法研究, 李柯瑶、阮晓晴开展侧边值问题神经网络方法的研究. 颜盯盯、邹琼参与了程序编制与参考文献整理等相关工作, 在此一并致谢.

感谢中国科学院南海海洋研究所许鹤华、杨小秋等多位专家在热传导问题数学建模方面的建议, 感谢浙江理工大学徐定华教授等在微分方程反演计算方面的指导和帮助, 感谢东华理工大学阮周生、南宁师范大学刘利斌等教授对书稿提供的一些建议.

在本书撰写的过程中, 作者参考了国内外数学物理方程及其反问题的相关资料, 在此向各位作者表示衷心的感谢.

限于作者水平, 书中难免有疏漏, 敬请读者批评指正.

目　录

第 1 章

几类稳态热传导方程
正反演问题的计算方法

1.1 绪　　论

1.1.1　背景及意义

在地温场的研究中,经常遇到如何由低维观测数据推算高维温度场的问题.例如,已知地表温度观测数据、地温梯度数据和两侧温度观测数据,计算垂向矩形区域温度分布情况.又如,盆地深部岩层地温分布的求解问题[226,313],漳州盆地地壳结构综合解释图如图 1.1.1 所示,关于漳州盆地地温场的研究也会遇到类似问题[190,219,236,252,275].

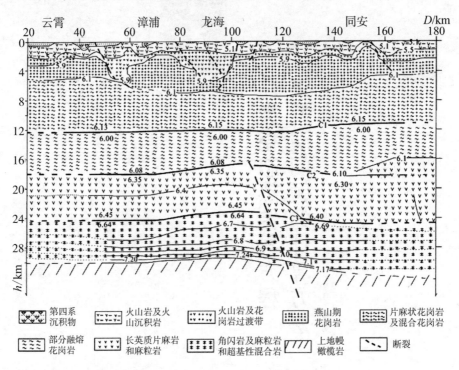

图 1.1.1　漳州盆地地壳结构综合解释图(参见文献[313])

在一定条件下,由低维观测数据推算高维稳态温度场的数学模型可转化为泊松方程侧边值问题.广义上来看,二维泊松方程侧边值问题是指二维区域部分边界数据已知但其他部分边界数据未知的问题.如图 1.1.2 所示的区域是二维稳态热传导问题的环形区域,已知外边界 $r=a$ 上的温度和热流数据来计算内边界 $r=b$ 上温度的问题也是一类侧边值[10,231]问题.

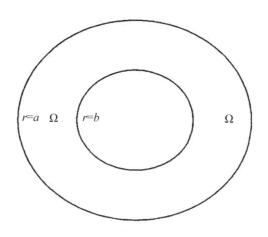

图 1.1.2　二维稳态热传导问题的环形区域（参见文献[231]）

侧边值问题不仅常见于地温场的研究,而且在科学和工业领域(如无损探伤分析技术[2,12]、X线成像技术、CT等医学成像技术[32])及水文地质学领域(如研究渗透破坏的临界水力梯度等)也都有涉及[281].

二维泊松方程侧边值问题属于泊松方程反问题中的一类,由于反问题的不适定性[70],二维泊松方程侧边值问题的求解方法研究具有重要的意义.

1.1.2　研究现状

热传导方程侧边值问题(sideways heat equation,SHE)是历年来学者一直关注的热点问题[42,68,125,201].

1964 年,Cannon 提出了解析延拓方法[15,23],1967 年 Tikhonov 正则化方法的出现,提供了理论支撑[43].1975 年,Carasso 对热传导方程侧边值问题的深入研究,证实了正则化方法在此类问题研究中的有效性[27].

2005 年李洪芳等提出一类逆热传导反问题,给出了在 H_q 尺度下的最优误差界[214].2009 年,李洪芳等提出一种最优滤波方法,不仅获得了 Holder 型最优的误差估计,还证明了相关的收敛性[213].2011 年,冯立新等研究了 $\mathbf{R}_+^2$ 区域上的热传导侧边值问题,通过提出一种正则化方法,得到了精确解与小波正则解之间的误差估计[199].2012 年,钱志提出了频域中的修改"核"思想[238].2014 年,赵九月探究了利用高阶修正型方程逼近侧边值问题的方法,在不同源条件下给出了该问题的最优误差估计[299].2020 年,熊向团等研究了分数阶热传导方程柯西问题,运用最优滤波正则化方法得到近似解,并借助 Fourier 变换给出了误差估计[276].2021 年,柏恩鹏等针对一维热传导方程侧边值问题,提出了一类特殊的 Tikhonov 方法[184].2022 年,王凤霞等考虑非齐次热传导方程侧边值问题,求出稳定的近似解,并分别给出了在先验参数选取和后验参数选取下的误差估计[255].

1962 年,Phillips 提出关于第一类积分方程的数值解方法[104].1998 年,Vani 等利用

Meyer 小波得到半平面中泊松方程柯西问题的正则化解[152]. 2012 年, 王伟芳等研究了三维 Laplace 方程的柯西问题[258]. 2017 年, 曹笑笑等通过构造正则解解决了无限条状区域上带有非齐次 Neumann 条件的 Laplace 方程柯西问题, 给出了近似解和精确解的误差估计, 并依据偏差原理得到了近似解的后验误差估计[189]. 2022 年, 许涵等针对一类带状区域上 Laplace 方程的 Cauchy 问题, 提出了磨光正则化方法[282]. 1991 年, Klibanov 等基于拟可逆方法构造控制方程及边界条件, 再利用卡尔曼估计推导误差估计, 通过有限差分方法得到泊松方程侧边值问题的数值解[71]. 2002 年和 2003 年, 王泽文等运用矩方法研究二维和三维的 Laplace 方程柯西问题, 通过求解矩问题获得区域边界上的值[261,262]. 2008 年, Ling 等利用边界控制技术处理单连通区域后, 结合基本解, 运用正则化方法得到柯西问题的数值结果[83]. 2014 年, 曹瑞华利用基本解方法求解多连通区域问题, 通过 Tikhonov 正则化并采用 GCV 准则确定正则化参数, 取得了较好的数值结果[188]. 2014 年, Yan 等利用格林函数求解 Laplace 方程柯西问题[167]. 2022 年, Li 等运用人工神经网络方法, 利用多层网络进行近似, 提出一种非网格离散方法来解决柯西问题[81]. 2022 年, Chen 等探讨了具有混合边界条件的椭圆方程逆问题, 构造并验证了相应的变分源条件, 研究了吉洪诺夫正则化方法的收敛性, 基于两种新的对数型稳定性, 推导出逆问题求解的收敛性和收敛速度[29]. 2023 年, 赵婷婷和杨凤莲研究了 Laplace 方程柯西问题的 B 样条方法[301].

从已有文献(表 1.1.1)可知, 有较多学者对不同的泊松方程侧边值问题进行了研究, 获得了不少理论研究结果, 但二维矩形域上的稳态热传导方程侧边值问题的计算方法研究相对较少, 简洁易行的数值算法并不多见.

表 1.1.1　部分泊松方程侧边值问题的研究文献归类

区域	方程	边界条件	文献
有界域	齐次	非齐次	[152],[189],[83],[167],[301]
	非齐次	非齐次	[282],[71],[262],[81]
无界域	齐次	非齐次	[258],[261],[188],[29]

本章主要研究几类二维矩形域上稳态热传导方程侧边值问题的数值计算方法[227,305].

1.1.3　主要研究内容

本章对二维矩形域上稳态热传导方程正演问题及几类侧边值反问题进行研究, 基于 HSIR(homogenization variables; separating; integral equation; regularization)方法, 推导

矩形域上一般的非齐次泊松方程问题的求解公式,并进行相应的数值实验,验证方法的可靠性.

1.2　预 备 知 识

1.2.1　反问题及其不适定性

1923 年,Hadamard 为了描述数学物理问题和定解条件的匹配,提出了"适定性"和"不适定性"的概念[55].

定义 1.2.1　设 $K:X \to Y$ 是一个紧线性算子.算子方程

$$Kx = y \tag{1.2.1}$$

称为适定的,若 K 是一一对应的且逆算子 $K^{-1}:Y \to X$ 是连续的,否则称其为不适定的.

1976 年,Keller 提出正反问题的数学概念[63].随着反问题的发展,有学者认识到,反问题和不适定性有紧密的联系[1,4,35,37,51,61,164,237,274].下面给出反问题的例子.

例 1.2.1　设多项式 $f_n(x) = a_n x^n + a_{n-1} x^{n-1} + \cdots + a_1 x + a_0$,求在 $n+1$ 个点 x_0, $x_1, x_2, \cdots, x_n, x_i \in \mathbf{R}^1, i = 0, 1, \cdots, n$ 处的赋值 $y_0, y_1, y_2, \cdots, y_n, y_i, i = 0, 1, \cdots, n$,当作正问题,则其反问题就是 Lagrange 插值问题[274],即给定 $(x_i, y_i), i = 0, 1, \cdots, n$,要求 n 次多项式 $f_n(x)$ 的系数 $a_i, i = 0, 1, \cdots, n$.

例 1.2.2　在一个二维的矩形域:$\Omega = [0, \pi] \times [0, 1]$ 上,$u(x, y)$ 满足以下 Laplace 方程的柯西问题[293]:

$$\begin{cases} \Delta u = 0 \\ u(0, y) = u(\pi, y) = 0 \\ u(x, 0) = \varphi(x) \\ u_y(x, 0) = 0 \end{cases}$$

需要由上述控制方程和定解条件确定 $u(x, y)$ 在整个矩形域 Ω 上的值,可以得到它的精确解:

$$u_n(x, y) = \frac{1}{n^k} \sin(nx) \cosh(ny)$$

式中,n, k 是正整数。显然,$\sup\limits_{x \in (0, \pi)} |u_n(x, y)| \to \infty (n \to \infty)$.

1.2.2　正则化方法及其相关理论

考虑求解如下第一类算子方程:

$$Kx = y \tag{1.2.2}$$

式中，K 为已知线性紧算子；y 为已知．需要求解 x，考虑右端测量数据 y 的不准确性，则 y 变为包含测量误差的 y^δ，求解方程

$$Kx = y^\delta \tag{1.2.3}$$

当其不适定时，直接求解得到的 x 误差较大．

考虑构造正则化策略 R_α，正则化解记为 $x_\alpha^\delta = R_\alpha y^\delta$．进行正则化解和原解的误差分析，可知：

$$
\begin{aligned}
\|x_\alpha^\delta - x\| &\leqslant \|x_\alpha^\delta - x_\alpha\| + \|x_\alpha - x\| \\
&\leqslant \|R_\alpha y^\delta - R_\alpha y\| + \|R_\alpha K x - x\| \\
&\leqslant \|R_\alpha\| \delta + \|R_\alpha K x - x\|
\end{aligned} \tag{1.2.4}
$$

分析两部分误差，第一部分 $\|R_\alpha\| \delta$ 是右端项 y 的扰动 δ 导致的；第二部分 $\|R_\alpha K x - x\|$ 是由正则化策略 R_α 逼近算子 K^{-1} 导致的[155,239]．

寻找合适的正则化策略，使得误差尽可能小，是学者一直探究的求解反问题的策略．

在前人的研究中[127-129,168,241-243,246]，提出了很多正则化方法，如最小二乘正则化[308]、Tikhonov 正则化方法[273]等．下面介绍 Tikhonov 正则化方法．

Tikhonov 正则化来源于下面的优化问题：

$$\min_{x \in R^n} \frac{1}{2} \|Kx - y^\delta\|^2 + \frac{\alpha}{2} \|x\|^2 \tag{1.2.5}$$

式中，$\alpha > 0$，且是正则化参数．

满足式(1.2.5)的唯一的 x_α^δ 是所求近似解，也是下面方程的唯一解：

$$K^* K x_\alpha^\delta + \alpha I x_\alpha^\delta = K^* y^\delta \tag{1.2.6}$$

式中，K^* 表示 K 的伴随算子．

故解可以写成

$$x_\alpha^\delta = (K^* K + \alpha I)^{-1} K^* y^\delta \tag{1.2.7}$$

式中，I 表示单位矩阵．记

$$R_\alpha = (K^* K + \alpha I)^{-1} K^* \tag{1.2.8}$$

1.2.3 正则化参数的选取

在正则化参数选取中，有先验参数选取和后验参数选取两种法则[222]．本章正则化方法采用后验参数选取原则．下面介绍 Morozov 偏差原理和"L-曲线"准则[223]．

1. Morozov 偏差原理

令

$$F(\alpha) = \|Kx_\alpha^\delta - y^\delta\|^2 - \delta^2 \tag{1.2.9}$$

利用牛顿迭代法，迭代格式为

$$\alpha_{n+1} = \alpha_n - \frac{F(\alpha_n)}{F'(\alpha_n)}, n = 0, 1, \cdots \tag{1.2.10}$$

正则化解的方程为

$$(K^*K + \alpha I)x_\alpha^\delta = K^*y^\delta \tag{1.2.11}$$

对式(1.2.9)的两端关于 α 求导,得

$$F'(\alpha) = -2\alpha \cdot x_\alpha^{\delta\,T} \cdot \frac{\mathrm{d}x_\alpha^\delta}{\mathrm{d}\alpha} \tag{1.2.12}$$

基于 Morozov 偏差原理的迭代算法

Step1　给定初始正则化参数 $\alpha_0 > 0$,令 $n = 0$.

Step2　解方程 $(K^*K + \alpha_n I)x_{\alpha_n}^\delta = K^*y^\delta$,得 $x_{\alpha_n}^\delta$.

Step3　解 $K^*K\dfrac{\mathrm{d}x_{\alpha_n}^\delta}{\mathrm{d}\alpha} + \alpha_n\dfrac{\mathrm{d}x_{\alpha_n}^\delta}{\mathrm{d}\alpha} = -x_{\alpha_n}^\delta$,得 $\dfrac{\mathrm{d}x_{\alpha_n}^\delta}{\mathrm{d}\alpha}$.

Step4　解得 $F(\alpha_n) = \|Kx_{\alpha_n}^\delta - g^\delta\|^2 - \delta^2$,$F'(\alpha_n) = -2\alpha \cdot x_{\alpha_n}^{\delta\,T} \cdot \dfrac{\mathrm{d}x_{\alpha_n}^\delta}{\mathrm{d}\alpha}$.

Step5　$\alpha_{n+1} = \alpha_n - \dfrac{F(\alpha_n)}{F'(\alpha_n)}$,若 $|\alpha_{n+1} - \alpha_n|$ 小于指定精度,则计算终止;否则进入下一步.

Step6　令 $n = n+1$,转 Step2.

2. "L-曲线"准则

依据正则化求解公式: $x_\alpha = (K^*K + \alpha I)^{-1}K^*y^\delta$,能够应用后验参数选取方法里的 "L-曲线" 准则来选取正则化参数 α,进而求得正则化解. "L-曲线" 准则就是利用 log-log 尺度去描绘 $\|Kx_\alpha^\delta - y\|$ 和 $\|x_\alpha^\delta\|$ 的一条 L 形曲线,然后参照该曲线的拐点(隅角)来进行参数选择. 参数 α 可取为 L 形曲线在 log-log 尺度下的最大曲率对应值.

令

$$\rho = \log\|Kx_\alpha^\delta - y^\delta\|, \theta = \log\|x_\alpha^\delta\| \tag{1.2.13}$$

式中,$\|\cdot\|$ 表示 2—范数,具体表达式形如 $\|x\| = \sqrt{\sum_{k=1}^N |x_k|^2}$,$N$ 表示向量中分量个数. 参数 α 的曲率定义为

$$c(\alpha) = \frac{|\rho'\theta'' - \rho''\theta'|}{[(\rho')^2 + (\theta')^2]^{3/2}} \tag{1.2.14}$$

大多数情况下,基于 "L-曲线" 准则,可选取 $\|Kx_\alpha^\delta - y^\delta\|$ 和 $\|x_\alpha^\delta\|$ 的乘积极小的参数 α^*,将其作为正则化参数值[45],即

$$\alpha^* = \arg\{\inf(\|Kx_\alpha^\delta - y^\delta\| \cdot \|x_\alpha^\delta\|)\} \tag{1.2.15}$$

式中,α 为变参 $(0 < \alpha < 1)$.

1.3 泊松方程正演问题
及侧边值反问题的数值格式

1.3.1 常系数泊松方程正问题的数值格式

假设研究区为矩形域 $\Omega \subset \mathbf{R}^2$，矩形域具有分段光滑边界 $\partial\Omega,\partial\Omega = \bigcup \Gamma_i (i = 0,1,2,$ 3)，如图 1.3.1 所示，考虑如下控制方程及定解条件：

$$\begin{cases} \Delta u = f(x,y), (x,y) \in \Omega \\ u \mid_{\Gamma_2} = u(0,y) = t_1(y), y \in [0,b] \\ u \mid_{\Gamma_3} = u(a,y) = t_2(y), y \in [0,b] \\ u \mid_{\Gamma_0} = u(x,0) = \varphi(x), x \in [0,a] \\ u \mid_{\Gamma_1} = u(x,b) = h(x), x \in [0,a] \end{cases} \quad (1.3.1)$$

式中，$\Omega = (0,a) \times (0,b)$.

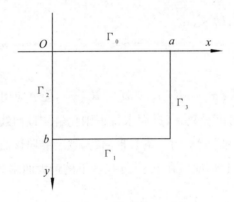

图 1.3.1 二维矩形域示意图

需要求解函数 $u(x,y)$ 在整个矩形域 Ω 上的值.

借助有限差分法[215]对上面的问题求解，将 $[0,a]$ 均为分为 N_1 份，$[0,b]$ 均匀分为 N_2 份，沿 x 轴方向和 y 轴方向的步长分别设为 h_1 和 h_2. 对矩形域 Ω 开展网格剖分，可利用五点差分进行计算，如图 1.3.2 和图 1.3.3 所示.

$$\begin{cases} x_i = ih_1, i = 0,1,2,\cdots,N_1 \\ y_j = jh_2, j = 0,1,2,\cdots,N_2 \end{cases} \quad (1.3.2)$$

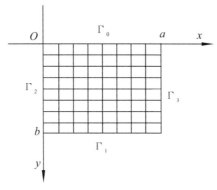

图 1.3.2　网格剖分示意图

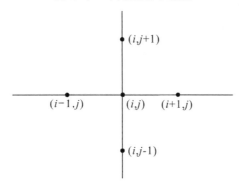

图 1.3.3　五点差分格式示意图[47]

在节点 (x_i, y_j) 处,网函数值 $u(x_i, y_j)$ 可用 $u_{i,j}$ 表示,$f(x_i, y_j)$ 可用 $f_{i,j}$ 表示.在正则内点 (x_i, y_j) 处,离散格式为

$$\Delta_h u_{i,j} = \frac{u_{i+1,j} - 2u_{i,j} + u_{i-1,j}}{h_1^2} + \frac{u_{i,j+1} - 2u_{i,j} + u_{i,j-1}}{h_2^2} = f_{i,j} \quad (1.3.3)$$

式中,$i = 1, 2, \cdots, N_1 - 1; j = 1, 2, \cdots, N_2 - 1$.

由文献[215]可知,差分方程存在唯一解,在均匀网格条件下,即当 $h_1 = h_2 = h$ 时,该差分格式局部截断误差可表示为

$$R_{ij}(u) = \Delta u(x_i, y_j) - \Delta_h u_{ij} = O(h^2) \quad (1.3.4)$$

式中,u 表示方程 $\Delta u = f$ 的光滑解.

常系数泊松方程边值问题的有限差分算法

Step1　沿 x 轴和 y 轴进行网格剖分.

Step2　构造左端矩阵 $\boldsymbol{D}$.

Step3　利用 f 得到右端向量.

Step4　$\boldsymbol{D}u = f$,得函数 u 的向量.

Step5　将向量 u 还原成矩阵,得矩形域上 u 的函数值.

例 1.3.1 假设精确解 $u(x,y)=\mathrm{e}^{\pi(x+y)}\sin(\pi x)\sin(\pi y)$，解下面二维泊松方程边值问题：

$$\begin{cases} \Delta u = 2\pi^2 \mathrm{e}^{\pi(x+y)}\big[\sin(\pi x)\cos(\pi y)+\sin(\pi y)\cos(\pi x)\big] \\ \qquad (x,y)\in \Omega=(0,1)\times(0,1) \\ \qquad u(x,y)=0,(x,y)\in\partial\Omega \end{cases}$$

根据前面的分析，利用五点差分法，可分别取步长 $h_1=h_2=h,h=0.1$、$0.01;h_1=0.01,h_2=0.02$，可得 u 的近似解。对比近似解和精确解的误差（见表 1.3.1）可知，误差随着网格的步长减小而减小。将 $h_1=0.01,h_2=0.02$ 时求得的近似解绘出，如图 1.3.4 所示。

表 1.3.1 泊松方程正演问题的近似解误差

步长	最大绝对误差	平均绝对误差	平均相对误差
$h=0.1$	1.163 9	0.529 8	5.83×10^{-2}
$h=0.01$	1.17×10^{-2}	4.4×10^{-3}	6.35×10^{-4}
$h_1=0.01$ $h_2=0.02$	7.3×10^{-3}	2.8×10^{-3}	3.98×10^{-4}

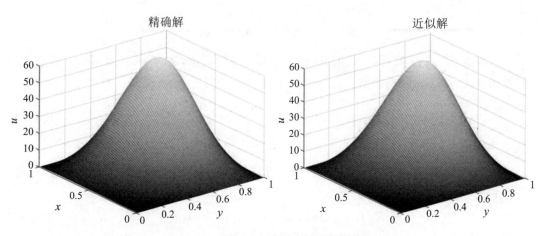

图 1.3.4 例 1.3.1 精确解和近似解的图像

最大绝对误差定义为：各离散点处计算值与精确值之差的最大值。

平均相对误差定义为：各离散点处计算值与精确值之差，再除以精确值后所得到的平均值。

1.3.2 变系数泊松方程正演问题的数值格式

假设矩形域 $\Omega\subset\mathbf{R}^2$，边界 $\partial\Omega$ 分段光滑，$\partial\Omega=\bigcup\Gamma_i(i=0,1,2,3)$，如图 1.3.1 所示，设在 Ω 上考虑如下控制方程及定解条件：

$$\begin{cases} \dfrac{\partial}{\partial x}\left(a(x,y)\dfrac{\partial u}{\partial x}\right)+\dfrac{\partial}{\partial y}\left(b(x,y)\dfrac{\partial u}{\partial y}\right)-c(x,y)u=f(x,y),(x,y)\in\Omega \\ u(x,y)=\alpha(x,y),(x,y)\in\partial\Omega \end{cases} \tag{1.3.5}$$

式中,

$$\Omega=(0,a)\times(0,b);$$

$$\partial\Omega=\{(x,y)\mid y=0,b,0\leqslant x\leqslant a;x=0,a,0\leqslant y\leqslant b\}.$$

需求解函数 $u(x,y)$ 在整个矩形域 Ω 上的值.

使用五点差分格式,将区间 $[0,a]$ 分成 N_1 等份,区间 $[0,b]$ 分成 N_2 等份,步长分别为 h_1 和 h_2,记

$$\begin{cases} x_i=ih_1,i=0,1,2,\cdots,N_1 \\ y_j=jh_2,j=0,1,2,\cdots,N_2 \end{cases} \tag{1.3.6}$$

进行对偶剖分,取相邻节点 $x_i,x_{i+1}(i=0,1,2,\cdots,N_1-1)$ 的中点为

$$x_{i+\frac{1}{2}}=\frac{x_i+x_{i+1}}{2}$$

称为半整数节点.

y 轴上取法类似,取相邻节点 $y_i,y_{i+1}(i=0,1,2,\cdots,N_1-1)$ 的中点为

$$y_{i+\frac{1}{2}}=\frac{y_i+y_{i+1}}{2}$$

节点 (x_i,y_j) 处的函数值 $u(x_i,y_j)$,用 $u_{i,j}$ 来表示,而 $f(x_i,y_j)$ 用 $f_{i,j}$ 来表示,$c(x_i,y_j)$ 则用 $c_{i,j}$ 表示. 在半整数节点处,$a(x_{i+\frac{1}{2}},y_j)$ 用 $a_{i+\frac{1}{2},j}$ 表示;$b(x_i,y_{j+\frac{1}{2}})$ 用 $b_{i,j+\frac{1}{2}}$ 表示. 在正则内点 (x_i,y_j) 处的离散格式为

$$\frac{1}{h_1^2}[a_{i+\frac{1}{2},j}(u_{i+1,j}-u_{i,j})-a_{i-\frac{1}{2},j}(u_{i,j}-u_{i-1,j})]+$$
$$\frac{1}{h_2^2}[b_{i,j+\frac{1}{2}}(u_{i,j+1}-u_{i,j})-b_{i,j-\frac{1}{2}}(u_{i,j}-u_{i,j-1})]-c_{i,j}u_{i,j}=f_{i,j} \tag{1.3.7}$$

变系数泊松方程边值问题的有限差分算法

Step1　沿 x 轴和 y 轴进行整数节点和半整数节点的网格剖分.

Step2　根据函数 $a(x,y),b(x,y)$ 计算其在半整数节点的函数值.

Step3　构造左端系数矩阵 $\boldsymbol{D}$.

Step4　利用源项 f 得到右端向量.

Step5　解 $u=\boldsymbol{D}/f$,得 u.

Step6　将向量 u 还原成矩阵,得 u 的函数值.

例 1.3.2　假设精确解 $u(x,y)=\sin(x)\mathrm{e}^y$,$a(x,y)=b(x,y)=k(x,y)=x+y$,$c=0$,求解如下矩形域上二维变系数泊松方程边值问题:

$$\begin{cases} -\left[\dfrac{\partial}{\partial x}\left(k(x,y)\dfrac{\partial u}{\partial x}\right)+\dfrac{\partial}{\partial y}\left(k(x,y)\dfrac{\partial u}{\partial y}\right)\right]=f(x,y),(x,y)\in\Omega \\ u(x,0)=\sin(x),0\leqslant x\leqslant 1 \\ u(x,1)=\sin(x)\mathrm{e}^1,0\leqslant x\leqslant 1 \\ u(0,y)=0,0\leqslant y\leqslant 1 \\ u(1,y)=\sin(1)\mathrm{e}^y,0\leqslant y\leqslant 1 \end{cases}$$

式中,$\Omega=(0,1)\times(0,1)$.

分别取步长 $h_1=h_2=h,h=0.1,0.05,0.02$,可得 u 的数值解,对比近似解和精确解的误差(见表 1.3.2),误差随着步长的减小而减小. 取步长为 0.02,可得近似解和精确解的图像,如图 1.3.5 所示.

表 1.3.2 变系数泊松方程正演问题的数值解误差

步长	最大绝对误差	平均绝对误差	平均相对误差
$h=0.1$	6.798×10^{-5}	2.298×10^{-5}	5.499×10^{-5}
$h=0.05$	1.814×10^{-5}	6.675×10^{-6}	1.856×10^{-5}
$h=0.02$	2.947×10^{-6}	1.151×10^{-6}	3.526×10^{-6}

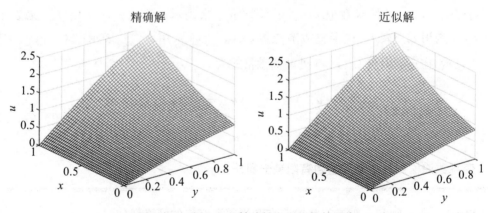

图 1.3.5 例 1.3.2 精确解和近似解的图像

1.3.3 泊松方程侧边值问题的数值格式

假设 $\Omega\subset\mathbf{R}^2$,具有分段光滑边界 $\partial\Omega,\partial\Omega=\bigcup\Gamma_i(i=0,1,2,3)$,考虑如下控制方程及定解条件:

$$\begin{cases} \Delta u = f(x,y), (x,y) \in \Omega \\ u\mid_{\Gamma_2} = u(0,y) = t_1(y), y \in [0,b] \\ u\mid_{\Gamma_3} = u(a,y) = t_2(y), y \in [0,b] \\ u\mid_{\Gamma_0} = u(x,0) = \varphi(x), x \in [0,a] \\ u_y\mid_{\Gamma_0} = u_y(x,0) = \psi(x), x \in [0,a] \end{cases} \tag{1.3.8}$$

式中，$\Omega = (0,a) \times (0,b)$.

需要求解函数 $u(x,y)$ 在 $y=b$ 处的值 $h(x) = u(x,b)$，如图 1.3.6 所示.

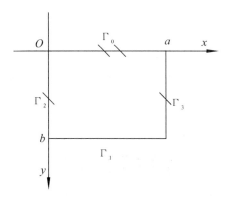

图 1.3.6　侧边值问题矩形域示意图

考虑采用五点差分格式，用网格剖分，将 $[0,a]$ 分为 N_1 等份，$[0,b]$ 分为 N_2 等份，在 x 轴和在 y 轴的步长分别为 h_1 和 h_2.

$$\begin{cases} x_i = ih_1, i = 0,1,2,\cdots,N_1 \\ y_j = jh_2, j = 0,1,2,\cdots,N_2 \end{cases} \tag{1.3.9}$$

在节点 (x_i, y_j) 处的网函数值 $u(x_i, y_j)$ 用 $u_{i,j}$ 表示，$f(x_i, y_j)$ 用 $f_{i,j}$ 表示，其他函数值以此类推表示，如下：

$$\begin{cases} t_1(x_0, y_j) = t_{1_{0,j}}, j = 0,1,\cdots,N_2 \\ t_2(x_{N_1}, y_j) = t_{2_{N_1,j}}, j = 0,1,\cdots,N_2 \\ \varphi(x_i) = \varphi_i, i = 0,1,\cdots,N_1 \\ \psi(x_i) = \psi_i, i = 0,1,\cdots,N_1 \end{cases} \tag{1.3.10}$$

对于在上边界的导数值 $\psi(x)$，采用如下公式近似：

$$\psi_i \approx \frac{u_{i,1} - u_{i,0}}{h_2}, i = 0,1,2,\cdots,N_1 \tag{1.3.11}$$

待求的下边界上函数值为

$$u(x_i, b) = h(x_i) = h_i, i = 0,1,\cdots,N_1 \tag{1.3.12}$$

此时在 (x_i, y_j) 处的离散格式为

$$\frac{u_{i+1,j} - 2u_{i,j} + u_{i-1,j}}{h_1^2} + \frac{u_{i,j+1} - 2u_{i,j} + u_{i,j-1}}{h_2^2} = f_{i,j} \tag{1.3.13}$$

改写后可得

$$u_{i,j+1} = \left[-\frac{u_{i+1,j}}{r} + \frac{2(1+r)}{r}u_{i,j} - \frac{1}{r}u_{i-1,j} \right] - u_{i,j-1} + h_2^2 f_{i,j}, r = \frac{h_1^2}{h_2^2} \tag{1.3.14}$$

式中，$i = 1, 2, \cdots, N_1 - 1; j = 1, 2, \cdots, N_2 - 1$.

结合边界条件，部分数据已知，如下：

$$\begin{cases} u_{0,j} = t_{1_{0,j}}, j = 0, 1, \cdots, N_2 \\ u_{N_1,j} = t_{2_{N_1,j}}, j = 0, 1, \cdots, N_2 \\ u_{i,0} = \varphi_i, i = 0, 1, \cdots, N_1 \\ u_{i,1} = h_2 \psi_i + \varphi_i, i = 0, 1, \cdots, N_1 \end{cases} \tag{1.3.15}$$

在进行网格剖分后，即可利用上式进行逐层递推，得到矩形域上的各个节点处的函数值，计算示意图如图 1.3.7 所示.

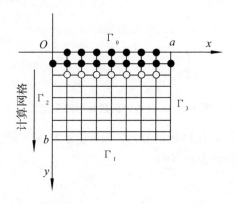

图 1.3.7 侧边值问题有限差分法计算示意图

侧边值问题的有限差分算法

Step1 沿 x 轴和 y 轴进行整数节点和半整数节点的网格剖分.

Step2 根据式(1.3.15)，得初始第一、二层及左右边界上 u 的函数值.

Step3 利用式(1.3.14)计算各层 u 的函数值.

例 1.3.3 假设 $u(x,y) = \sin(x)\cosh(\pi y)$，如下为二维矩形域上泊松方程侧边值问题：

$$\begin{cases} \Delta u = 0, (x,y) \in \Omega = \left(0, \dfrac{\pi}{2}\right) \times \left(0, \dfrac{\pi}{2}\right) \\[2mm] u\,|_{\Gamma_4} = \cos(x)\cosh(y)\,|_{\Gamma_4} \\[2mm] u_n\,|_{\Gamma_0} = \cos(x)\sinh(y)\,|_{\Gamma_0} \end{cases}$$

式中，$\Gamma_4 = \Gamma_0 \bigcup \Gamma_2 \bigcup \Gamma_3$，$u_n = \partial u / \partial n$，$n$ 是 Γ_0 的单位外法线方向.

先计算 $u\,|_{\Gamma_1}$ 的值，再计算 Ω 上 $u(x,y)$ 的函数值.

不妨取均匀的网格，即 $h_1 = h_2 = h$，此时网格比 $r = 1$，第三层的递推公式为

$$\begin{cases} u_{1,3} = (-u_{2,2} + 4u_{1,2} - u_{0,2}) - u_{1,1} \\ u_{2,3} = (-u_{3,2} + 4u_{2,2} - u_{1,2}) - u_{2,1} \\ \quad\quad\cdots\cdots \\ u_{N_1-1,3} = (-u_{N_1,2} + 4u_{N_1-1,2} - u_{N_1-2,2}) - u_{N_1-1,1} \end{cases}$$

写成矩阵的形式，即可得

$$\begin{bmatrix} u_{3,1} \\ u_{3,2} \\ \vdots \\ u_{3,N_1-1} \end{bmatrix} = \begin{bmatrix} -1 & 4 & -1 & & \\ & -1 & 4 & -1 & \\ & & \ddots & \ddots & \ddots \\ & & & -1 & 4 & -1 \end{bmatrix} \begin{bmatrix} u_{2,0} \\ u_{2,1} \\ \vdots \\ u_{2,N_1} \end{bmatrix} - \begin{bmatrix} u_{1,1} \\ u_{1,2} \\ \vdots \\ u_{1,N_1-1} \end{bmatrix}$$

其中，

$$\boldsymbol{A} = \begin{bmatrix} -1 & 4 & -1 & & \\ & -1 & 4 & -1 & \\ & & \ddots & \ddots & \ddots \\ & & & -1 & 4 & -1 \end{bmatrix}$$

据此可以依次计算，直到最后一层上的近似值. 由图 1.3.8 可知，随着计算层数的增加，误差逐层累积，越来越大，这说明上述有限差分法对泊松方程侧边值问题的求解是不稳定的.

0.00000000	0.00000000	0.00000000
−0.00301628	−0.00293171	−0.00283911
−0.00604349	−0.00587405	−0.00568851
−0.00908982	−0.00883497	−0.00855590
−0.01216349	−0.01182247	−0.01144903
−0.01527282	−0.01484462	−0.01437573
−0.01842623	−0.01790962	−0.01734391
−0.02163227	−0.02102577	−0.02036163
−0.02489962	−0.02420151	−0.02343707
−0.02823717	−0.02744549	−0.02657858
−0.03503922	−0.03076649	−0.02979468
−0.16381104	−0.03078831	−0.03309414
−2.73052311	0.10451677	−0.03987119
−41.17707539	3.21924808	−0.19571313
−514.11130297	54.14526251	−3.92705064
−5579.06508879	731.40015411	−69.78498641
−54542.76424673	8520.30542768	−1011.12798450
−492143.26070074	88903.71378644	−12582.97652735
−4168625.72151692	851820.78694481	−139588.22081505
−33558752.55428370	7626593.37632349	−1415649.86726214
−259151477.95992400	64628955.13989370	−13361867.13131360
−1933419624.24169000	523402572.27448700	−118932703.19365800
−14013337842.95590000	4081333661.39340000	−1008322792.05152000
−99111455600.00840000	30823592708.30650000	−8206095105.78634000
−686474099641.82200000	226530587877.62700000	−64503872773.38910000
−4669906928644.94000000	1626276731217.41000000	−492152149620.18300000
−31276602637721.40000000	11440635415257.10000000	−3659593963644.69000000
−206645734609726.00000000	79072461531177.30000000	−26609394544576.00000000

误差逐层增大

图 1.3.8　部分网格节点温度计算误差值变化（采用五点差分格式计算）

1.3.4　泊松方程侧边值问题显式差分格式的稳定性分析

由例 1.3.3 的计算结果可知,显式差分格式是不稳定的,现在进一步讨论它的不稳定性.根据文献[215],可将控制方程看成 Laplace 方程,而不考虑其源项的干扰.则

$$\frac{u_{i+1,j}-2u_{i,j}+u_{i-1,j}}{h_1^2}+\frac{u_{i,j+1}-2u_{i,j}+u_{i,j-1}}{h_2^2}=0 \qquad (1.3.16)$$

继而可得

$$u_{i,j+1}=\left[-\frac{1}{r}u_{i+1,j}+\frac{2(1+r)}{r}u_{i,j}-\frac{1}{r}u_{i-1,j}\right]-u_{i,j-1},r=\frac{h_1^2}{h_2^2} \qquad (1.3.17)$$

式中, $i=1,2,\cdots,N_1-1;j=1,2,\cdots,N_2-1.$

基于五点差分格式,在 u 的右上角标记层数序号,如 u^3 表示在网格剖分后,从初始层起算的第三层节点上 $u(x,y)$ 的计算数值. 可得

$$u^{n+1} = Au^n - u^{n-1}$$

式中,

$$A = \begin{bmatrix} \dfrac{2(1+r)}{r} & -\dfrac{1}{r} & & \\ -\dfrac{1}{r} & \dfrac{2(1+r)}{r} & \ddots & \\ & \ddots & \ddots & -\dfrac{1}{r} \\ & & -\dfrac{1}{r} & \dfrac{2(1+r)}{r} \end{bmatrix}.$$

这是一个三层格式,可以将它化成二层的差分格式,再利用增长矩阵判断稳定性.

令 $W^n = (u^n, u^{n-1})^{\mathrm{T}}$,则可化为 $W^{n+1} = CW^n$,其中 $C = \begin{bmatrix} A & -I \\ I & 0 \end{bmatrix}$,$I$ 表示单位矩阵. 则

$$A = -\frac{1}{r}S + \frac{2(1+r)}{r}I = \frac{1}{r}[(1+r)2I - S]$$

$$C = \begin{bmatrix} \dfrac{1}{r}[(1+r)2I - S] & -I \\ I & 0 \end{bmatrix} \tag{1.3.18}$$

式中,

$$S = \begin{bmatrix} 0 & -\dfrac{1}{r} & & \\ -\dfrac{1}{r} & 0 & \ddots & \\ & \ddots & \ddots & -\dfrac{1}{r} \\ & & -\dfrac{1}{r} & 0 \end{bmatrix}.$$

设 λ 是 C 的特征值,$w = (w_1, w_2)^{\mathrm{T}}$ 是相应的特征向量,即

$$Cw = \lambda w \tag{1.3.19}$$

可得

$$\begin{cases} \dfrac{1}{r}[(1+r)2I - S]w_1 - w_2 = \lambda w_1 \\ w_1 = \lambda w_2 \end{cases} \tag{1.3.20}$$

显然 $w_2 \neq 0$,消去 w_1,可得

$$\frac{1}{r}[2(1+r)I - S]\lambda w_2 - w_2 = \lambda^2 w_2 \tag{1.3.21}$$

继而可得

$$Sw_2 = \left[2(1+r) - \frac{r}{\lambda} - \lambda r \right] w_2 \tag{1.3.22}$$

此时设 $\mu = 2(1+r) - \dfrac{r}{\lambda} - \lambda r$ 是 S 的特征值,故

$$\lambda^2 r + \lambda \left[\mu - 2(1+r) \right] + r = 0, \mu = 2\cos j\pi h \tag{1.3.23}$$

考虑其根的按模最大值,则

$$\max(|\lambda_1^j|, |\lambda_2^j|) = \max \left| \frac{2\sin^2 j\pi h + r}{r} \pm \frac{1}{r} \sqrt{\left(4\sin^2 \frac{j\pi h}{2} - 2r \right)^2 - 4} \right| \tag{1.3.24}$$

即

$$\max(\lambda_1^j, \lambda_2^j) = \max \left| 1 + \frac{2\sin^2 j\pi h}{r} \pm \frac{1}{r} \sqrt{\left(4\sin^2 \frac{j\pi h}{2} - 2r \right)^2 - 4} \right|$$

$$\geqslant 1 + \frac{2\sin^2 j\pi h}{r} \geqslant 1 \tag{1.3.25}$$

由此可知,对于任意的大于 0 的网格比 r ,此格式恒不稳定.

1.3.5　小结

本节介绍了常系数泊松方程和变系数泊松方程的有限差分法. 此外,还推导了泊松方程侧边值问题的有限差分格式,说明显式差分格式的不稳定性;并利用矩阵法进行稳定性分析,通过分析可知所给的差分格式恒不稳定,需要进一步讨论此反问题的稳定性求解方法.

1.4　第一种泊松方程侧边值反问题的正则化方法

本节考虑如下二维泊松方程侧边值问题:

$$\begin{cases} \Delta u = f(x,y), (x,y) \in \Omega \\ u|_{\Gamma_2} = u(0,y) = t_1(y), y \in [0,b] \\ u|_{\Gamma_3} = u(a,y) = t_2(y), y \in [0,b] \\ u|_{\Gamma_0} = u(x,0) = \varphi(x), x \in [0,a] \\ u_y|_{\Gamma_0} = u_y(x,0) = \psi(x), x \in [0,a] \end{cases} \tag{1.4.1}$$

式中，$\Omega=(0,a)\times(0,b)$．

假设矩形域 $\Omega\subset\mathbf{R}^2$，具有分段光滑边界 $\partial\Omega$，$\partial\Omega=\bigcup\Gamma_i(i=0,1,2,3)$．边界 Γ_2 和 Γ_3 表示垂向边界，Γ_0 表示地表边界，控制方程及定解条件如式(1.4.1)所示．

其中，边界条件 $u(x,b)=h(x)$ 未知，需求解函数 $u(x,y)$，此类问题在本节中称为二维矩形域上第一种泊松方程侧边值问题．

1.4.1　侧边值问题转化为积分方程

1. 边界条件齐次化

由边界条件齐次化原理，可设

$$w(x,y)=\frac{a-x}{a}t_1(y)+\frac{x}{a}t_2(y) \tag{1.4.2}$$

令 $v(x,y)=u(x,y)-w(x,y)$，则可得

$$\begin{cases}\Delta v=f(x,y)-\Delta w,(x,y)\in\Omega\\ v\big|_{\Gamma_2}=v(0,y)=0,y\in[0,b]\\ v\big|_{\Gamma_3}=v(a,y)=0,y\in[0,b]\\ v\big|_{\Gamma_0}=v(x,0)=\varphi(x)-w(x,0),x\in[0,a]\\ v_y\big|_{\Gamma_0}=v_y(x,0)=\psi(x)-w_y(x,0),x\in[0,a]\end{cases} \tag{1.4.3}$$

式中，$\Omega=(0,a)\times(0,b)$．

求解式(1.4.3)可得 $v(x,y)$ 在边界 $x=b$ 上的值 $v(x,b)$，通过正演计算得 $v(x,y)$，即可得式(1.4.1)的解 $u(x,y)$．

2. 泊松方程转化为积分方程

下面对式(1.4.3)进行分析，利用分离变量法，先设 $u(x,b)=h(x)$ 为待定函数，则 $v(x,b)=h(x)-w(x,b)$ 未知待定，令

$$v(x,y)=\sum_{n=1}^{\infty}v_n(y)\sin\frac{n\pi x}{a} \tag{1.4.4}$$

将式(1.4.4)代入式(1.4.3)，在等式左右两边分别乘 $\frac{2}{a}\sin\frac{n\pi x}{a}$ 且对 x 积分，得

$$\begin{cases}v_n''(y)-\left(\frac{n\pi}{a}\right)^2v_n(y)=A_n(y)\\ v_n(0)=B_n\\ v_n(b)=C_n\end{cases} \tag{1.4.5}$$

式中，

$$A_n(y)=\frac{2}{a}\int_0^a(f(x,y)-\Delta w)\sin\frac{n\pi x}{a}\mathrm{d}x；$$

$$B_n = \frac{2}{a}\int_0^a (\varphi(x) - w(x,0))\sin\frac{n\pi x}{a}\mathrm{d}x\,;$$

$$C_n = \frac{2}{a}\int_0^a (h(x) - w(x,b))\sin\frac{n\pi x}{a}\mathrm{d}x\,.$$

根据微分方程理论[256],式(1.4.5)的齐次通解和特解都可以解出.特解根据 $A_n(y)$ 可求得,设特解为 $Y_n(y)$,则

$$v_n(y) = c_n \mathrm{e}^{\frac{n\pi}{a}y} + d_n \mathrm{e}^{-\frac{n\pi}{a}y} + Y_n(y) \tag{1.4.6}$$

代入式(1.4.5)中边界条件得

$$\begin{cases} c_n + d_n + Y_n(0) = B_n \\ c_n \mathrm{e}^{\frac{n\pi b}{a}} + d_n \mathrm{e}^{-\frac{n\pi b}{a}} + Y_n(b) = C_n \end{cases} \tag{1.4.7}$$

解式(1.4.7)即可得 c_n, d_n,从而可得

$$v(x,y) = \sum_{n=1}^{\infty} \left[c_n \mathrm{e}^{\frac{n\pi}{a}y} + d_n \mathrm{e}^{-\frac{n\pi}{a}y} + Y_n(y) \right] \sin\frac{n\pi x}{a} \tag{1.4.8}$$

由 $v_y(x,0) = \psi(x) - w_y(x,0)$,结合式(1.4.8)知

$$\sum_{n=1}^{\infty} \left\{ \left[B_n - Y_n(0) - \frac{C_n - Y_n(b) - B_n \mathrm{e}^{\frac{n\pi b}{a}} + Y_n(0)\mathrm{e}^{\frac{n\pi b}{a}}}{\mathrm{e}^{-\frac{n\pi b}{a}} - \mathrm{e}^{\frac{n\pi b}{a}}} \right] \frac{n\pi}{a} - \right.$$

$$\left. \frac{C_n - Y_n(b) - B_n \mathrm{e}^{\frac{n\pi b}{a}} + Y_n(0)\mathrm{e}^{\frac{n\pi b}{a}}}{\mathrm{e}^{-\frac{n\pi b}{a}} - \mathrm{e}^{\frac{n\pi b}{a}}} \frac{n\pi}{a} + Y_n'(0) \right\} \sin\frac{n\pi x}{a}$$

$$= \psi(x) - w_y(x,0) \tag{1.4.9}$$

继而可得

$$\sum_{n=1}^{\infty} n \int_0^a \sin\frac{n\pi}{a}\xi[h(\xi) - w(\xi,b)]\mathrm{d}\xi \cdot \left(\sinh\frac{n\pi}{a}b\right)^{-1} \cdot \sin\frac{n\pi}{a}x = g(x) \tag{1.4.10}$$

式中,

$$g(x) = \frac{a^2[\psi(x) - w_y(x,0)]}{2\pi} -$$

$$\frac{a^2}{2\pi}\sum_{n=1}^{\infty} \left\{ \left[B_n - Y_n(0) - 2\frac{-Y_n(b) - B_n \mathrm{e}^{\frac{n\pi b}{a}} + Y_n(0)\mathrm{e}^{\frac{n\pi b}{a}}}{\mathrm{e}^{-\frac{n\pi b}{a}} - \mathrm{e}^{\frac{n\pi b}{a}}} \right] \frac{n\pi}{a} + \right. \tag{1.4.11}$$

$$\left. Y_n'(0) \right\} \sin\frac{n\pi x}{a}$$

记式(1.4.10)的左端

$$\sum_{n=1}^{\infty} n \int_0^a \sin\frac{n\pi}{a}\xi[h(\xi) - w(\xi,b)]\mathrm{d}\xi \cdot \left(\sinh\frac{n\pi}{a}b\right)^{-1} \cdot \sin\frac{n\pi}{a}x \overset{\Delta}{=} \sum_{n=1}^{\infty} D_n \tag{1.4.12}$$

关于无穷级数 $\sum_{n=1}^{\infty} D_n$,有如下引理.

引理 1.4.1　级数 $\sum\limits_{n=1}^{\infty} D_n$ 在 $L^2[0,a]$ 上收敛.

证明　因 $h(\xi)-w(\xi,b)$ 属于空间 $L^2[0,a]$，故 $\int_0^a \sin\dfrac{n\pi}{a}\xi[h(\xi)-w(\xi,b)]\mathrm{d}\xi$ 有上界 M，则

$$\sum_{n=1}^{\infty} D_n \leqslant \sum_{n=1}^{\infty} nM \cdot \left(\sinh\frac{n\pi}{a}b\right)^{-1} \cdot \sin\frac{n\pi}{a}x$$

故而

$$\left|\sum_{n=1}^{\infty} nM \cdot \left(\sinh\frac{n\pi}{a}b\right)^{-1} \cdot \sin\frac{n\pi}{a}x\right| \leqslant \sum_{n=1}^{\infty} \frac{2nM}{\mathrm{e}^{\frac{n\pi b}{a}} - \mathrm{e}^{-\frac{n\pi b}{a}}} \tag{1.4.13}$$

记式 (1.4.13) 右端的无穷级数为 $\sum\limits_{n=1}^{\infty} E_n$，利用比式判别法对 $\sum\limits_{n=1}^{\infty} E_n$ 进行收敛性判断.

$$\lim_{n\to\infty} \frac{E_{n+1}}{E_n} = \lim_{n\to\infty} \frac{n+1}{\mathrm{e}^{\frac{(n+1)\pi b}{a}} - \mathrm{e}^{-\frac{(n+1)\pi b}{a}}} \cdot \frac{\mathrm{e}^{\frac{n\pi b}{a}} - \mathrm{e}^{-\frac{n\pi b}{a}}}{n}$$

$$= 1 \cdot \lim_{n\to\infty} \frac{\mathrm{e}^{\frac{n\pi b}{a}} - \mathrm{e}^{-\frac{n\pi b}{a}}}{\mathrm{e}^{\frac{(n+1)\pi b}{a}} - \mathrm{e}^{-\frac{(n+1)\pi b}{a}}}$$

$$= \lim_{n\to\infty} \frac{1 - \mathrm{e}^{-2\frac{n\pi b}{a}}}{\mathrm{e}^{\frac{\pi b}{a}} - \mathrm{e}^{-\frac{(2n+1)\pi b}{a}}} = \mathrm{e}^{-\frac{\pi b}{a}}$$

由 $\dfrac{\pi b}{a} > 0$，$\mathrm{e}^{-\frac{\pi b}{a}} < 1$，得 $\lim\limits_{n\to\infty}\dfrac{E_{n+1}}{E_n} < 1$，故 $\sum\limits_{n=1}^{\infty} E_n$ 收敛，从而方程 (1.4.10) 的左端 $\sum\limits_{n=1}^{\infty} D_n$ 是收敛的.

定理 1.4.1　方程式 (1.4.10) 的解在空间 $L^2[0,a]$ 上是唯一的.

证明　设方程式 (1.4.10) 在空间 $L^2[0,a]$ 上有两个解 $h_1(x),h_2(x)$，则

$$\sum_{n=1}^{\infty} n\int_0^a \sin\frac{n\pi}{a}\xi[h_1(\xi)-w(\xi,b)]\mathrm{d}\xi \cdot \left(\sinh\frac{n\pi}{a}b\right)^{-1} \cdot \sin\frac{n\pi}{a}x = g(x) \tag{1.4.14}$$

$$\sum_{n=1}^{\infty} n\int_0^a \sin\frac{n\pi}{a}\xi[h_2(\xi)-w(\xi,b)]\mathrm{d}\xi \cdot \left(\sinh\frac{n\pi}{a}b\right)^{-1} \cdot \sin\frac{n\pi}{a}x = g(x) \tag{1.4.15}$$

式 (1.4.14)、式 (1.4.15) 相减，得

$$\sum_{n=1}^{\infty} n\int_0^a \sin\frac{n\pi}{a}\xi[h_1(\xi)-h_2(\xi)]\mathrm{d}\xi \cdot \left(\sinh\frac{n\pi}{a}b\right)^{-1} \cdot \sin\frac{n\pi}{a}x = 0 \tag{1.4.16}$$

由函数系 $\left\{\sin\dfrac{n\pi}{a}x\right\}$，$n=1,2,3,\cdots$ 在区间 $[0,a]$ 上的正交完备性可知

$$n \int_0^a \sin\frac{n\pi}{a}\xi[h_1(\xi)-h_2(\xi)]\mathrm{d}\xi \cdot \left(\sinh\frac{n\pi}{a}b\right)^{-1}=0 \tag{1.4.17}$$

从而

$$\int_0^a \sin\frac{n\pi}{a}\xi[h_1(\xi)-h_2(\xi)]\mathrm{d}\xi=0 \tag{1.4.18}$$

易知 $h_1(\xi)-h_2(\xi)=0$，故 $h_1(\xi)=h_2(\xi)$，唯一性得证，定理 1.4.1 成立.

因此，式(1.4.10)能转化为关于 $h(x)$ 的第一类 Fredholm 积分方程，即

$$\int_0^a G(x,\xi)[h(\xi)-w(\xi,b)]\mathrm{d}\xi=g(x) \tag{1.4.19}$$

其中，核函数

$$G(x,\xi)=\sum_{n=1}^{\infty}n \cdot \sin\frac{n\pi}{a}\xi \cdot \sin\frac{n\pi}{a}x \cdot \left(\sinh\frac{n\pi b}{a}\right)^{-1} \tag{1.4.20}$$

1.4.2 积分方程的正则化求解

1. 积分方程的离散格式

下面对积分方程(1.4.19)进行离散求解计算. 记 $(G,h)(\xi)\overset{\Delta}{=}G(x,\xi)[h(\xi)-w(\xi,b)]$. 将式(1.4.19)中的积分区间 $[0,a]$ 划分成 N 等份，记 $\tau=\dfrac{a}{N}$ 为计算步长，然后利用数值求积公式：

$$\int_0^a (G,h)(\xi)\mathrm{d}\xi \approx \frac{\tau}{2}\Big[(G,h)(0)+2\sum_{n=1}^{N-1}(G,h)(\xi_i)+(G,h)(a)\Big] \tag{1.4.21}$$

可得积分方程式(1.4.19)的数值离散格式为

$$\boldsymbol{K}H=g \tag{1.4.22}$$

式中，

$$\boldsymbol{K}=\begin{bmatrix} \dfrac{\tau}{2}G(x_0,\xi_0) & \tau G(x_0,\xi_1) & \cdots & \dfrac{\tau}{2}G(x_0,\xi_N) \\ \dfrac{\tau}{2}G(x_1,\xi_0) & \tau G(x_1,\xi_1) & \cdots & \dfrac{\tau}{2}G(x_1,\xi_N) \\ \vdots & \vdots & & \vdots \\ \dfrac{\tau}{2}G(x_N,\xi_0) & \tau G(x_N,\xi_1) & \cdots & \dfrac{\tau}{2}G(x_N,\xi_N) \end{bmatrix};$$

$$g=\big[g(\xi_0),g(\xi_1),\cdots,g(\xi_N)\big]^{\mathrm{T}};$$

$$H=[H_0,H_1,H_2,\cdots,H_N]^{\mathrm{T}},$$

$$H_k=h(\xi_k)-w(\xi_k,b),k=0,1,2,\cdots,N.$$

结合相关文献的结论[292]可知,第一类 Fredholm 积分方程式(1.4.19)的解 $h(x)$ 存在,并且唯一.

2. 正则化求解与参数选取公式

现对式(1.4.22)采用 Tikhonov 正则化方法求解,设正则化参数为 α ,求解公式为

$$H_a^\delta = (\mathbf{K}^T \mathbf{K} + \alpha \mathbf{I})^{-1} \mathbf{K}^T g^\delta \tag{1.4.23}$$

式中, $\mathbf{I}$ 表示单位矩阵.

可利用后验参数选取方法中的"L-曲线"准则选取正则化参数 α ,或利用 Morozov 偏差原理选取亦可.

当式(1.4.22)右端扰动为 δ ,可得正则化解的误差估计:

$$\| H_a^\delta - H \| \leqslant O(\delta^{1/2}) \tag{1.4.24}$$

1.4.3 部分边界上法向导数的正则化求解方法

在多层矩形区域泊松方程的求解中,不仅需要通过求解下边界 $y=b$ 处的未知温度数据 $h(x)$,继而求得 $u(x,y)$ 在整个矩形域的函数值.对于下边界 $y=b$ 处的未知温度法向导数数据也是必须稳定求解的,当其求得时,可逐层以此方法求解多层区域温度场.

下边界 $y=b$ 处的未知温度法向导数数据:

$$u_n(x,b) = p(x) \tag{1.4.25}$$

1. 部分边界上法向导数的分离变量法

利用 HSIR 方法,对式(1.4.3)进行分析,利用分离变量法,先设 $u_y(x,b) = p(x)$ 为待定函数,则 $v_y(x,b) = p(x) - w_y(x,b)$ 未知待定.

可由式(1.4.4),同样利用刘维尔理论及函数系 $\left\{ \sin \dfrac{n\pi x}{a} \right\}$,$n = 1,2,\cdots$ 的正交性,对 $v_n(y)$ 的求解进行讨论分析.

将式(1.4.4)代入式(1.4.3)中含在 $x=b$ 的边界导数的稳态方程,利用傅里叶展开[305],得

$$\begin{cases} v_n''(y) - \left(\dfrac{n\pi}{a}\right)^2 v_n(y) = A_n(y) \\ v_n(0) = B_n, n = 1,2,\cdots \\ v_n'(b) = \widetilde{C}_n \end{cases} \tag{1.4.26}$$

$$A_n(y) = \frac{2}{a} \int_0^a (f(x,y) - \Delta w) \sin \frac{n\pi x}{a} \mathrm{d}x$$

$$B_n = \frac{2}{a} \int_0^a (\varphi(x) - w(x,0)) \sin \frac{n\pi x}{a} \mathrm{d}x$$

$$\widetilde{C}_n = \frac{2}{a} \int_0^a (p(x) - w_y(x,b)) \sin \frac{n\pi x}{a} \mathrm{d}x$$

根据微分方程理论,式(1.4.26)的齐次通解和特解都可以解出.特解根据 $A_n(y)$ 可

求得. 设为 $Y_n(y)$，则

$$v_n(y) = \widetilde{c}_n e^{\frac{n\pi}{a}y} + \widetilde{d}_n e^{-\frac{n\pi}{a}y} + Y_n(y), n = 1, 2, \cdots \quad (1.4.27)$$

代入式 (1.4.26) 中边界条件，得式 (1.4.28)，可得 $\widetilde{c}_n, \widetilde{d}_n (n = 1, 2, \cdots)$，从而可得 $v_n(y)$.

$$\begin{cases} \widetilde{c}_n + \widetilde{d}_n + Y_n(0) = B_n \\ \widetilde{c}_n \dfrac{n\pi}{a} e^{\frac{n\pi b}{a}} - \dfrac{n\pi}{a} \widetilde{d}_n e^{-\frac{n\pi b}{a}} + Y_n'(b) = \widetilde{C}_n \end{cases} \quad (1.4.28)$$

综上所述，可得

$$v(x, y) = \sum_{n=1}^{\infty} \left[\widetilde{c}_n e^{\frac{n\pi}{a}y} + \widetilde{d}_n e^{-\frac{n\pi}{a}y} + Y_n(y) \right] \sin \frac{n\pi x}{a} \quad (1.4.29)$$

2. 部分边界上法向导数的积分方程

由 $v_y(x, 0) = \psi(x) - w_y(x, 0)$，结合式 (1.4.29) 可得

$$\sum_{n=1}^{\infty} \frac{2}{a} \int_0^a \sin \frac{n\pi}{a} \xi [p(\xi) - w_y(\xi, b)] d\xi \cdot \left(\cosh \frac{n\pi}{a} b \right)^{-1} \cdot \sin \frac{n\pi}{a} x = \widetilde{g}(x) \quad (1.4.30)$$

式中，

$$\widetilde{g}(x) = \psi(x) - w_y(x, 0) - \sum_{n=1}^{\infty} \left[B_n \frac{n\pi}{a} - Y_n(0) \frac{n\pi}{a} + \right.$$

$$\left. 2 \frac{-Y_n'(b) - B_n \dfrac{n\pi}{a} e^{\frac{n\pi b}{a}} + Y_n(0) \dfrac{n\pi}{a} e^{\frac{n\pi b}{a}}}{e^{-\frac{n\pi b}{a}} + e^{\frac{n\pi b}{a}}} + Y_n'(0) \right] \sin \frac{n\pi x}{a} \quad (1.4.31)$$

可将方程式 (1.4.30) 转化成关于 $p(x)$ 的 Fredholm 积分方程，即

$$\int_0^a \widetilde{G}(x, \xi) \cdot [p(\xi) - w_y(\xi, b)] d\xi = \widetilde{g}(x) \quad (1.4.32)$$

其中，核函数

$$\widetilde{G}(x, \xi) = \sum_{n=1}^{\infty} \frac{2}{a} \sin \frac{n\pi}{a} \xi \cdot \sin \frac{n\pi}{a} x \cdot \left(\cosh \frac{n\pi b}{a} \right)^{-1} \quad (1.4.33)$$

同样可以利用 1.4.2 节中的理论，对此积分方程进行数值离散和正则化求解，求解过程与 1.4.2 节类似.

1.4.4 数值实验

第一种泊松方程侧边值问题的正则化算法

Step1　定义积分区间 $[0, a]$.

Step2　计算右端函数 $g(x)$，得右端向量 g.

Step3　计算核函数 $G(x,\xi)$，得左端矩阵 $\boldsymbol{K}$.

Step4　设置待选参数 α 的区间，利用"L-曲线"准则循环计算取值 α^*.

Step5　利用式 $(1.4.23)$ 得解向量 H.

1. 温度场求解算例

下面设计了 3 个数值算例：例 1.4.1～例 1.4.3. 采用加高斯白噪声的边界温度观测数据模拟计算，结合式 $(1.4.11)$ 和式 $(1.4.31)$，扰动数据表达式为

$$g^{\delta}=g+\delta\cdot\mathrm{rand}n(N+1,1)\cdot\frac{\left[g^{2}(\xi_{0})+g^{2}(\xi_{1})+\cdots+g^{2}(\xi_{N})\right]^{\frac{1}{2}}}{(N+1)^{1/2}} \qquad (1.4.34)$$

式中，$\delta=10^{-2}$，$\mathrm{rand}n(N+1,1)$ 表示一个由正态分布随机数组成的 $(N+1)\times 1$ 向量.

例 1.4.1　设地表温度 $u(x,0)=x(x-\pi)$，垂向边界温度 $u(0,y)=0,u(a,y)=\pi y$，地表地温梯度 $u_{y}(x,0)=\sin x+x$，源项 $f(x,y)=2$，地表边界条件采用带噪声数据，所加噪声为高斯白噪声，精确解 $u(x,y)=\sin x\sinh(y)+x(x-\pi)+xy,a=b=\pi$. 原问题边界条件齐次化后对应问题解的表达式为 $v(x,y)=\sin x\sinh(y)+x(x-\pi)$，正则化参数取 $\alpha=7.4\times 10^{-6}$.

例 1.4.2　设地表温度 $u(x,0)=5$，垂向边界温度 $u(a,y)=y^{2}+2y+5,u(0,y)=y+5$，地表地温梯度 $u_{y}(x,0)=x^{2}+1$，源项 $f(x,y)=2y+2x$，地表边界条件采用带噪声数据，所加噪声为高斯白噪声，精确解 $u(x,y)=x^{2}y+xy^{2}+y+5,a=b=1$. 原问题齐次化边界条件后对应问题解的表达式为 $v(x,y)=x^{2}y-xy$，正则化参数取 $\alpha=2.99\times 10^{-6}$.

例 1.4.3　设地表边界温度 $u(x,0)=2.5$，垂向边界温度 $u(a,y)=y\sinh(1)+2.5+y$，$u(0,y)=2.5+y$，地表地温梯度 $u_{y}(x,0)=\sinh(x)+1$，源项 $f(x,y)=\sinh(x)y$，地表边界条件采用带噪声数据，所加噪声为高斯白噪声，精确解 $u(x,y)=\sinh(x)y+2.5+y,a=b=1$. 原问题齐次化边界条件后对应问题解的表达式为 $v(x,y)=\sinh(x)y-xy\sinh(1)$，正则化参数取 $\alpha=1.65\times 10^{-6}$.

图 1.4.1 是例 1.4.1、例 1.4.2 和例 1.4.3 求解过程中选取正则化参数所用的 L 形曲线. 最优参数的位置，如图 1.4.1 所示，进而得到正则化参数值. 具体数值解和精确解的对比，如图 1.4.2～图 1.4.5 所示. 其中，图 1.4.3 为例 1.4.1 利用 Morozov 偏差原理选取参数计算所得正则化解和精确解的对比图，其余情况均采用"L-曲线"准则选取参数并进行求解. 为了更精确地分析和对比误差水平，在"L-曲线"准则下，计算了地温场 $u(x,y)$ 的最大绝对误差和平均相对误差，见表 1.4.1.

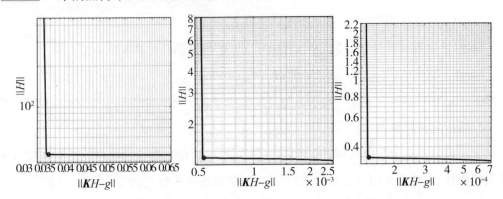

图 1.4.1　例 1.4.1～例 1.4.3 中参数选取的 L 形曲线

（自左往右依次为例 1.4.1～例 1.4.3 中的 L 形曲线）

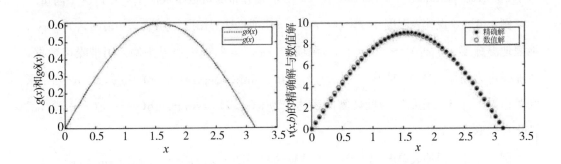

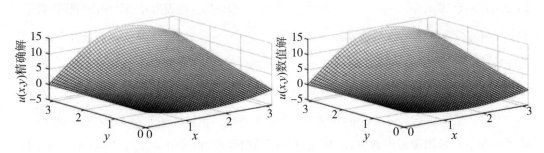

图 1.4.2　例 1.4.1 的数值解和精确解对比图（"L-曲线"得正则化参数）

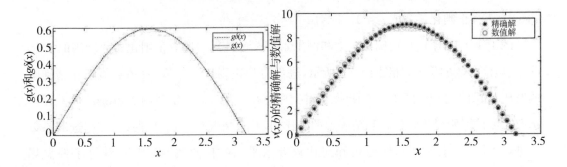

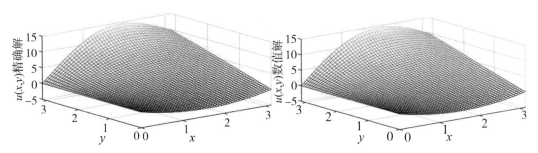

图 1.4.3　例 1.4.1 的数值解和精确解对比图（Morozov 偏差原理得正则化参数）

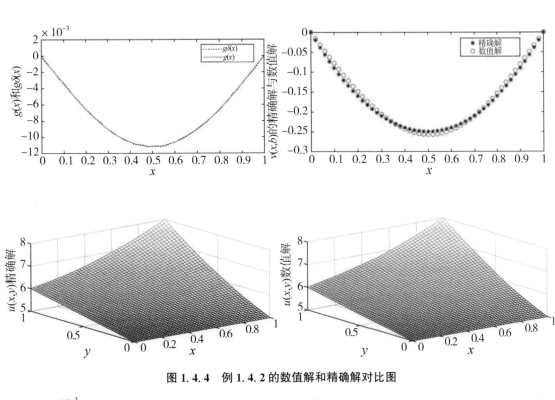

图 1.4.4　例 1.4.2 的数值解和精确解对比图

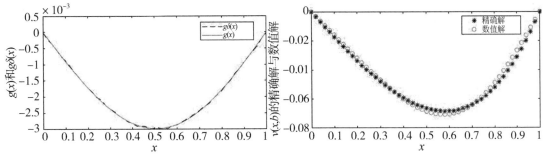

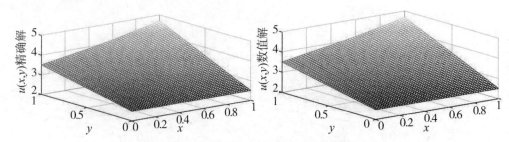

图 1.4.5 例 1.4.3 的数值解和精确解对比图

表 1.4.1 $u(x,y)$ 反演计算的误差

数值算例	最大绝对误差	平均相对误差
例 1.4.1	1.717×10^{-1}	1.9×10^{-3}
例 1.4.2	7.85×10^{-2}	5.9×10^{-3}
例 1.4.3	4.6×10^{-3}	$2.505\,9 \times 10^{-5}$

由图 1.4.2～图 1.4.5 可知,本节的方法减弱了第一种泊松方程侧边值问题的不适定性,能较好计算此反问题的近似值. 从表 1.4.1 可知,数值计算结果误差较小. 综上所述,此问题计算方法简便,精度较高,效果优良.

2. 部分边界上法向导数求解算例

例 1.4.4 假设精确解 $u(x,y)=x^2 y+xy^2+y$, $a=b=1$,求解矩形域上边界导数 $u_y(x,b)=p(x)$,控制方程及定解条件如下:

$$
\begin{cases}
\Delta u = 2x+2y, (x,y) \in \Omega \\
u(0,y)=y, 0 \leqslant y \leqslant 1 \\
u(1,y)=2y+y^2, 0 \leqslant y \leqslant 1 \\
u(x,0)=0, 0 \leqslant x \leqslant 1 \\
u_y(x,0)=x^2+1, 0 \leqslant x \leqslant 1
\end{cases}
$$

式中,$\Omega=(0,1) \times (0,1)$.

利用前面的理论分析,进行边界条件齐次化,可知齐次化函数为 $w(x,y)=y+xy+xy^2$. 方程转化为

$$
\begin{cases}
\Delta v = 2y, (x,y) \in \Omega \\
v(0,y)=0, 0 \leqslant y \leqslant 1 \\
v(1,y)=0, 0 \leqslant y \leqslant 1 \\
v(x,0)=0, 0 \leqslant x \leqslant 1 \\
v_y(x,0)=x^2-x, 0 \leqslant x \leqslant 1
\end{cases}
$$

式中,$\Omega=(0,1) \times (0,1)$.

可取步长 $h_1=h_2=1/50$,进行计算,可得利用该方法求得的边界导数值和精确值对比图. 由图 1.4.6 知,该方法求边界导数精度高,效果较优.

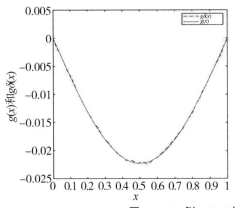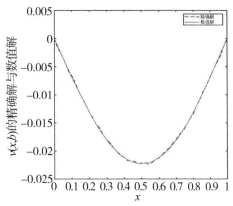

图 1.4.6　例 1.4.4 的数值解和精确解对比图

1.4.5　小结

本节研究聚焦于矩形区域内第一种泊松方程的侧边值问题. 在处理非均匀地温场时,可将其视为多层区域求解问题. 此时,需计算多层温度场,而本节的方法能实现逐层求解,为解决此类问题提供了有效方案. 针对第一种泊松方程侧边值反问题的正则化方法,算法简洁且易于数值实现,能为相关研究和实际应用提供可靠支持.

1.5　第二种泊松方程
侧边值反问题的正则化方法

1.4 节对第一种泊松方程侧边值反问题的正则化方法进行了讨论,本节进行第二种泊松方程侧边值反问题的讨论. 具体如下:

$$\begin{cases} \Delta u = f(x,y), (x,y) \in \Omega \\ u_x|_{\Gamma_2} = u_x(0,y) = t_1(y), y \in [0,b] \\ u_x|_{\Gamma_3} = u_x(a,y) = t_2(y), y \in [0,b] \\ u|_{\Gamma_0} = u(x,0) = \varphi(x), x \in [0,a] \\ u_y|_{\Gamma_0} = u_y(x,0) = \psi(x), x \in [0,a] \end{cases} \tag{1.5.1}$$

式中, $\Omega = (0,a) \times (0,b)$.

设研究区为矩形域 $\Omega \subset \mathbf{R}^2$,边界 $\partial\Omega$ 分段光滑, $\partial\Omega = \bigcup \Gamma_i (i=0,1,2,3)$. 其中,边界 Γ_2 和 Γ_3 表示垂向边界, Γ_0 表示地表边界. 控制方程及定解条件如式(1.5.1).

其中,边界条件 $u(x,b) = h(x)$, $u_y(x,b) = p(x)$ 未知,需要求解出未知温度函数 $u(x,y)$,本节中此类问题称为二维矩形域上的第二种条件泊松方程侧边值问题.

1.5.1　边界条件齐次化

由泊松方程的边界条件齐次化方法,此时可设

$$w(x,y) = \frac{x^2}{2a}[t_2(y) - t_1(y)] + xt_1(y) \tag{1.5.2}$$

令 $v(x,y) = u(x,y) - w(x,y)$，则可得

$$\begin{cases} \Delta v = f(x,y) - \Delta w, (x,y) \in \Omega \\ v_x|_{\Gamma_2} = v_x(0,y) = 0, y \in [0,b] \\ v_x|_{\Gamma_3} = v_x(a,y) = 0, y \in [0,b] \\ v|_{\Gamma_0} = v(x,0) = \varphi(x) - w(x,0), x \in [0,a] \\ v_y|_{\Gamma_0} = v_y(x,0) = \psi(x) - w_y(x,0), x \in [0,a] \end{cases} \tag{1.5.3}$$

式中，$\Omega = (0,a) \times (0,b)$.

通过求解式(1.5.3)，可得 $v(x,y)$ 在边界 $x = b$ 处的值 $h(x)$，然后通过正演计算求得 $v(x,y)$，由此可得式(1.5.1)的近似解.

1.5.2　侧边值问题转化为积分方程

1. 侧边值问题的分离变量法

接下来，对式(1.5.3)展开分析，应用分离变量法，先假设 $u(x,b) = h(x)$ 未知待定，则 $v(x,b) = h(x) - w(x,b)$ 也未知待定，令

$$v(x,y) = \sum_{n=1}^{\infty} v_n(y) \cos\frac{n\pi x}{a} + \frac{v_0(y)}{2} \tag{1.5.4}$$

下面利用函数系 $\left\{\cos\dfrac{n\pi x}{a}\right\}$，$n = 0,1,2,\cdots$ 的正交性，对 $v_n(y)$，$n = 0,1,2,\cdots$ 的求解进行讨论分析.

将式(1.5.4)代入式(1.5.3)，利用傅里叶展开的相关理论，在等式左右两边分别乘 $\dfrac{2}{a}\cos\dfrac{n\pi x}{a}$ 且对 x 积分，得

$$\begin{cases} v_n''(y) - \left(\frac{n\pi}{a}\right)^2 v_n(y) = A_n(y) \\ v_n(0) = B_n \\ v_n(b) = C_n \end{cases}, n = 0,1,2,\cdots \tag{1.5.5}$$

式中，

$$A_n(y) = \frac{2}{a}\int_0^a (f(x,y) - \Delta w)\cos\frac{n\pi x}{a}dx;$$

$$B_n = \frac{2}{a}\int_0^a (\varphi(x) - w(x,0))\cos\frac{n\pi x}{a}dx;$$

$$C_n = \frac{2}{a}\int_0^a (h(x) - w(x,b))\cos\frac{n\pi x}{a}dx.$$

根据微分方程理论，式(1.5.5)的齐次通解和特解都可以解出. 特解根据 $A_n(y)$ 可求得，设特解为 $Y_n(y)$，则

$$v_n(y) = c_n e^{\frac{n\pi}{a}y} + d_n e^{-\frac{n\pi}{a}y} + Y_n(y), n = 1, 2, \cdots \tag{1.5.6}$$

$$v_0(y) = c_0 y + d_0 + Y_0(y) \tag{1.5.7}$$

代入式(1.5.5)中边界条件,即可得 $c_n, d_n (n = 0, 1, 2, \cdots)$,从而可得 $v_n(y), n = 0, 1, 2, \cdots$.

综合上述,可得

$$v(x, y) = \sum_{n=1}^{\infty} \left[c_n e^{\frac{n\pi}{a}y} + d_n e^{-\frac{n\pi}{a}y} + Y_n(y) \right] \cos \frac{n\pi x}{a} + \frac{c_0 y + d_0 + Y_0(y)}{2} \tag{1.5.8}$$

2. 侧边值问题的积分方程

由 $v_y(x, 0) = \psi(x) - w_y(x, 0)$,结合式(1.5.8)可得

$$\sum_{n=1}^{\infty} \frac{n\pi}{a} \frac{2}{a} \int_0^a \cos \frac{n\pi}{a}\xi [h(\xi) - w(\xi, b)]d\xi \cdot \left(\sinh \frac{n\pi}{a}b \right)^{-1} \cdot \cos \frac{n\pi}{a}x +$$

$$\frac{1}{2b} \cdot \frac{2}{a} \int_0^a [h(\xi) - w(\xi, b)]d\xi = g(x) \tag{1.5.9}$$

式中,

$$g(x) = \psi(x) - w_y(x, 0) -$$

$$\sum_{n=1}^{\infty} \left\{ \left[B_n - Y_n(0) - 2 \frac{-Y_n(b) - B_n e^{\frac{n\pi b}{a}} + Y_n(0) e^{\frac{n\pi b}{a}}}{e^{-\frac{n\pi b}{a}} - e^{\frac{n\pi b}{a}}} \right] \frac{n\pi}{a} + Y_n'(0) \right\} \cos \frac{n\pi x}{a} -$$

$$\frac{-Y_0(b) + Y_0(0) - B_0}{2b} - \frac{Y_0(0)}{2} \tag{1.5.10}$$

下面分析式(1.5.9)左端的收敛性,记式(1.5.9)左端中的无穷级数为

$$\sum_{n=1}^{\infty} n \int_0^a \cos \frac{n\pi}{a}\xi [h(\xi) - w(\xi, b)]d\xi \cdot \left(\sinh \frac{n\pi}{a}b \right)^{-1} \cdot \cos \frac{n\pi}{a}x \overset{\triangle}{=} \sum_{n=1}^{\infty} D_n \tag{1.5.11}$$

关于无穷级数 $\sum_{n=1}^{\infty} D_n$,有如下引理.

引理 1.5.1　级数 $\sum_{n=1}^{\infty} D_n$ 在 $L^2[0, a]$ 上收敛.

证明　因 $h(\xi) - w(\xi, b)$ 属于空间 $L^2[0, a]$,故 $\int_0^a \cos \frac{n\pi}{a}\xi [h(\xi) - w(\xi, b)]d\xi$ 有上界 M,则

$$\sum_{n=1}^{\infty} D_n \leqslant \sum_{n=1}^{\infty} nM \cdot \left(\sinh \frac{n\pi}{a}b \right)^{-1} \cdot \cos \frac{n\pi}{a}x \tag{1.5.12}$$

$$\left| \sum_{n=1}^{\infty} nM \cdot \left(\sinh \frac{n\pi}{a}b \right)^{-1} \cdot \cos \frac{n\pi}{a}x \right| \leqslant \sum_{n=1}^{\infty} \frac{2nM}{e^{\frac{n\pi b}{a}} - e^{-\frac{n\pi b}{a}}} \tag{1.5.13}$$

记式(1.5.13)右端无穷级数表达式为 $\sum\limits_{n=1}^{\infty} E_n$,则可利用比式判别法对 $\sum\limits_{n=1}^{\infty} E_n$ 进行收敛性判别.

$$\lim_{n\to\infty}\frac{E_{n+1}}{E_n}=\lim_{n\to\infty}\frac{n+1}{\mathrm{e}^{\frac{(n+1)\pi b}{a}}-\mathrm{e}^{-\frac{(n+1)\pi b}{a}}}\cdot\frac{\mathrm{e}^{\frac{n\pi b}{a}}-\mathrm{e}^{-\frac{n\pi b}{a}}}{n}$$

$$=1\cdot\lim_{n\to\infty}\frac{\mathrm{e}^{\frac{n\pi b}{a}}-\mathrm{e}^{-\frac{n\pi b}{a}}}{\mathrm{e}^{\frac{(n+1)\pi b}{a}}-\mathrm{e}^{-\frac{(n+1)\pi b}{a}}}$$

$$=\lim_{n\to\infty}\frac{1-\mathrm{e}^{-2\frac{n\pi b}{a}}}{\mathrm{e}^{\frac{\pi b}{a}}-\mathrm{e}^{-\frac{(2n+1)\pi b}{a}}}=\mathrm{e}^{-\frac{\pi b}{a}}.$$

由 $\frac{\pi b}{a}>0$,$\mathrm{e}^{-\frac{\pi b}{a}}<1$,得 $\lim\limits_{n\to\infty}\frac{E_{n+1}}{E_n}<1$,故 $\sum\limits_{n=1}^{\infty} E_n$ 收敛,从而 $\sum\limits_{n=1}^{\infty} D_n$ 是收敛的.

定理 1.5.1 方程式(1.5.9)的解在空间 $L^2[0,a]$ 上是唯一的.

证明 设积分方程式(1.5.9)在空间 $L^2[0,a]$ 上存在两个解 $h_1(x)$,$h_2(x)$,则

$$\sum_{n=1}^{\infty}\frac{n\pi}{a}\frac{2}{a}\int_0^a\cos\frac{n\pi}{a}\xi[h_1(\xi)-w(\xi,b)]\mathrm{d}\xi\cdot\left(\sinh\frac{n\pi}{a}b\right)^{-1}\cdot\cos\frac{n\pi}{a}x+$$
$$\frac{1}{2b}\cdot\frac{2}{a}\int_0^a h_1(\xi)\mathrm{d}\xi=g(x)\tag{1.5.14}$$

$$\sum_{n=1}^{\infty}\frac{n\pi}{a}\frac{2}{a}\int_0^a\cos\frac{n\pi}{a}\xi[h_2(\xi)-w(\xi,b)]\mathrm{d}\xi\cdot\left(\sinh\frac{n\pi}{a}b\right)^{-1}\cdot\cos\frac{n\pi}{a}x+$$
$$\frac{1}{2b}\cdot\frac{2}{a}\int_0^a h_2(\xi)\mathrm{d}\xi=g(x)\tag{1.5.15}$$

式(1.5.14)、式(1.5.15)相减,得

$$\sum_{n=1}^{\infty}\frac{n\pi}{a}\frac{2}{a}\int_0^a\cos\frac{n\pi}{a}\xi[h_1(\xi)-h_2(\xi)]\mathrm{d}\xi\cdot\left(\sinh\frac{n\pi}{a}b\right)^{-1}\cdot\cos\frac{n\pi}{a}x+$$
$$\frac{1}{2b}\cdot\frac{2}{a}\int_0^a[h_1(\xi)-h_2(\xi)]\mathrm{d}\xi=0\tag{1.5.16}$$

由式(1.5.16)左端两项特征易知

$$h_1(x)-h_2(x)=0\tag{1.5.17}$$

故 $h_1(\xi)=h_2(\xi)$,唯一性得证,定理 1.5.1 成立.

因此,式(1.5.9)可转化成第一类 Fredholm 积分方程,具体为

$$\int_0^a G(x,\xi)[h(\xi)-w(\xi,b)]\mathrm{d}\xi=g(x)$$

其中,核函数

$$G(x,\xi)=\frac{2}{a}\left[\sum_{n=1}^{\infty}\frac{n\pi}{a}\cdot\cos\frac{n\pi}{a}\xi\cdot\cos\frac{n\pi}{a}x\cdot\left(\sinh\frac{n\pi b}{a}\right)^{-1}+\frac{1}{2b}\right]\tag{1.5.18}$$

1.5.3　部分边界上法向导数的正则化求解方法

1. 部分边界上法向导数的分离变量法

基于 HSIR 方法,对问题式(1.5.3)进行具体分析,结合分离变量法,先设 $u_y(x,b)=p(x)$ 为未知待定,则 $v_y(x,b)=p(x)-w_y(x,b)$ 也未知待定.

可由式(1.5.4),同样利用刘维尔理论及函数系 $\left\{\cos\dfrac{n\pi x}{a}\right\},n=0,1,2,\cdots$ 的正交性,对 $v_n(y)$ 的求解进行讨论分析.

将式(1.5.4)代入式(1.5.3)中含在 $x=b$ 的边界导数的稳态方程,利用傅里叶展开的相关理论,在等式左右两边分别乘 $\dfrac{2}{a}\cos\dfrac{n\pi x}{a}$ 且对 x 积分,得

$$\begin{cases} v_n''(y)-\left(\dfrac{n\pi}{a}\right)^2 v_n(y)=A_n(y) \\ v_n(0)=B_n \qquad\qquad\qquad ,n=0,1,2,\cdots \\ v_n'(b)=\widetilde{C}_n \end{cases} \qquad (1.5.19)$$

式中,

$$A_n(y)=\frac{2}{a}\int_0^a (f(x,y)-\Delta w)\cos\frac{n\pi x}{a}\mathrm{d}x;$$

$$B_n=\frac{2}{a}\int_0^a (\varphi(x)-w(x,0))\cos\frac{n\pi x}{a}\mathrm{d}x;$$

$$\widetilde{C}_n=\frac{2}{a}\int_0^a (p(x)-w_y(x,b))\cos\frac{n\pi x}{a}\mathrm{d}x.$$

根据二阶常系数线性微分方程相关理论,问题式(1.5.19)的相应通解和特解都可以解出.由前面可知,特解根据 $A_n(y)$ 可求得,设为 $Y_n(y)$,则

$$v_n(y)=\widetilde{c}_n\mathrm{e}^{\frac{n\pi}{a}y}+\widetilde{d}_n\mathrm{e}^{-\frac{n\pi}{a}y}+Y_n(y),n=1,2,\cdots \qquad (1.5.20)$$

$$v_0(y)=\widetilde{c}_0 y+\widetilde{d}_0+Y_0(y) \qquad (1.5.21)$$

代入式(1.5.19)中边界条件,可得 $\widetilde{c}_n,\widetilde{d}_n(n=0,1,2,\cdots)$,从而可得 $v_n(y)$,$v_0(y)$.综合上述,可得

$$v(x,y)=\sum_{n=1}^\infty\left[\widetilde{c}_n\mathrm{e}^{\frac{n\pi}{a}y}+\widetilde{d}_n\mathrm{e}^{-\frac{n\pi}{a}y}+Y_n(y)\right]\cos\frac{n\pi x}{a}+\frac{\widetilde{c}_0 y+\widetilde{d}_0+Y_0(y)}{2} \qquad (1.5.22)$$

2. 部分边界上法向导数的积分方程

由 $v_y(x,0)=\psi(x)-w_y(x,0)$,结合式(1.5.22)可得

$$\sum_{n=1}^\infty\int_0^a\cos\frac{n\pi}{a}\xi[p(\xi)-w_y(\xi,b)]\mathrm{d}\xi\cdot\left(\cosh\frac{n\pi}{a}b\right)^{-1}\cdot\cos\frac{n\pi}{a}x+$$

$$\frac{1}{2}\int_0^a[p(\xi)-w_y(\xi,b)]\mathrm{d}\xi=\widetilde{g}(x)$$

$$(1.5.23)$$

式中,

$$\widetilde{g}(x) = \frac{a}{2} \Big\{ \psi(x) - w_y(x,0) -$$

$$\sum_{n=1}^{\infty} \left[B_n \frac{n\pi}{a} - Y_n(0) \frac{n\pi}{a} + 2 \frac{-Y_n'(b) - B_n \frac{n\pi}{a} \mathrm{e}^{\frac{n\pi b}{a}} + Y_n(0) \frac{n\pi}{a} \mathrm{e}^{\frac{n\pi b}{a}}}{\mathrm{e}^{-\frac{n\pi b}{a}} + \mathrm{e}^{\frac{n\pi b}{a}}} + Y_n'(0) \right] \quad (1.5.24)$$

$$\cos \frac{n\pi x}{a} - \frac{-Y_0'(b) + Y_0'(0)}{2} \Big\}$$

结合 1.5.2 中引理 1.5.1 和定理 1.5.1,方程式(1.5.23)可以转化成第一类 Fredholm 积分方程,具体为

$$\int_0^a \widetilde{G}(x,\xi) \big[p(\xi) - w_y(\xi,b) \big] \mathrm{d}\xi = \widetilde{g}(x) \quad (1.5.25)$$

其中,核函数

$$\widetilde{G}(x,\xi) = \sum_{n=1}^{\infty} \cos \frac{n\pi}{a}\xi \cdot \cos \frac{n\pi}{a}x \cdot \left(\cosh \frac{n\pi b}{a} \right)^{-1} + \frac{1}{2} \quad (1.5.26)$$

1.5.4 数值实验

第二种泊松方程侧边值问题的正则化算法与第一种问题的算法类似.

1. 温度场求解算例

下面设计了 3 个数值算例:例 1.5.1~例 1.5.3,利用 HSIR 方法计算未知边界条件,再正演计算矩形域内的地温场. 数值算例中,正则化参数均采用 Morozov 偏差原理进行选取,图 1.5.1~图 1.5.3 中展示了具体数值解和精确解的对比. 通过算例,详细地分析和对比了误差水平,具体计算了地温场 $u(x,y)$ 近似解的最大绝对误差和平均相对误差,结果见表 1.5.1.

例 1.5.1 设地表温度 $u(x,0)=3$,垂向边界温度法向导数 $u_x(0,y)=0$,$u_x(a,y)=2\pi y$,地表地温梯度 $u_y(x,0)=\cos x + x^2$,源项 $f(x,y)=2y-2\cos x \sin y$,地表边界条件采用带噪声数据,所加噪声为高斯白噪声. 精确解 $u(x,y)=\cos x \sin y + 3 + x^2 y$,$a=b=\pi$,原问题边界条件齐次化后对应问题解的表达式为 $v(x,y)=\cos x \sin y + 3$,正则化参数取 $\alpha = 6.694 \times 10^{-4}$.

例 1.5.2 设地表温度 $u(x,0)=0$,垂向边界温度法向导数 $u_x(0,y)=0$,$u_x(a,y)=2y^2+3y$,地表地温梯度 $u_y(x,0)=x^3$,源项 $f(x,y)=2x^2+2y^2+6xy$,地表边界条件采用带噪声数据,所加噪声为高斯白噪声. 精确解 $u(x,y)=x^2y^2+x^3y$,$a=b=1$,原问题边界条件齐次化后对应问题解的表达式为 $v(x,y)=x^3y-\frac{3}{2}x^2y$,正则化参数取 $\alpha = 5.206 \times 10^{-4}$.

例 1.5.3 设地表温度 $u(x,0)=0$,垂向边界温度法向导数 $u_x(0,y)=0$,$u_x(a,y)=\sinh(1)y$,地表地温梯度 $u_y(x,0)=\cosh(x)$,源项 $f(x,y)=\cosh(x)y$,地表边界条件采用带噪声数据,所加噪声为高斯白噪声,精确解 $u(x,y)=\cosh(x)y$,$a=b=1$. 原问题

边界条件齐次化后对应问题解的表达式为 $v(x,y)=\cosh(x)y-\dfrac{x^2}{2}\sinh(1)y$，正则化参数取 $\alpha=1.8\times10^{-3}$.

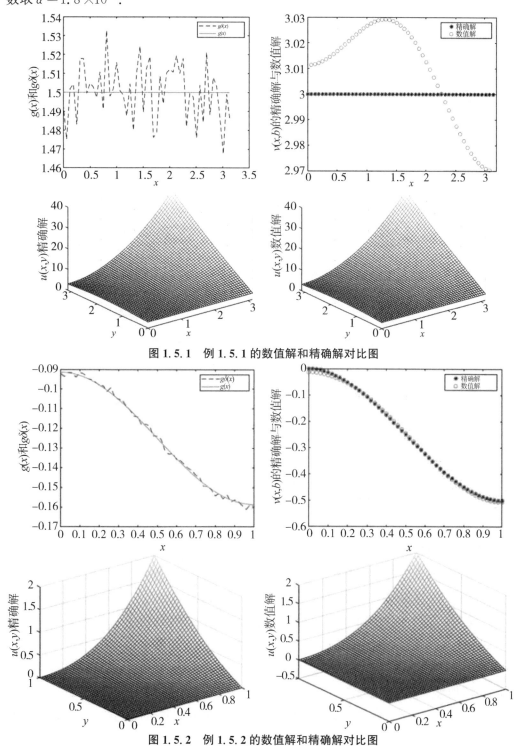

图 1.5.1　例 1.5.1 的数值解和精确解对比图

图 1.5.2　例 1.5.2 的数值解和精确解对比图

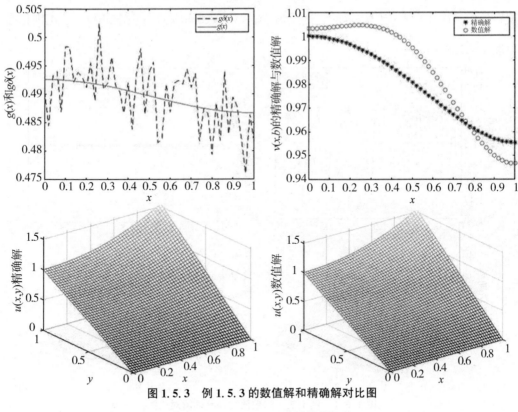

图 1.5.3　例 1.5.3 的数值解和精确解对比图

表 1.5.1　$u(x,y)$ 反演计算的误差

数值算例	最大绝对误差	平均相对误差
例 1.5.1	2.95×10^{-2}	1.3×10^{-3}
例 1.5.2	1.34×10^{-2}	8.3×10^{-1}
例 1.5.3	1.48×10^{-2}	5.5×10^{-3}

通过图 1.5.1～图 1.5.3 可知本节方法对求解第二种泊松方程侧边值问题效果良好,由表 1.5.1 可知方法精度高.

2. 部分边界上法向导数求解算例

下面设计了 2 个数值算例:例 1.5.4 和例 1.5.5,通过图 1.5.4、图 1.5.5 可知该方法效果良好.本小节数值算例中的正则化参数均采用"L-曲线"准则进行选取.

例 1.5.4　设地表温度 $u(x,0)=3$,垂向边界温度法向导数 $u_x(0,y)=0,u_x(a,y)=2\pi y$,地表地温梯度 $u_y(x,0)=\cos x+x^2$,源项 $f(x,y)=2y+2$,地表边界条件采用带噪声数据,所加噪声为高斯白噪声.求解未知边界温度导数值.精确解 $u(x,y)=\cos x \sinh(y)+3+x^2 y+y^2$,$a=b=\pi$.原问题边界条件齐次化后对应问题解的表达式为 $v(x,y)=\cos x \sinh(y)+3+y^2$,正则化参数取 $\alpha=2.811\times10^{-4}$.

例 1.5.5   设地表温度 $u(x,0)=0$,垂向边界温度法向导数 $u_x(0,y)=0$,$u_x(a,y)=2y^2+3y$,地表地温梯度 $u_y(x,0)=x^3$,源项 $f(x,y)=2x^2+2y^2+6xy$,地表边界条件采用带噪声数据,所加噪声为高斯白噪声,求解未知边界温度导数值. 精确解 $u(x,y)=x^2y^2+x^3y$,$a=b=1$. 原问题边界条件齐次化后对应问题解的表达式为 $v(x,y)=x^3y-\dfrac{3}{2}x^2y$,正则化参数取 $\alpha=4.680\,1\times10^{-5}$.

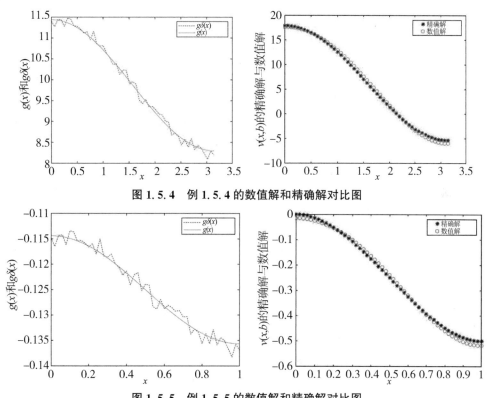

图 1.5.4   例 1.5.4 的数值解和精确解对比图

图 1.5.5   例 1.5.5 的数值解和精确解对比图

1.5.5   小结

本节考虑了矩形域上第二种泊松方程侧边值问题,通过 HSIR 方法进行了求解. 第二种问题的不同之处在于矩形域的左右边界上为第二类边界条件. 本节的方法能较准确地计算此类反问题.

1.6   侧边值反问题的拓展研究

1.6.1   一般类型的泊松方程侧边值问题

对于矩形区域,$\Omega=(0,a)\times(0,b)$. 考虑其左右边界 $x=0$,$x=a$ 上的边界条件为第三类边界条件. 侧边值问题的数学模型见式(1.6.1),通过 HSIR 方法进行求解.

$$\begin{cases} \Delta u = f(x,y), (x,y) \in \Omega \\ mu_x(0,y) - lu(0,y) = t_1(y), y \in [0,b] \\ pu_x(a,y) - qu(a,y) = t_2(y), y \in [0,b] \\ u(x,0) = \varphi(x), x \in [0,a] \\ u_y(x,0) = \psi(x), x \in [0,a] \end{cases} \tag{1.6.1}$$

式中,m,l,p,q 表示常数.

此时边界条件 $u(x,b)=h(x)$ 未知,需求解矩形域 Ω 上的函数 $u(x,y)$ 的数值解.

当 $ml \geqslant 0, pq \geqslant 0$ 且 $p+q \neq 0$ 时,可得边界条件齐次化的辅助函数的统一形式[220]:

$$w(x,y) = \begin{cases} \dfrac{qt_1(y) + lt_2(y)}{mq + lp + lqa}\left(x + \dfrac{m}{n}\right) - \dfrac{t_1(y)}{n}, (n \neq 0) \\ \dfrac{mt_2(y) - pt_1(y) - qat_1(y)}{ma(2p + qa)}x^2 + \dfrac{t_1(y)}{m}x, (m \neq 0) \end{cases} \tag{1.6.2}$$

令 $v(x,y)=u(x,y)-w(x,y)$,则可得

$$\begin{cases} \Delta v = f(x,y) - \Delta w, (x,y) \in \Omega \\ mv_x(0,y) - lv(0,y) = 0, y \in [0,b] \\ pv_x(a,y) - qv(a,y) = 0, y \in [0,b] \\ v(x,0) = \varphi(x) - w(x,0), x \in [0,a] \\ v_y(x,0) = \psi(x) - w_y(x,0), x \in [0,a] \end{cases} \tag{1.6.3}$$

式中,$\Omega = (0,a) \times (0,b)$.

令 $v(x,b)=h(x)-w(x,b)$ 待定,依据前面的理论及 m,l,p,q 的取值关系,可讨论四种不同边界条件类型的泊松方程侧边值问题,见表 1.6.1.

表 1.6.1　四种不同类型的泊松方程侧边值问题

	$m = p = 0$	$l = q = 0$	$m = q = 0$	$l = p = 0$
在 Ω 上左、右边界条件	左、右边界为第一类边界条件	左、右边界为第二类边界条件	左边界为第一类边界条件,右边界为第二类边界条件	左边界为第二类边界条件,右边界为第一类边界条件
$v(x,y)$	$\displaystyle\sum_{n=1}^{\infty} v_n(y)\sin\dfrac{n\pi}{a}x$	$\displaystyle\sum_{n=0}^{\infty} v_n(y)\cos\dfrac{n\pi}{a}x$	$\displaystyle\sum_{n=0}^{\infty} v_n(y)\sin\dfrac{(2n+1)\pi}{2a}x$	$\displaystyle\sum_{n=0}^{\infty} v_n(y)\cos\dfrac{(2n+1)\pi}{2a}x$

表 1.6.1 中,$m=p=0, l=q=0$ 分别对应前面讨论的第一种泊松方程侧边值问题和第二种泊松方程侧边值问题.采用 HSIR 方法,可以对另外两种情形进行讨论,可得到关

于 $h(x)$ 的第一类 Fredholm 积分方程,即

$$\int_0^a G(x,\xi)\big[h(\xi)-w(\xi,b)\big]\mathrm{d}\xi = g(x) \tag{1.6.4}$$

相应的积分方程和核函数,见表 1.6.2.其中,$Y_n(y)$ 可根据右端源项求得.

表 1.6.2　两种不同类型的泊松方程侧边值问题

	$m=q=0$	$l=p=0$
B_n	$\dfrac{2}{a}\displaystyle\int_0^a\big[\varphi(x)-w(x,0)\big]\sin\dfrac{(2n+1)\pi}{2a}x\,\mathrm{d}x$	$\dfrac{2}{a}\displaystyle\int_0^a\big[\varphi(x)-w(x,0)\big]\cos\dfrac{(2n+1)\pi}{2a}x\,\mathrm{d}x$
右端 $g(x)$	$\psi(x)-w_y(x,0)-\displaystyle\sum_{n=0}^{\infty}\Bigg\{\Bigg[B_n-Y_n(0)-\\ 2\dfrac{-Y_n(b)-B_n\mathrm{e}^{\frac{(2n+1)\pi b}{2a}}+Y_n(0)\mathrm{e}^{\frac{(2n+1)\pi b}{2a}}}{\mathrm{e}^{\frac{(2n+1)\pi b}{2a}}-\mathrm{e}^{\frac{(2n+1)\pi b}{2a}}}\Bigg]\dfrac{n\pi}{a}\\ +Y_n'(0)\Bigg\}\sin\dfrac{(2n+1)\pi}{2a}x$	$\psi(x)-w_y(x,0)-\displaystyle\sum_{n=0}^{\infty}\Bigg\{\Bigg[B_n-Y_n(0)-\\ 2\dfrac{-Y_n(b)-B_n\mathrm{e}^{\frac{(2n+1)\pi b}{2a}}+Y_n(0)\mathrm{e}^{\frac{(2n+1)\pi b}{2a}}}{\mathrm{e}^{\frac{(2n+1)\pi b}{2a}}-\mathrm{e}^{\frac{(2n+1)\pi b}{2a}}}\Bigg]\dfrac{n\pi}{a}\\ +Y_n'(0)\Bigg\}\cos\dfrac{(2n+1)\pi}{2a}x$
核函数 $G(x,\xi)$	$\displaystyle\sum_{n=0}^{\infty}\dfrac{(2n+1)\pi}{a^2}\cdot\sin\dfrac{(2n+1)\pi}{2a}x\cdot\\ \sin\dfrac{(2n+1)\pi}{2a}\xi\cdot\left(\sinh\dfrac{(2n+1)\pi}{2a}b\right)^{-1}$	$\displaystyle\sum_{n=0}^{\infty}\dfrac{(2n+1)\pi}{a^2}\cdot\cos\dfrac{(2n+1)\pi}{2a}x\cdot\\ \cos\dfrac{(2n+1)\pi}{2a}\xi\cdot\left(\sinh\dfrac{(2n+1)\pi}{2a}b\right)^{-1}$

1.7　本 章 小 结

　　本章首先考虑了泊松方程正问题的求解,将有限差分法用于矩形域上的常系数泊松方程边值问题和变系数泊松方程边值问题的求解.本章对侧边值问题的有限差分计算格式进行稳定性分析,通过增长矩阵分析可知所讨论的格式恒不稳定,引入 HSIR 方法进行求解.

　　然后,对于第一种和第二种泊松方程侧边值问题,利用正则化方法进行求解.

　　本章所提出的方法有较广的适用性,算法简洁,便于数值实现,数值计算结果显示该方法效果良好,该方法可推广应用于高维泊松方程反问题的求解.

第 2 章

几类多层介质热传导正反演问题的计算方法

2.1 绪　　论

2.1.1　背景及意义

多层介质热传导现象在地热资源勘探开发等工程实践中经常会出现,诸如地热田的多层热传导问题、地热井的井筒套筒换热问题以及地热探针探测的多层圆柱体热传导问题,都是典型的多层介质热传导问题. 在地热资源的勘探开发过程中[198,208],具有分层地质结构的地热田,结构示意图如图 2.1.1 所示. 热量在不同的地层间传递,为了准确识别多层介质热传导下的地温场规律,便于进一步识别地热田的热源分布,判断地热开采井的准确位置,节省开采成本[198,208,209,234,235],需要结合地表温度和热流,以及钻井测温等观测数据,依据热传导规律,建立多层介质热传导模型,进行数值模拟计算. 此类热源识别问题模型可以转化为多层介质热传导反问题模型.

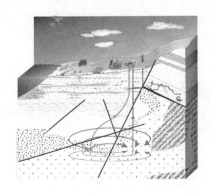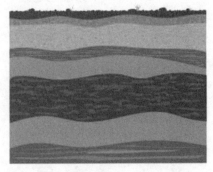

图 2.1.1　地热资源勘探开发中多层介质示意图

在地热资源的勘探开发过程中,地热井的钻采灌过程中涉及深井套管换热(图 2.1.2),是在深井中通过同轴套管进行单井内部流体循环,基于热传导的方式与地层换热[198,208,209]. 在换热过程中,多层套管和周围介质发生热传导,随着开采时间的增加,套管外部介质温度逐渐变化. 套管内部为可观测区域,而外部岩层的温度变化,不能直接观测,需结合内部观测数据和多层热传导方程进行反演识别.

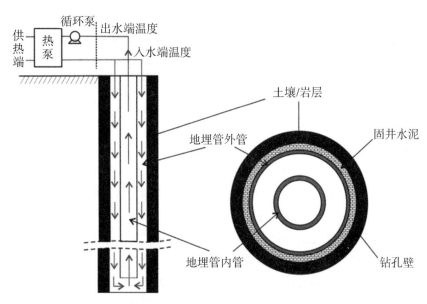

图 2.1.2 深井地埋管换热多层结构示意图[208]

在地热资源的勘探开发过程中,经常会涉及热流探测和热物性参数探测,原位热流探针测量是热流探测的主要手段之一. 以海底原位热流探测常用的探针为例,热流探测设备一般由多个微型自容式测量探头和搭载探头的长矛状载体构成,如图 2.1.3 所示[212,286]. 进行探测时,微型自容式探头和周围介质一起构成多层热传导系统,探针内部细管中安装加热丝,同时等间距地排列多个热敏电阻,间隔一定距离固定在平行排列的加强管上. 热流数据的获取可以通过热流计得到,但是探针外部介质的热导率等热物性参数的获取比较困难,需要基于热传导方程,通过观测探针摩擦生热和激发热脉冲主动加热阶段的温度以及探头记录的温度数据来进行反演计算.

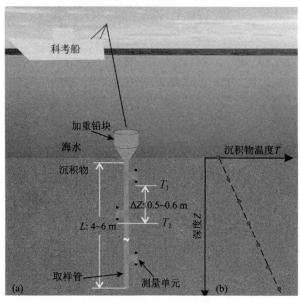

图 2.1.3 海底热流探测基本方法与原理示意图[286]

关于原位热导率等热物性参数的解算,已有研究文献是利用有限长柱热源简化加热模型进行解析求解,或者利用单层热传导模型的数值反演方法进行计算[212,286],取得了不少成果.但是本质上来说,原位热流探针及周围介质构成的系统可认为是多层介质系统,相应的热传导模型可以归结为多层介质热传导模型.因此,为了提高参数解算精度,考虑如何对热流探测的数学模型和计算方法进行改进,具有重要理论意义.

上述实际问题,依据地热资源的勘探开发的实际情况,理论上都可抽象为空间不同几何体上(如水平多层几何体、多层圆柱体等)的各类热传导反问题模型,需要结合各类观测数据,分别推算不可直接探测到的热源分布、部分边界条件或热传导参数等.

理论上,这些问题的解决依赖于相应的热传导侧边值反问题模型、源项反演模型等的建立和求解.因此,多层介质热传导反问题模型的建立、理论分析和计算方法是地热资源勘探与开发预测的重要理论基础,相应数学模型的数值模拟实验是室内物理实验和野外现场试验的补充与扩展[203,240,257,294,300].

热传导反问题的一个典型特征是解的不稳定性、解的存在唯一性和解的稳定性难以保证.下面以一维热传导侧边值反问题的求解为例,说明解对观测值的依赖性问题.如图2.1.4所示,考虑多层介质热传导问题,设某一层介质上的一维非稳态热传导方程为

$$\frac{\partial T}{\partial t} - \frac{\partial T}{\partial z}\left[k(z)\frac{\partial T}{\partial z}\right] = A(z) \tag{2.1.1}$$

式中,$k(z)$ 连续,关于深度自变量 z 可导.

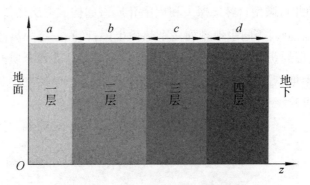

图 2.1.4　多层介质热传导示意图

当 $\frac{\partial T}{\partial t} = 0$ 时,为稳态方程,即

$$-\frac{\partial T}{\partial z}\left[k(z)\frac{\partial T}{\partial z}\right] = A(z) \tag{2.1.2}$$

当 $k(z), A(z)$ 均为常数时,即 $k(z) = k, A(z) = a$,可得

$$T = -\frac{A}{2k}z^2 + \frac{c}{k}z + c_1 \tag{2.1.3}$$

设研究区域某边界(如地表)的温度和热流已知,可得边界条件如下:

$$\begin{cases} T(z)\big|_{z=0}=T_0 \Rightarrow T_0=c_1 \\ k\dfrac{\partial T}{\partial z}\bigg|_{z=0}=q_0 \Rightarrow q_0=c \end{cases} \qquad (2.1.4)$$

所以,可得地下温度的表达式为

$$T(z)=T_0+\frac{q_0}{k}z-\frac{A}{2k}z^2 \qquad (2.1.5)$$

从而可知,当地表热流 q_0 有扰动 Δq 时,相应的计算温度扰动 ΔT_1 为 $\pm\dfrac{z}{k}\Delta q$. 如果生热率扰动为 ΔA ,相应的计算温度扰动 ΔT_2 为 $\pm\dfrac{z^2}{2k}\Delta A$.

采用国际标准单位计算,如果 $z=5,k=2,\Delta q=2$,则 $\Delta T_1=\pm 5$. 假设 $\Delta A=1$,则 $\Delta T_2=\pm 6.25$,叠加的扰动值为 $\Delta T=\Delta T_1+\Delta T_2$,其绝对值最大可达 11.25,最小为 1.25(均采用国际标准单位). 由计算结果可知,地表热流、温度及生热率等观测值较小的扰动,可能导致深部温度计算结果较大的误差.

多层热传导需要利用各层间条件逐层计算,误差可能会更大. 为了克服反问题的不确定性,需要研究相应的正则化优化求解方法[249,263,264,289].

2.1.2　研究现状

2001 年,汪集晹等在对中国大陆科学钻探靶区的深部温度进行预测时[254],考虑到热流和热导率等观测值存在一定的波动范围,因此分别取其上限和下限值. 同时,运用不同的生热率随深度变化的分布函数,并充分考虑热导率与温度的相关性,进而计算出 5 000 m 深度范围内可能的温度分布情况. 这一研究方法为解决深部温度场对观测数据的依赖问题提供了有价值的参考思路.

当前,多层介质热传导反问题的研究文献相对较少[3,13,159,228],但单层介质热传导反问题的模型构建与计算方法方面已有大量研究成果,为多层介质热传导反问题的研究提供了重要基础. 热传导方程侧边值问题的理论一般认为是由 Cannon 在 1964 年提出的[22,23]. 1967 年,Tikhonov 等提出正则化方法,为该问题的求解提供了理论支持[143]. 1982 年,Carasso 等运用正则化方法研究热传导方程侧边值问题,证实了该方法的有效性[27]. 国内外众多学者对热传导侧边值问题、源项反演问题的解析与数值求解方法进行了系统的阐述,具体可参考相关中文文献[222,259]. 近年来,在各类热传导微分方程反问题的不适定性分析、正则化方法的改进等方面,研究成果丰硕[4,44,205,213,303]. 2020 年,KaïsAmmari 等对发展型微分方程相关反问题的求解进行了系统综述[4],为热传导反问题的求解提供了可借鉴的思路. 2020 年,王泽文等专门针对抛物型方程源项反演问题展开了深入讨论,目前关于源项反演的研究文献已十分丰富[84,108,140,160,169,212].

2011 年,盛宏玉应用状态空间理论,借助差分方法,求解了圆柱体上两层介质热传导问题的瞬态温度场[245]. 2016 年,岳俊宏等运用广义边界控制法探讨了多层热传导边界识别问题[288].2019 年,钟洪宇等采用 Crank-Nicolson 方法求解了一维非稳态多层介质的导热问题[304].2021 年,李长玉等对三层热传导模型进行了研究[217].熊向团等长期致力于双层介质热传导反问题的研究,取得了一系列成果:2012 年,通过傅里叶正则化方法,得到了双层介质热传导反问题的正则化解和稳定性估计;2016 年,研究了两层逆热传导方程的 Cauchy 问题,利用傅里叶变换和改进的正则化方法,获得了稳定收敛的正则化解[161,247];2020 年,熊向团等针对分数阶热传导方程和扩散方程的柯西问题,运用最优滤波正则化方法给出了近似解,并利用 Fourier 变换技术得到了 Hölder 类型的误差估计[170,276].徐定华等对多层纺织材料的热湿传递正反演问题进行了长期且深入的研究,2021 年,他们讨论了带随机 Robin 边界数据的三层热传递模型及参数识别反问题[200,263].此外,在多层球状的径向热传导问题的研究方面,也取得了诸多进展[148].

综合已有的研究成果来看,当前对于多层介质热传导正问题的数学模型的相关研究较为丰富,但针对相应反问题的建模研究却相对匮乏.在多层介质热传导反问题的研究中,关于两层和三层介质的研究有少量文献可参考,然而对于一般的多层介质热传导反问题的研究,则较为少见.并且,目前对一维多层介质逆热传导问题的研究较多,而对高维问题的研究却相对较少.

多层介质热传导反问题的建模与计算,已然成为亟待解决的关键问题.相较于单层介质问题,多层介质热传导反问题的复杂程度更高,尤其是在反问题的不稳定性分析、正则化方法的构建、条件稳定性分析以及误差估计等方面,面临着更大的挑战.要解决计算问题,单纯依靠高性能的计算设备远远不够,还需深入研究稳定且高效的计算方法.对于多层介质热传导反问题,由于其存在严重的不稳定性,导致相应的微分方程系统很难求得稳定解.在求解数值解的过程中,如何找到高效且稳定的数值方法是一个棘手的难题,因此,对这类反问题的计算方法进行研究就显得尤为重要.目前,多层介质热传导反问题(特别是高维问题)的计算方法,依旧是该领域研究的热点与难点所在.

2.1.3 主要研究内容

本章主要讨论几类多层介质圆柱体热传导问题的数值解法.具体研究在轴对称情形下,圆柱体横截面热传导正演问题及侧边值反问题的数值计算方法;研讨球形域内,球对称情形下横截面热传导问题的计算格式;对矩形域上多层介质热传导侧边值反问题进行讨论.

2.2 一类多层圆柱体热传导问题的数值格式

多层介质热传导问题长期以来备受学者关注,多层介质热传导方程求解既具有理论意义又具有实践意义,本节对一类多层圆柱体热传导问题的数值解法进行探讨.

2.2.1　问题描述

设有一圆柱体由多层介质组成,如图 2.2.1(a)所示.在极坐标下,其横截面可视为由多个圆环介质组成,如图 2.2.1(b)所示.考虑每个横截面温度与热流分布相同,则实心圆柱体看成由无数相同的横截面堆叠而成,三维热传导问题可简化为二维问题.进一步考虑横截面上每层介质均匀,根据几何对称性,可将二维问题简化为一维问题.在此基础上,研究多层介质组成的圆柱体的横截面,在不同环境温度时的温度变化规律[210].

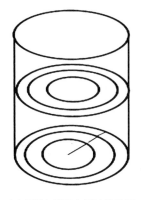 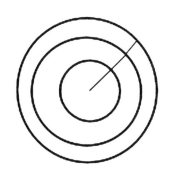

(a)多层介质组合圆柱体简图　　　　　(b)多层介质组合圆柱体横截面简图

图 2.2.1　由多层不同介质组成的圆柱体

图 2.2.2 为组合圆柱体横截面图(以三层介质为例).设第 n 层介质的外圆半径为 R_n;各层介质的热物理参数为 (c_i, ρ_i, ω_i),$i = 0, 1, 2, 3 \cdots, n$,c_i 为比热容,ρ_i 为物体密度,ω_i 为导热系数,i 为介质层编号.在轴对称情况下,圆柱体的温度场为 $T(r, t)$;初始温度为 $T(r, 0) = L(r)$;k_n 为第 n 层介质的表面与周围环境的传热系数;Q_u 为第 n 层介质与外界热交换的热流密度;T_u 为环境温度,并假定该温度在传热过程中不变.

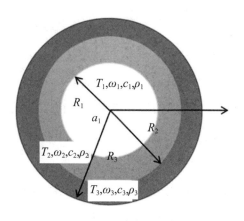

图 2.2.2　组合圆柱体横截面图

引入热流密度：

$$q_i(r,t) = -\omega_i \frac{\partial T_i(r,t)}{\partial r}, i=1,2,3\cdots,n \qquad (2.2.1)$$

设内部有热源，则 $T_i(r,t)$ 应满足以下热传导方程：

$$c_i\rho_i \frac{\partial T_i(r,t)}{\partial t} = \frac{1}{r}\frac{\partial}{\partial r}\left[r\omega_i\frac{\partial T_i(r,t)}{\partial r}\right] + f(r,t), i=1,2,3\cdots,n \qquad (2.2.2)$$

以及初始条件

$$T_i(r,0) = L_i(r), i=0,1,2,3,\cdots,n \qquad (2.2.3)$$

和连续条件

$$\begin{cases} T_i(R_i,t) = T_{i+1}(R_i,t) \\ q_i(R_i,t) = q_{i+1}(R_i,t) \end{cases} \qquad (2.2.4)$$

考虑如下 6 种不同边界条件下的问题.

第一种边界条件 已知圆心热流与最外层边界热流，求圆心与边界温度.

$$\begin{cases} q_n(R_n,t) = Q_u = k_n[T_n(R_n,t) - T_u] \\ q_0(0,t) = 0 \end{cases} \qquad (2.2.5)$$

第二种边界条件 已知圆心热流与边界温度，求圆心温度与边界热流.

$$\begin{cases} T_n(R_n,t) = T_n \\ q_0(0,t) = 0 \end{cases} \qquad (2.2.6)$$

第三种边界条件 已知圆心温度与边界温度，求圆心热流与边界热流.

$$\begin{cases} T_n(R_n,t) = T_n \\ T_0(0,t) = T_0 \end{cases} \qquad (2.2.7)$$

第四种边界条件 已知圆心温度与边界热流，求圆心热流与边界温度.

$$\begin{cases} q_n(R_n,t) = Q_u = k_n[T_n(R_n,t) - T_u] \\ T_0(0,t) = T_0 \end{cases} \qquad (2.2.8)$$

第五种边界条件 已知边界温度与边界热流，求圆心温度与圆心热流.

$$\begin{cases} q_n(R_n,t) = Q_u = k_n[T_n(R_n,t) - T_u] \\ T_n(0,t) = T_n \end{cases} \qquad (2.2.9)$$

第六种边界条件 已知圆心温度与热流，求解边界温度与边界热流.

$$\begin{cases} T_0(0,t) = T_0 \\ q_0(0,t) = 0 \end{cases} \qquad (2.2.10)$$

2.2.2　多层圆柱体热传导方程的数值计算格式

本节将推导圆柱体横截面热传导方程的数值计算格式,首先将等式(2.2.2)的右边展开得

$$c_i\rho_i\frac{\partial T_i(r,t)}{\partial t}=\frac{1}{r}\omega_i\frac{\partial T_i(r,t)}{\partial r}+\frac{\partial}{\partial r}\left[\omega_i\frac{\partial T_i(r,t)}{\partial r}\right]+f(r,t),i=1,2,3\cdots,n \quad(2.2.11)$$

因为热流密度

$$q_i(r,t)=-\omega_i\frac{\partial T_i(r,t)}{\partial r},i=1,2,3\cdots,n$$

有

$$\frac{\partial T_i(r,t)}{\partial r}=-\frac{1}{\omega_i}q_i(r,t),i=1,2,\cdots,n \quad(2.2.12)$$

将式(2.2.12)代入式(2.2.11)得

$$c_i\rho_i\frac{\partial T_i(r,t)}{\partial t}=-\frac{1}{r}q_i(r,t)-\frac{\partial q_i(r,t)}{\partial r}+f(r,t),i=1,2,3\cdots,n \quad(2.2.13)$$

采用向后差分格式[193],在时间维度对方程进行离散,划分一系列时间间隔 $\Delta t=t_k-t_{k-1},k=1,2,\cdots$. 其中,初始时刻 $t_0=0$. Δt 取值一般很小,在区间 $[t_{k-1},t_k]$ 内可将 t_k 时刻的偏导数 $\partial T_i/\partial t$ 表示为[216]

$$\frac{\partial T_i(r,t)}{\partial t}=\frac{T_i(r,t_k)-T_i(r,t_{k-1})}{\Delta t}+O(\Delta t),i=1,2,\cdots,n;k=1,2\cdots m \quad(2.2.14)$$

采用向后差分格式,已知 $k-1$ 层温度,求第 k 层介质温度,对应的热源 f 取第 $k-1$ 层温度数据进行计算.将式(2.2.14)代入式(2.2.13)有

$$c_i\rho_i\frac{T_i(r,t_k)-T_i(r,t_{k-1})}{\Delta t}=-\frac{1}{r}q_i(r,t_k)-\frac{\partial q_i(r,t_k)}{\partial r}+f(r,t_{k-1})+$$

$$c_i\rho_iO(\Delta t),i=1,2,3\cdots,n \quad(2.2.15)$$

将 $T_i(r,t_k)$ 记为 $T_i^k(r,t)$,$q_i(r,t_k)$ 记为 $q_i^k(r,t)$,$f(r,t_{k-1})$ 记为 $f^{k-1}(r,t)$,则式(2.2.15)可写成为

$$c_i\rho_i\frac{T_i^k(r,t)-T_i^{k-1}(r,t)}{\Delta t}=-\frac{1}{r}q_i^k(r,t)-\frac{\partial q_i^k(r,t)}{\partial r}+f^{k-1}(r,t)+$$

$$c_i\rho_iO(\Delta t),i=1,2,3\cdots,n$$

推出

$$\frac{\partial q_i^k(r,t)}{\partial r}=-c_i\rho_i\frac{T_i^k(r,t)-T_i^{k-1}(r,t)}{\Delta t}-\frac{1}{r}q_i^k(r,t)+$$

$$f^{k-1}(r,t)+c_i\rho_iO(\Delta t) \quad(2.2.16)$$

有

$$\frac{\partial q_i^k(r,t)}{\partial r} = -c_i\rho_i\frac{T_i^k(r,t)}{\Delta t} - \frac{1}{r}q_i^k(r,t) + c_i\rho_i\frac{T_i^{k-1}(r,t)}{\Delta t} +$$

$$f^{k-1}(r,t) + c_i\rho_i O(\Delta t) \tag{2.2.17}$$

联立式(2.2.12)和式(2.2.17),有

$$\begin{cases} \dfrac{\partial T_i^k(r,t)}{\partial r} = -\dfrac{1}{\omega_i}q_i^k(r,t) \\[2mm] \dfrac{\partial q_i^k(r,t)}{\partial r} = -c_i\rho_i\dfrac{T_i^k(r,t)}{\Delta t} - \dfrac{1}{r_i}q_i^k(r,t) + c_i\rho_i\dfrac{T_i^{k-1}(r,t)}{\Delta t} + \\[2mm] \qquad\qquad f^{k-1}(r,t) + c_i\rho_i O(\Delta t) \end{cases} \tag{2.2.18}$$

式中, $i=1,2,\cdots,n;k=1,2\cdots m$. 将温度 T_i^k 与热流密度 q_i^k 看作状态变量,根据式(2.2.18),将第 i 层介质上的热传导方程改写为

$$\frac{\partial}{\partial r}\begin{bmatrix} T_i^k \\ q_i^k \end{bmatrix} = \begin{bmatrix} 0 & -1/(\omega_i I) \\ -\dfrac{c_i\rho_i}{\Delta t} & -1/(r_i I) \end{bmatrix}\begin{bmatrix} T_i^k \\ q_i^k \end{bmatrix} + \begin{bmatrix} 0 \\ \dfrac{c_i\rho_i T_i^{k-1}}{\Delta t} + f^{k-1} + c_i\rho_i O(\Delta t) \end{bmatrix} \tag{2.2.19}$$

式(2.2.19)为变系数偏微分方程,其解不易求出. 本节采用的方法是将第 k 层划分成 n 个薄圆环,每个薄圆环的厚度非常小,第 i 个薄圆环的平均半径为 r_i,已有研究表明,这种分层计算方法非常有效[244].

令

$$\widetilde{Y}_i^k(r) = \begin{bmatrix} T_i^k(r) \\ q_i^k(r) \end{bmatrix}$$

即

$$\frac{\partial \widetilde{Y}_i^k}{\partial r} = \begin{bmatrix} 0 & -1/(\omega_i I) \\ -\dfrac{c_i\rho_i}{\Delta t} & -1/(r_i I) \end{bmatrix}\widetilde{Y}_i^k + \begin{bmatrix} 0 \\ \dfrac{c_i\rho_i T_i^{k-1}}{\Delta t} + f^{k-1} + c_i\rho_i O(\Delta t) \end{bmatrix}$$

$Y_i^k(r)$ 为 $\widetilde{Y}_i^k(r)$ 的近似解,根据式(2.2.19)可推导出下列非齐次一阶常微分方程组,即

$$\frac{\mathrm{d}Y_i^k}{\mathrm{d}r} = G_i Y_i^k + B_i^{k-1}, i=1,2,\cdots,n;k=0,1,\cdots,n \tag{2.2.20}$$

式(2.2.20)可以从初始时刻开始依次求解. 在第 1 个小区间 $[0,t_1]$ 内,作为初始条件, $T_i^0(r) = T_i(r,0)$ 是已知的. 在求 $T_i^k(r)$ 和 $q_i^k(r)$ 时, $T_i^{k-1}(r)$ 已在前一次的求解中得到. 式(2.2.20)中非齐次项是已知的,其中,

$$Y_i^k = \begin{bmatrix} T_i^k(r) \\ q_i^k(r) \end{bmatrix}_k$$

$$G_i = \begin{bmatrix} 0 & -\dfrac{1}{\omega_i} \\[3mm] -\dfrac{c_i\rho_i}{\Delta t_k} & -\dfrac{1}{r_i} \end{bmatrix}$$

$$B_i^{k-1} = \begin{bmatrix} 0 \\ \dfrac{c_i\rho_i T_i^{k-1}(r)}{\Delta t_k} + f^{k-1} \end{bmatrix}$$

将整个圆环划分为 n 个薄层,则薄层的厚度分别为

$$d_1 = R_1, d_2 = R_2 - R_1, d_i = R_i - R_{i-1}, i = 1, 2, \cdots, n$$

各薄层的分层示意图(a_1 为圆心),如图 2.2.3 所示.

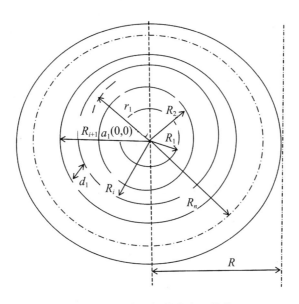

图 2.2.3　组合圆柱体内表面横截面图

在局部坐标系下,式(2.2.20)的解可表示为[245]

$$\begin{cases} Y_i^k(r) = D_i^k(r)Y_i^k(a_1) + H_i^{k-1}(r) \\[2mm] D_i^k(r) = e^{G_i(d_i)}, \quad H_i^{k-1}(r) = \displaystyle\int_0^r e^{G_i(d_i-s)} B_i^{k-1} \, \mathrm{d}s \end{cases} \tag{2.2.21}$$

式中,$r \in [0, d_i]$;D_i 为传递矩阵,可通过解析方法求出[245].

按局部坐标系下的表示方法,当 $i=1$ 时

$$Y_1^k(r)=D_1(r-a_1)Y_1^k(a_1)+H_1^{k-1}(r-a_1),r\in(a_1,R_1) \tag{2.2.22}$$

$$Y_1^k(r)=\begin{bmatrix}T_1^k(r)\\q_1^k(r)\end{bmatrix},Y_1^k(a_1)=\begin{bmatrix}T_1^k(a_1)\\q_1^k(a_1)\end{bmatrix} \tag{2.2.23}$$

$$D_1^k(r-a_1)=e^{G_1(r-a_1)},H_1^{k-1}(r-a_1)=\int_0^{r-a_1}e^{G_1(r-a_1-s)}B_1^{k-1}ds \tag{2.2.24}$$

有

$$Y_1^k(R_1)=D_1^k(d_1)Y_1^k(a_1)+H_1^{k-1}(d_1) \tag{2.2.25}$$

当 $i=2$ 时,进行类似推导

$$Y_2^k(R_2)=D_2^k(d_2)Y_2^k(R_1)+H_2^{k-1}(d_2) \tag{2.2.26}$$

可得到

$$\begin{aligned}Y_2^k(R_2)&=D_2^k(d_2)Y_2^k(R_1)+H_2^{k-1}(d_2)\\&=D_2^k(d_2)D_1^k(d_1)Y_1^k(a_1)+D_2^k(d_2)H_1^{k-1}(d_1)+H_2^{k-1}(d_2)\end{aligned} \tag{2.2.27}$$

当 $i=3$ 时,进行类似推导

$$Y_3^k(R_3)=D_3^k(d_3)Y_3^k(R_2)+H_3^{k-1}(d_3) \tag{2.2.28}$$

即

$$\begin{aligned}Y_3^k(R_3)&=D_3^k(d_3)[D_2^k(d_2)Y_2^k(R_1)+H_2^{k-1}(d_2)]+H_3^{k-1}(d_3)\\&=D_3^k(d_3)D_2^k(d_2)D_1^k(d_1)Y_1^k(a_1)+D_3^k(d_3)D_2^k(d_2)H_1^{k-1}(d_1)+\\&\quad D_3^k(d_3)H_2^{k-1}(d_2)+H_3^{k-1}(d_3)\end{aligned}$$

当 $i=n$ 时,进行类似推导

$$Y_n^k(R_n)=\bar{D}_n^k Y_1(a_1)+\bar{H}_n^{k-1} \tag{2.2.29}$$

$$\bar{D}_n^k=D_n^k(d_n)D_{n-1}^k(d_{n-1})\cdots D_1^k(d_1) \tag{2.2.30}$$

$$\bar{H}_n^k=D_n^k(d_n)\cdots D_2^k(d_2)H_1^{k-1}(d_1)+D_n^k(d_n)\cdots D_3^k(d_3)H_2^{k-1}(d_2)+\cdots+ \tag{2.2.31}$$
$$D_n^k(d_n)H_{n-1}^{k-1}(d_{n-1})+H_n^{k-1}(d_n)$$

因为 a_1 在圆心,所以 $a_1=0$,即

$$Y_n^k(R_n)=\bar{D}_n^k Y_1^k(0)+\bar{H}_n^{k-1} \tag{2.2.32}$$

式中,$\bar{D}_n^k$ 是由多个 2×2 的 **D** 矩阵相乘得到的,$\bar{H}_n^{k-1}$ 由多个 **D** 矩阵与 2×1 的 **H** 矩阵相乘后相加得到的,分别将 $\bar{D}_n^k$ 与 $\bar{H}_n^{k-1}$ 表示为

$$\bar{D}_n^k=\begin{bmatrix}D_{n_{11}}^k & D_{n_{12}}^k\\D_{n_{21}}^k & D_{n_{22}}^k\end{bmatrix},\bar{H}_n^{k-1}=\begin{bmatrix}H_{n_{11}}^{k-1}\\H_{n_{21}}^{k-1}\end{bmatrix}$$

即

$$\begin{bmatrix} T_n^k(R_n) \\ q_n^k(R_n) \end{bmatrix} = \begin{bmatrix} D_{n_{11}}^k & D_{n_{12}}^k \\ D_{n_{21}}^k & D_{n_{22}}^k \end{bmatrix} \begin{bmatrix} T_0^k(0) \\ q_0^k(0) \end{bmatrix} + \begin{bmatrix} H_{n_{11}}^{k-1} \\ H_{n_{21}}^{k-1} \end{bmatrix} \tag{2.2.33}$$

当引入边界条件,求解出 $Y_0^k(0)$ 后,可以根据递推关系确定任意位置处的状态矢量 $Y_i^k(r)$.

2.2.3　小结

根据 2.2.2 节方法推导出的方程组 (2.2.33),方程组中包含四个未知量: $T_0^k(0)$, $q_0^k(0)$, $T_n^k(R_n)$ 和 $q_n^k(R_n)$,要求解该方程组,需要知道其中任意两个量 (边界条件),再推算另外的两个量.

2.3　四种多层介质热传导正演问题的计算方法

由 2.2.2 节中的方程组 (2.2.33) 可知,根据已知量的不同情况,可得 6 种不同问题. 本节将对以下 4 种边界条件所对应的正演问题进行讨论;另外 2 种情况为侧边值问题, 将在 2.4 节中进行详细分析和求解.

2.3.1　第一种正演问题

考虑式 (2.2.1)~式 (2.2.4),结合边界条件式 (2.2.5) 进行问题讨论. 当圆心热流与 边界热流已知,圆心温度与边界温度未知时,相应问题记为第一种正演问题.

将边界条件式 (2.2.5) 代入方程式 (2.2.33),得到如下方程组:

$$\begin{aligned} \begin{bmatrix} T_n^k(R_n) \\ q_n^k(R_n) \end{bmatrix} &= \begin{bmatrix} T_n^k(R_n) \\ k_u \left[T_n^k(R_n) - T_u \right] \end{bmatrix} \\ &= \begin{bmatrix} D_{n_{11}}^k & D_{n_{12}}^k \\ D_{n_{21}}^k & D_{n_{22}}^k \end{bmatrix} \begin{bmatrix} T_0^k(0) \\ q_0^k(0) \end{bmatrix} + \begin{bmatrix} H_{n_{11}}^{k-1} \\ H_{n_{21}}^{k-1} \end{bmatrix} \end{aligned} \tag{2.3.1}$$

即

$$\begin{cases} T_n^k(R_n) = D_{n_{11}}^k T_0^k(0) + H_{n_{11}}^{k-1} \\ k_u T_n^k(R_n) - k_u T_u = D_{n_{21}}^k T_0^k(0) + H_{n_{21}}^{k-1} \end{cases} \tag{2.3.2}$$

化简得线性方程组如下:

$$\begin{cases} (k_u \bar{D}_{n_{11}}^k - \bar{D}_{n_{21}}^k) T_0^k(0) = \bar{H}_{n_{21}}^k - k_u \bar{H}_{n_{11}}^k \\ \left(k_u - \dfrac{\bar{D}_{n_{21}}^k}{\bar{D}_{n_{11}}^k} \right) T_n^k(R_n) = k_u T_u - \dfrac{\bar{D}_{n_{21}}^k}{\bar{D}_{n_{11}}^k} \bar{H}_{n_{11}}^k + \bar{H}_{n_{21}}^k \end{cases} \tag{2.3.3}$$

将边界条件式(2.2.5)代入式(2.3.3),便可求出圆心温度与边界温度;再根据式(2.2.32),便可求出任意位置的温度和热流.

注:方程组含四个未知量,即 $T_0^k(0)$,$q_0^k(0)$,$T_n^k(R_n)$ 和 $q_n^k(R_n)$,知道其中任意两个未知量(边界条件),可以讨论另外两个量的求解.

为验证第一种正演问题求解方法的有效性,给出例2.3.1.

例2.3.1 将一个圆柱体从20 ℃的环境中转移到80 ℃的环境中,分析其截面温度变化.该圆柱体由银(第一层)、铜(第二层)、铝(第三层)、铁(第四层)组成,其几何参数和热物理量分别为

$$\lambda_1 = 429 \text{ W/(m·k)}, \lambda_2 = 401 \text{ W/(m·k)}$$

$$\lambda_3 = 237 \text{ W/(m·k)}, \lambda_4 = 80 \text{ W/(m·k)}$$

$$c_1 = 237 \text{ J/(kg·℃)}, c_2 = 390 \text{ J/(kg·℃)}$$

$$c_3 = 880 \text{ J/(kg·℃)}, c_4 = 460 \text{ J/(kg·℃)}$$

$$\rho_1 = 10.5 \times 10^3 \text{ kg/m}^3, \rho_2 = 8.9 \times 10^3 \text{ kg/m}^3$$

$$\rho_3 = 2.7 \times 10^3 \text{ kg/m}^3, \rho_4 = 7.9 \times 10^3 \text{ kg/m}^3$$

其中,$\lambda_i(i=1,2,3,4)$ 为导热系数,$k_n = 560$ J/(m·k·s),$R_1 = 0.05$ cm,$R_2 = 0.1$ cm,$R_3 = 0.15$ cm,$R_4 = 0.20$ cm;时间间隔 $\Delta t = 10$ s,圆柱中心热流 $q(0,t) = 0$,环境温度 $T_u = 80$ ℃,初始温度为20 ℃,最外层边界热流 $q_n(R_n,t) = Q_u = k_n[T_n(R_n,t) - T_u]$.

采用上述模型,计算结果,如图2.3.1和图2.3.2所示.

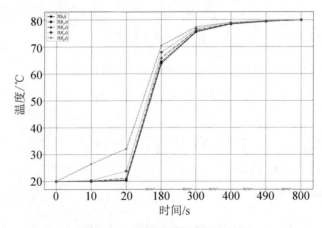

图2.3.1 温度随时间变化比较图

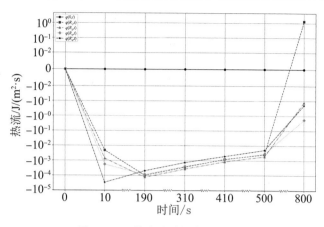

图 2.3.2 热流随时间变化比较图

在已知圆心热流与边界热流的情况下,为了验证数值方法的有效性,讨论随着时间的推移,柱体温度是否会趋于环境温度,如果是这样,则说明该方法有效. 算例计算了四层金属介质的温度变化值,发现 800 s 后,每层的温度都趋近于环境温度 80 ℃,同时每层热流也逐渐减小,最后将趋于 0. 这说明了该算法的有效性.

2.3.2 第二种正演问题

考虑式(2.2.1)~式(2.2.4),结合边界条件式(2.2.6). 当圆心热流与边界温度已知,圆心温度与边界热流未知时,相应问题记为第二种正演问题.

将边界条件式(2.2.6)代入方程式(2.2.33),得到如下方程组:

$$\begin{cases} T_n^k(R_n) = \bar{D}_{n_{11}}^k \, T_1(0) + \bar{H}_{n_{11}}^k \\ q_n^k(R_n) = \bar{D}_{n_{21}}^k \, T_1(0) + \bar{H}_{n_{21}}^k \end{cases} \tag{2.3.4}$$

化简得线性方程组如下:

$$\begin{cases} \bar{D}_{n_{11}}^k \, T_1(0) = T_n - \bar{H}_{n_{11}}^k \\ q_n^k(R_n) = \dfrac{\bar{D}_{n_{21}}^k}{\bar{D}_{n_{11}}^k}(T_n - \bar{H}_{n_{11}}^k) + \bar{H}_{n_{21}}^k \end{cases} \tag{2.3.5}$$

将边界条件式(2.2.6)代入式(2.3.5)进行求解,便可求出圆心温度与边界热流,再利用式(2.2.32),便可计算出任意位置的温度和热流.

为验证求解第二种正演问题方法的有效性,给出例 2.3.2.

例 2.3.2 将一个圆柱体从 20 ℃ 的环境中转移到 80 ℃ 的环境中,分析其截面温度变化. 该圆柱体由银(第一层)、铜(第二层)、铝(第三层)、铁(第四层)组成,其几何参数与热物理量分别为

$$\lambda_1 = 429 \text{ W/(m · k)}, \lambda_2 = 401 \text{ W/(m · k)}$$
$$\lambda_3 = 237 \text{ W/(m · k)}, \lambda_4 = 80 \text{ W/(m · k)}$$
$$c_1 = 237 \text{ J/(kg · ℃)}, c_2 = 390 \text{ J/(kg · ℃)}$$
$$c_3 = 880 \text{ J/(kg · ℃)}, c_4 = 460 \text{ J/(kg · ℃)}$$
$$\rho_1 = 10.5 \times 10^3 \text{ kg/m}^3, \rho_2 = 8.9 \times 10^3 \text{ kg/m}^3$$
$$\rho_3 = 2.7 \times 10^3 \text{ kg/m}^3, \rho_4 = 7.9 \times 10^3 \text{ kg/m}^3$$
$$R_1 = 0.05 \text{ cm}, R_2 = 0.1 \text{ cm}$$
$$R_3 = 0.15 \text{ cm}, R_4 = 0.20 \text{ cm}$$

其中, $\lambda_i (i = 1, 2, 3, 4)$ 为导热系数, 边界温度 $T_n = 80$ ℃, 圆心热流 $q(0, t) = 0$, 时间间隔取 $\Delta t = 10$ s, 初始温度为 20 ℃. 计算结果如图 2.3.3 和图 2.3.4 所示.

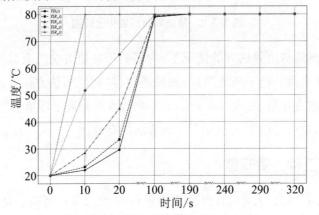

图 2.3.3　温度随时间变化比较图

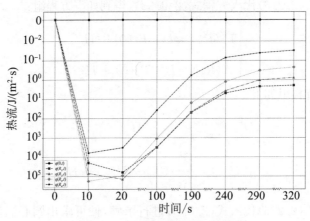

图 2.3.4　热流随时间变化比较图

算例计算了四层金属介质的温度变化值, 发现: 320 s 后, 每层介质温度均趋于环境温度 80 ℃, 同时随着时间变化各层热流均趋于 0. 该结果说明了该方法的有效性.

2.3.3　第三种正演问题

考虑式(2.2.1)～式(2.2.4), 结合边界条件式(2.2.7)进行问题讨论. 当圆心温度与最外层边界温度已知,圆心热流与最外层边界热流未知时,相应问题记为第三种正演问题.

将边界条件式(2.2.7)代入方程式(2.2.33),得到如下方程组:

$$\begin{cases} T_n^k(R_n) = \bar{D}_{n_{11}}^k\, T_0^k(0) + \bar{D}_{n_{12}}^k\, q_0^k(0) + \bar{H}_{n_{11}}^k \\ q_n^k(R_n) = \bar{D}_{n_{21}}^k\, T_0^k(0) + \bar{D}_{n_{22}}^k\, q_0^k(0) + \bar{H}_{n_{21}}^k \end{cases} \tag{2.3.6}$$

化简得线性方程组如下:

$$\begin{cases} \bar{D}_{n_{12}}^k\, q_0^k(0) = T_n - \bar{D}_{n_{11}}^k\, T_0^k - \bar{H}_{n_{11}}^k \\ q_n^k(R_n) = \dfrac{\bar{D}_{n_{22}}^k}{\bar{D}_{n_{12}}^k}(T_n - \bar{D}_{n_{11}}^k\, T_0^k - \bar{H}_{n_{11}}^k) + \bar{D}_{n_{21}}^k\, T_0^k + \bar{H}_{n_{21}}^k \end{cases} \tag{2.3.7}$$

将边界条件式(2.2.7)代入式(2.3.7)进行求解,便可求出圆心热流与边界热流,再利用式(2.2.32),便可计算出任意位置的温度和热流.

为验证第三种正演问题方法求解的有效性,给出例 2.3.3.

例 2.3.3　将一个圆柱体从 20 ℃的环境中转移到 80 ℃的环境中,分析其截面温度变化.该圆柱体由银(第一层)、铜(第二层)、铝(第三层)、铁(第四层)组成,其几何参数和热物理量分别为

$$\lambda_1 = 429\ \text{W/(m · k)}, \lambda_2 = 401\ \text{W/(m · k)}$$

$$\lambda_3 = 237\ \text{W/(m · k)}, \lambda_4 = 80\ \text{W/(m · k)}$$

$$c_1 = 237\ \text{J/(kg · ℃)}, c_2 = 390\ \text{J/(kg · ℃)}$$

$$c_3 = 880\ \text{J/(kg · ℃)}, c_4 = 460\ \text{J/(kg · ℃)}$$

$$\rho_1 = 10.5 \times 10^3\ \text{kg/m}^3, \rho_2 = 8.9 \times 10^3\ \text{kg/m}^3$$

$$\rho_3 = 2.7 \times 10^3\ \text{kg/m}^3, \rho_4 = 7.9 \times 10^3\ \text{kg/m}^3$$

$$R_1 = 0.05\ \text{cm}, R_2 = 0.1\ \text{cm}$$

$$R_3 = 0.15\ \text{cm}, R_4 = 0.20\ \text{cm}$$

其中 $\lambda_i (i = 1, 2, 3, 4)$ 为导热系数,圆心温度 $T_0 = 80$ ℃,时间间隔取 $\Delta t = 10$ s,最外层边界温度 $T_n = 80$ ℃.计算结果如图 2.3.5 和图 2.3.6 所示.

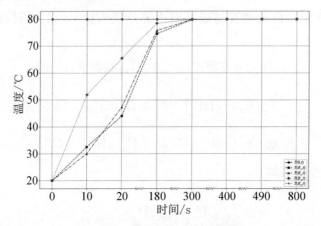

图 2.3.5　温度随时间变化比较图

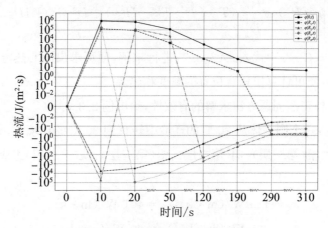

图 2.3.6　热流随时间变化比较图

　　算例计算了四层金属介质的温度变化值,发现:310 s后,每层介质的温度均趋于环境温度 80 ℃,同时随着时间变化各层热流均趋于 0.该结果说明了该方法的有效性.

2.3.4　第四种正演问题

　　考虑式(2.2.1)~式(2.2.4),结合边界条件式(2.2.8)进行问题讨论.当圆心温度与最外层边界热流已知,圆心热流与最外层边界温度未知时,该问题记为第四种正演问题.

　　将边界条件式(2.2.8)代入方程式(2.2.33),得到如下方程组:

$$\begin{cases} T_n^k(R_n) = D_{n_{11}}^k \, T_0^k(0) + D_{n_{12}}^k \, q_0^k(0) + H_{n_{11}}^k \\ k_u T_n^k(R_n) - k_u T_u = D_{n_{21}}^k \, T_0^k(0) + D_{n_{22}}^k \, q_0^k(0) + H_{n_{21}}^k \end{cases} \tag{2.3.8}$$

化简得线性方程组如下:

$$\begin{cases} (k_u D_{n_{12}}^k - D_{n_{22}}^k) q_0^k(0) = (D_{n_{21}}^k - k_u D_{n_{11}}^k) T_0 - k_u H_{n_{11}}^k + H_{n_{21}}^k + k_u T_u \\ \left(k_u - \dfrac{D_{n_{22}}^k}{D_{n_{12}}^k}\right) T_n^k(R_n) = \left(D_{n_{21}}^k - \dfrac{D_{n_{22}}^k D_{n_{11}}^k}{D_{n_{12}}^k}\right) T_0 + \dfrac{D_{n_{22}}}{D_{n_{12}}} H_{n_{11}}^k + H_{n_{21}}^k + k_u T_u \end{cases} \tag{2.3.9}$$

将边界条件式(2.2.8)代入式(2.3.9)进行求解,便可求出圆心热流与边界温度,再利用式(2.2.32),便可计算出任意位置的温度和热流.

例 2.3.4　将一个圆柱体从 20 ℃的环境中转移到 80 ℃的环境中,分析其截面温度变化.该圆柱体由银(第一层)、铜(第二层)、铝(第三层)、铁(第四层)组成,其几何参数和热物理量分别为

$$\lambda_1 = 429\ \mathrm{W/(m \cdot k)}, \lambda_2 = 401\ \mathrm{W/(m \cdot k)}$$
$$\lambda_3 = 237\ \mathrm{W/(m \cdot k)}, \lambda_4 = 80\ \mathrm{W/(m \cdot k)}$$
$$c_1 = 237\ \mathrm{J/(kg \cdot ℃)}, c_2 = 390\ \mathrm{J/(kg \cdot ℃)}$$
$$c_3 = 880\ \mathrm{J/(kg \cdot ℃)}, c_4 = 460\ \mathrm{J/(kg \cdot ℃)}$$
$$\rho_1 = 10.5 \times 10^3\ \mathrm{kg/m^3}, \rho_2 = 8.9 \times 10^3\ \mathrm{kg/m^3}$$
$$\rho_3 = 2.7 \times 10^3\ \mathrm{kg/m^3}, \rho_4 = 7.9 \times 10^3\ \mathrm{kg/m^3}$$
$$k_n = 560\ \mathrm{J/(m \cdot k \cdot s)}, R_1 = 0.05\ \mathrm{cm}$$
$$R_2 = 0.1\ \mathrm{cm}, R_3 = 0.15\ \mathrm{cm}, R_4 = 0.20\ \mathrm{cm}$$

其中,$\lambda_i (i=1,2,3,4)$,时间间隔取 $\Delta t = 10$ s,圆心温度 $T_0 = 80$ ℃,边界温度 $T_n = 80$ ℃,计算结果如图2.3.7 和图 2.3.8 所示.

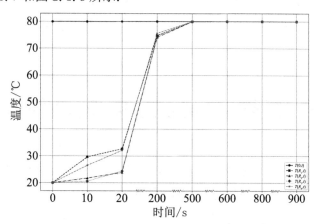

图 2.3.7　温度随时间变化比较图

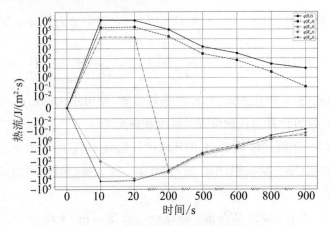

图 2.3.8　热流随时间变化比较图

该结果说明了该方法的有效性.

2.3.5　小结

本节对四种边界条件问题展开了讨论. 在这四种情形下,已知条件均为最外层的温度或热流二者之一,以及圆心的温度或热流二者之一. 通过求解方程组,能够得出另外两个未知的边界条件.

在四种正演情况里,不同条件下各层温度趋近环境温度所需时间有所差异.

另外,其余两类情况,也就是已知最外层温度和热流,或者已知圆心温度和热流的情况下求解温度场的问题,是典型的不适定问题. 对于这类不适定问题,可采用 Tikhonov 正则化方法来进行求解.

2.4　两种多层热传导侧边值反问题的计算方法

侧边值反问题是不适定问题,已有研究对不适定问题提出了各类处理方法[237,278]. 下面具体讨论两种多层介质热传导侧边值问题.

2.4.1　两种侧边值问题

1. 第一种侧边值问题

考虑

$$
\begin{cases}
q_i(r,t) = \omega_i \dfrac{\partial T_i(r,t)}{\partial r}, R_i \leqslant r \leqslant R_{i+1}, t>0 \\[2mm]
c_i \rho_i \dfrac{\partial T_i(r,t)}{\partial t} = \dfrac{1}{r} \dfrac{\partial}{\partial r}\left[r\omega_i \dfrac{\partial T_i(r,t)}{\partial r} \right], R_i \leqslant r \leqslant R_{i+1}, t>0 \\[2mm]
T_i(r,0) = L_i(r), R_i \leqslant r \leqslant R_{i+1} \\[2mm]
T_i(R_i,t) = T_{i+1}(R_i,t), q_i(R_i,t) = q_{i+1}(R_i,t), t>0 \\[2mm]
q_n(R_n,t) = Q_n = k_n[T_n(R_n,t) - T_u], t>0 \\[2mm]
T_n(R_n,t) = T_n, t>0
\end{cases} \tag{2.4.1}
$$

式中,热物理参数为 (c_i, ρ_i, ω_i), $i=1,2,3\cdots, n$, c_i 为比热容, ρ_i 为物体密度, ω_i 为导热系数, i 为介质层. $T_i(r,t)$ 为圆柱体横截面的温度; R_n 为第 n 层介质的外圆半径; $q_i(r,t)$ 为热流密度; $T_i(R_i,t) = T_{i+1}(R_i,t)$, $q_i(R_i,t) = q_{i+1}(R_i,t)$ 为连续条件; k_n 为第 n 层介质的表面与周围环境介质的传热系数; Q_u 为介质与外界进行热交换的热流密度; T_u 为环境温度,并假定 T_u 在传热过程中保持不变. 初始温度 $T_i(r,0)$、第 n 层介质边界热流 $q_n(R_n,t)$ 与温度 $T_n(R_n,t)$ 已知,圆心温度与热流未知.

式(2.4.1)由式(2.2.1)~式(2.2.4)结合边界条件式(2.2.9)得到,该问题为第一种侧边值问题.

将边界条件式(2.2.9)代入方程式(2.2.33),可得到:

$$
\begin{cases}
T_n^k(R_n) = \bar{D}_{n_{11}}^k T_1(0) + \bar{D}_{n_{12}}^k q_0^k(0) + \bar{H}_{n_{11}}^k \\[2mm]
k_u T_n^k(R_n) - k_u T_u = \bar{D}_{n_{21}}^k T_0^k(0) + \bar{D}_{n_{22}}^k q_0^k(0) + \bar{H}_{n_{21}}^k
\end{cases} \tag{2.4.2}
$$

化简式(2.4.2)得

$$
\begin{cases}
\left(\bar{D}_{n_{22}}^k - \dfrac{\bar{D}_{n_{21}}^k \bar{D}_{n_{12}}^k}{D_{n_{11}}^k} \right) q_0^k(0) = k_u T_n - k_u T_u - \bar{H}_{n_{21}}^k - \dfrac{\bar{D}_{n_{21}}^k}{\bar{D}_{n_{11}}^k}(T_n - \bar{H}_{n_{11}}^k) \\[4mm]
\left(\bar{D}_{n_{21}}^k - \dfrac{\bar{D}_{n_{22}}^k \bar{D}_{n_{11}}^k}{\bar{D}_{n_{12}}^k} \right) T_0^k(0) = k_u T_n - k_u T_u - \bar{H}_{n_{21}}^k - \dfrac{\bar{D}_{n_{22}}^k}{\bar{D}_{n_{12}}^k}(T_n - \bar{H}_{n_{11}}^k)
\end{cases} \tag{2.4.3}
$$

2. 第二种侧边值问题

考虑

$$
\begin{cases}
q_i(r,t) = \omega_i \dfrac{\partial T_i(r,t)}{\partial r}, R_i \leqslant r \leqslant R_{i+1}, t > 0 \\[2mm]
c_i \rho_i \dfrac{\partial T_i(r,t)}{\partial t} = \dfrac{1}{r} \dfrac{\partial}{\partial r} \left[r\omega_i \dfrac{\partial T_i(r,t)}{\partial r} \right], R_i \leqslant r \leqslant R_{i+1}, t > 0 \\[2mm]
T_i(r,0) = L_i(r), R_i \leqslant r \leqslant R_{i+1} \\[2mm]
T_i(R_i,t) = T_{i+1}(R_i,t), q_i(R_i,t) = q_{i+1}(R_i,t), t > 0 \\[2mm]
q_0(R_n,t) = 0, t > 0 \\[2mm]
T_0(0,t) = T_0, t > 0
\end{cases}
\tag{2.4.4}
$$

式中,各层介质热物理参数为 (c_i, ρ_i, ω_i),$i = 1,2,3 \cdots, n$,c_i 为比热容,ρ_i 为物体密度,ω_i 为导热系数,i 为介质层序号. $T_i(r,t)$ 为圆柱体横截面的温度;R_n 为第 n 层介质的外圆半径;$q_i(r,t)$ 为圆柱体的热流密度;$T_i(R_i,t) = T_{i+1}(R_i,t)$,$q_i(R_i,t) = q_{i+1}(R_i,t)$ 为连续条件;k_u 为介质的表面与周围环境介质的传热系数;Q_u 为介质与外界进行热交换的热流密度;T_u 为环境温度. 初始温度 $T_i(r,0)$ 已知,圆心热流 $q_0(0,t)$ 与温度 $T_0(0,t)$ 已知,最外层介质边界温度与热流未知.

式(2.4.4)由式(2.2.1)~式(2.2.4)结合边界条件式(2.2.10)得到,记为第二种侧边值问题.

将边界条件式(2.2.10)代入方程式(2.2.33),得到方程组如下:

$$
\begin{cases}
T_n^k(R_n) = \bar{D}_{n_{11}}^k T_0 + \bar{H}_{n_{11}}^k \\[2mm]
q_n^k(R_n) = \bar{D}_{n_{21}}^k T_0 + \bar{H}_{n_{21}}^k
\end{cases}
\tag{2.4.5}
$$

求解两种侧边值问题转化为求解两个不适定线性方程组式(2.4.3)与式(2.4.5),下面应用正则化方法求解不适定方程组.

2.4.2 侧边值问题的正则化求解方法

定义正则化解 x_a^δ 为以下问题的解:

$$
\min_x \{ \| Dx - y^\delta \|^2 + \alpha \| x \|^2 \}
$$

它的等价形式为

$$
(D^{\mathrm{T}} D + \alpha I) x_a^\delta = D^{\mathrm{T}} y^\delta
$$

易知,其 Tikhonov 正则化解[303]为

$$x_\alpha^\delta = \sum_{i=1}^{n} f_i \frac{u_i^{\mathrm{T}} y^\delta}{\sigma_i} v_i \tag{2.4.6}$$

式中，$f_i = \dfrac{\sigma_i^2}{\sigma_i^2 + \alpha}$ 为过滤因子.

为获得不适定线性方程组的 Tikhonov 正则化解 x_α^δ，首先对系数矩阵进行奇异值分解，求出系数矩阵分解中的左奇异矩阵和右奇异矩阵.

1. 特征值分解（eigen value decomposition，EVD）

实对称矩阵[202]：若矩阵 $\boldsymbol{A}$ 是一个 $m \times m$ 的实对称矩阵（$\boldsymbol{A} = \boldsymbol{A}^{\mathrm{T}}$），那么它可以被分解为

$$\boldsymbol{A} = \boldsymbol{Q} \sum \boldsymbol{Q}^{\mathrm{T}} = \boldsymbol{Q} \begin{bmatrix} \lambda_1 & & & \\ & \lambda_2 & & \\ & & \lambda_3 & \\ & & & \lambda_4 \end{bmatrix} \boldsymbol{Q}^{\mathrm{T}} \tag{2.4.7}$$

式中，$\boldsymbol{Q}$ 为标准正交矩阵，$\boldsymbol{I}$ 为单位矩阵，有 $\boldsymbol{QQ}^{\mathrm{T}} = \boldsymbol{I}$，$\sum$ 为对角矩阵，且 $\boldsymbol{Q}, \boldsymbol{I}, \sum$ 的维度均为 $m \times m$；λ_i 称为特征值；q_i 是 $\boldsymbol{Q}$（特征矩阵）中的列向量，称为特征向量.

2. 奇异值分解（singular value decomposition，SVD）

（1）奇异值分解定义.

有一个 $m \times n$ 的实数矩阵 $\boldsymbol{A}$，需将其分解为

$$\boldsymbol{A} = \boldsymbol{U} \sum \boldsymbol{V}^{\mathrm{T}}$$

其中，$\boldsymbol{U}$ 和 $\boldsymbol{V}$ 均为单位正交矩阵，即有 $\boldsymbol{UU}^{\mathrm{T}} = \boldsymbol{I}$ 和 $\boldsymbol{VV}^{\mathrm{T}} = \boldsymbol{I}$，$\boldsymbol{U}$ 称为左奇异矩阵，$\boldsymbol{V}$ 称为右奇异矩阵；$\sum$ 仅在主对角线上有值，称为奇异值，其他元素均为 0. $\boldsymbol{U}, \sum, \boldsymbol{V}$ 的维度分别为 $\boldsymbol{U} \in \mathbf{R}^{m \times m}$，$\sum \in \mathbf{R}^{m \times n}$，$\boldsymbol{V} \in \mathbf{R}^{n \times n}$.

一般 $\sum$ 有如下形式：

$$\sum = \begin{bmatrix} \sigma_1 & 0 & 0 & 0 \\ 0 & \sigma_2 & 0 & 0 \\ 0 & 0 & \ddots & 0 \\ 0 & 0 & 0 & \sigma_i \end{bmatrix}_{m \times n}$$

（2）奇异值求解.

可以利用如下性质进行求解：

$$\boldsymbol{AA}^{\mathrm{T}} = \boldsymbol{U} \sum \boldsymbol{V}^{\mathrm{T}} \boldsymbol{V} \sum{}^{\mathrm{T}} \boldsymbol{U}^{\mathrm{T}} = \boldsymbol{U} \sum \sum{}^{\mathrm{T}} \boldsymbol{U}^{\mathrm{T}} \tag{2.4.8}$$

$$\boldsymbol{A}^{\mathrm{T}}\boldsymbol{A} = \boldsymbol{V} \sum{}^{\mathrm{T}} \boldsymbol{U}^{\mathrm{T}} \boldsymbol{U} \sum \boldsymbol{V}^{\mathrm{T}} = \boldsymbol{V} \sum{}^{\mathrm{T}} \sum \boldsymbol{V}^{\mathrm{T}} \tag{2.4.9}$$

这里 $\sum \sum{}^{\mathrm{T}}$ 与 $\sum{}^{\mathrm{T}} \sum$ 从矩阵的角度上来讲，它们是不相等的，因为它们的维数不同：$\sum \sum{}^{\mathrm{T}} \in \mathbf{R}^{m \times m}$，$\sum{}^{\mathrm{T}} \sum \in \mathbf{R}^{n \times n}$. 但是它们在主对角线的非零奇异值是相等的，即

$$\sum \sum{}^{\mathrm{T}} = \begin{bmatrix} \sigma_1 & 0 & 0 & 0 \\ 0 & \sigma_2 & 0 & 0 \\ 0 & 0 & \ddots & 0 \\ 0 & 0 & 0 & \sigma_i \end{bmatrix}_{m \times m} \qquad \sum{}^{\mathrm{T}} \sum = \begin{bmatrix} \sigma_1 & 0 & 0 & 0 \\ 0 & \sigma_2 & 0 & 0 \\ 0 & 0 & \ddots & 0 \\ 0 & 0 & 0 & \sigma_i \end{bmatrix}_{n \times n}$$

进一步分析发现 $\boldsymbol{AA}^{\mathrm{T}}$ 和 $\boldsymbol{A}^{\mathrm{T}}\boldsymbol{A}$ 是对称矩阵. 利用式（2.4.8）进行特征值分解，所得到的特征矩阵为 $\boldsymbol{U}$；利用式（2.4.9）进行特征值分解，所得到的特征矩阵即为 $\boldsymbol{V}$；对 $\sum \sum{}^{\mathrm{T}}$ 或 $\sum{}^{\mathrm{T}} \sum$ 中的特征值取平方根，可以获得所有的奇异值.

对系数矩阵进行奇异值分解，得到左奇异矩阵 $\boldsymbol{U}$ 和右奇异矩阵 $\boldsymbol{V}$ 后，可进一步求出对应奇异矩阵中的向量 $\boldsymbol{u}_i$ 和 $\boldsymbol{v}_i$. 此外，还需确定参数 α，才可得到 Tikhonov 正则化解 x_α^δ.

3. 正则化参数的最优选取

（1）当 δ 已知时，参数的选取方法.

Morozov 的偏差原理[202]：选取 α^* 满足

$$\| Ax_{\alpha^*}^\delta - y^\delta \| = \delta$$

选取 x_α^δ 为 Tikhonov 正则解：

$$\begin{aligned}
\| Ax_\alpha^\delta - y^\delta \|^2 &= \left\| \sum_{i=1}^n f_i \frac{u_i^{\mathrm{T}} y^\delta}{\sigma_i} Av_i - y^\delta \right\|^2 \\
&= \left\| \sum_{i=1}^n f_i u_i^{\mathrm{T}} y^\delta u_i - y^\delta \right\|^2 \\
&= \sum_{i=1}^n \left[(f_i - 1) u_i^{\mathrm{T}} y^\delta \right]^2 = \delta^2
\end{aligned}$$

式中，$f_i = \dfrac{\sigma_i^2}{\sigma_i^2 + \alpha}$.

注意到 $f_i \to 1 (\alpha \to 0)$，故 $x_\alpha \to x (\alpha \to 0)$；对于小奇异值 σ_i，则

$$f_i = \frac{\sigma_i^2}{\sigma_i^2 + \alpha} \sim \frac{\sigma_i^2}{\alpha}$$

$$f_i \frac{u_i^{\mathrm{T}} b^\delta}{\sigma_i} \sim \frac{\sigma_i}{\alpha} u_i^{\mathrm{T}} b^\delta$$

适当选取参数 α 时,Tikhonov 正则化方法为一种稳定化算法.

若 $r(A) < n$,Tikhonov 正则化解仍然唯一存在,表达式为

$$x_\alpha^\delta = \sum_{i=1}^n f_i \frac{u_i^{\mathrm{T}} b^\delta}{\sigma_i} v_i$$

(2)当 δ 未知时,参数的选取方法.

当 δ 未知时,由拟最优准则

$$\alpha_{opt} = \underset{\alpha>0}{\mathrm{argmin}} \left\| \alpha \frac{\mathrm{d} x_\alpha}{\mathrm{d}\alpha} \right\|$$

来确定正则化参数 α [229].

让 α ,以及 x_α 对 α 的变化率同时稳定在尽可能小的水平,记

$$\rho_q(\alpha) = \left\| \alpha \frac{\mathrm{d} x_\alpha}{\mathrm{d}\alpha} \right\|^2, \alpha > 0$$

$\alpha \dfrac{\mathrm{d} x_\alpha}{\mathrm{d}\alpha}$ 可由下列公式得到:

$$\alpha \frac{\mathrm{d} x_\alpha}{\mathrm{d}\alpha} = -\alpha (A^* A + \alpha I)^{-1} x_\alpha$$

注:$\rho_q(0) = 0$.

系数矩阵分解后,选取合适的正则化参数,便可得到 Tikhonov 正则化解.

4. 侧边值问题具体求解步骤

现以第一种侧边值问题为例,阐述具体求解步骤. 为方便说明,分析 2.2 节中的推导方程组式(2.2.33).

考虑利用 Tikhonov 正则化方法进行计算.

因为

$$Y_i^k = \begin{bmatrix} T_i(r) \\ q_i(r) \end{bmatrix}_k, G_i = \begin{bmatrix} 0 & -\dfrac{1}{\omega_i} \\ -\dfrac{c_i \rho_i}{\Delta t_k} & -\dfrac{1}{r_i} \end{bmatrix}, B_i^{k-1} = \begin{bmatrix} 0 \\ \dfrac{c_i \rho_i [T_i(r)]_{k-1}}{\Delta t_k} \end{bmatrix}$$

$$\begin{cases} Y_i(r) = D_i(d_i) Y_i(a_1) + H_i(d_i) \\ D_i(d_i) = \mathrm{e}^{G_i(d_i)}, H_i(d_i) = \displaystyle\int_0^{d_i} \mathrm{e}^{G_i(d_i-s)} B_i \mathrm{d}s \end{cases}$$

其中,

$$H_n = \begin{bmatrix} H^k_{n_{11}} \\ H^k_{n_{21}} \end{bmatrix}$$

是已知的,即有

$$\begin{bmatrix} \bar{D}^k_{n_{11}} & \bar{D}^k_{n_{12}} \\ \bar{D}^k_{n_{21}} & \bar{D}^k_{n_{22}} \end{bmatrix} \begin{bmatrix} T_1(0) \\ q_1(0) \end{bmatrix} = \begin{bmatrix} T_n(R_n) \\ q_n(R_n) \end{bmatrix} - \begin{bmatrix} \bar{H}^k_{n_{11}} \\ \bar{H}^k_{n_{21}} \end{bmatrix}$$

令

$$\begin{bmatrix} \bar{D}^k_{n_{11}} & \bar{D}^k_{n_{12}} \\ \bar{D}^k_{n_{21}} & \bar{D}^k_{n_{22}} \end{bmatrix} = \boldsymbol{D}, \quad \begin{bmatrix} T_1(0) \\ q_1(0) \end{bmatrix} = \boldsymbol{x}, \quad \begin{bmatrix} T_n(R_n) \\ q_n(R_n) \end{bmatrix} - \begin{bmatrix} \bar{H}^k_{n_{11}} \\ \bar{H}^k_{n_{21}} \end{bmatrix} = \boldsymbol{y}$$

原式可写为

$$\boldsymbol{Dx} = \boldsymbol{y}$$

第一步,对系数矩阵进行奇异值分解[210,222]. 系数分解式为

$$\boldsymbol{D} = \boldsymbol{U} \sum \boldsymbol{V}^{\mathrm{T}}$$

分析矩阵 $\boldsymbol{DD}^{\mathrm{T}}$,计算特征值和特征向量,可以得到 $\boldsymbol{U}$;然后分析矩阵 $\boldsymbol{D}^{\mathrm{T}}\boldsymbol{D}$,可以得到 $\boldsymbol{V}$,且

$$\sum = \begin{bmatrix} \sigma_1 & 0 \\ 0 & \sigma_2 \end{bmatrix}$$

第二步,利用 Tikhonov 拟最优化方法进行参数 α 的选取.

第三步,将第一步求出的 u_i 和 v_i,第二步求出的正则化参数 α 代入 $x^\delta_\alpha = \sum\limits_{i=1}^{n} f_i \dfrac{u_i^{\mathrm{T}} b^\delta}{\sigma_i} v_i$,求出正则化解 x^δ_α. 从而得到圆心的温度和热流.

2.4.3 稳定性分析

对某固定时刻 $t = t_k$,考虑

$$\begin{cases} \dfrac{\mathrm{d}Y_i}{\mathrm{d}r} = G_i Y_i(r) + B_i(r) \\ Y_i(r)\mid_{r=r_0} = Y_i(r_0, t_k) = L_i(t_k) \end{cases} \quad , i = 1, 2, 3, \cdots, n \qquad (2.4.10)$$

下面具体说明初值问题式(2.4.10)的解存在唯一,并且连续依赖于初值 $L_i(t_k)$.

由常微分方程中理论,有下述定理.

定理 2.4.1　设初值问题式(2.4.10)中右端函数向量 $G_i(r)Y_i + B_i(r)$ [这里 $G_i(r)$ 是 $s \times s$ 的函数矩阵, $B_i(r)$ 是 s 维函数向量]在 G 中连续,并关于 Y_i 满足 Lipschitz 条件,即存在一个只依赖于区域 G,而与变量 r, Y 无关的常数 L_i(称为 Lipschitz 常数),使得对任意 (r, Y_1) 和 $(r, Y_2) \in G$,都有

$$\| G_i(r)Y_1 + B_i(r) - G_i(r)Y_2 - B_i(r) \| \leqslant L_i \| Y_1 - Y_2 \|$$
$$\Rightarrow \| G_i(r) \| \leqslant L_i \tag{2.4.11}$$

这里 $\| \cdot \|$ 表示 R^s 中某一种范数,若 $G_i(r)$ 有界,则初值问题式(2.4.10)适定.

上述微分方程组问题可写为

$$\begin{cases} \dfrac{\mathrm{d}Y_i}{\mathrm{d}r} = G_i Y_i(r) + B_i(r) \\ Y_i(r) \mid_{r=r_0} = Y_i(r_0, t_k) = L_i(t_k) \end{cases}, i = 1, 2, 3, \cdots, n$$

注意到

$$\frac{\mathrm{d}}{\mathrm{d}r}(\mathrm{e}^{-G_i r} Y_i(r)) = (-G_i)\mathrm{e}^{-G_i r} Y_i(r) + \mathrm{e}^{-G_i r} \frac{\mathrm{d}Y_i(r)}{\mathrm{d}r}$$
$$= \mathrm{e}^{-G_i r} \left[\frac{\mathrm{d}Y_i(r)}{\mathrm{d}r} - G_i Y_i(r) \right] = \mathrm{e}^{-G_i r} B_i(r)$$

在区间 $[r_0, r]$ 上积分得

$$\mathrm{e}^{-G_i r} Y_i(r) - \mathrm{e}^{-G_i r_0} Y_i(r_0) = \int_{r_0}^{r} \mathrm{e}^{-G_i r} B_i(s) \mathrm{d}s$$

即

$$Y_i(r) = \mathrm{e}^{-G_i(r_0 - r)} Y_i(r_0) + \mathrm{e}^{G_i r} \int_{r_0}^{r} \mathrm{e}^{-G_i r} B_i(s) \mathrm{d}s$$

由定理 2.4.1 可知,所求常微分方程组初值问题是稳定的.

2.4.4　误差分析

下面对数值格式进行误差分析.

因为
$$\widetilde{Y}_i^k(r) = \begin{bmatrix} T_i^k(r) \\ q_i^k(r) \end{bmatrix}$$

而 $Y_i^k(r)$ 为 $\widetilde{Y}_i^k(r)$ 的近似解,所以误差 ξ 为

$$\xi = \left| \frac{\partial \widetilde{Y}_i^k}{\partial r} - \frac{\partial Y_i^k}{\partial r} \right|$$

即

$$\xi = \left| \begin{bmatrix} 0 & -1/(\omega_i I) \\ -\dfrac{c_i \rho_i}{\Delta t} & -1/(r_i I) \end{bmatrix} \widetilde{Y}_i^k + \begin{bmatrix} 0 \\ \dfrac{c_i \rho_i T_i^{k-1}}{\Delta t} + f^{k-1} + c_i \rho_i O(\Delta t) \end{bmatrix} - \right.$$

$$\left. \begin{bmatrix} 0 & -1/(\omega_i I) \\ -\dfrac{c_i \rho_i}{\Delta t} & -1/(r_i I) \end{bmatrix} Y_i^k + \begin{bmatrix} 0 \\ \dfrac{c_i \rho_i T_i^{k-1}}{\Delta t} + f^{k-1} \end{bmatrix} \right|$$

考虑 B_i^{k-1} 的影响,又因为

$$H_1^{k-1}(r - a_1) = \int_0^{r-a_1} e^{G_1(r-a_1-s)} B_1^{k-1} ds$$

且

$$Y_n^k(R_n) = \bar{D}_n^k Y_1^k(0) + \bar{H}_n^{k-1}$$

故解的误差与 **H** 矩阵有关,现对 **H** 矩阵进行分析. 因为

$$H_1^{k-1}(r - a_1) = \int_0^{r-a_1} e^{G_1(r-a_1-s)} B_1^{k-1} ds$$

所以

$$H_1^0(r_1 - a_1) = \int_0^{r-a_1} e^{G(r_1-a_1-s)} B_1^0 ds$$

$$= \int_0^{r_1-a_1} e^{G(r_1-a_1-s)} \left\{ \begin{bmatrix} 0 \\ \dfrac{c\rho [T_1(r)]_0}{\Delta t_k} \end{bmatrix} - \begin{bmatrix} 0 \\ c_1 \rho_1 O(\Delta t) \end{bmatrix} \right\} ds$$

$$= \int_0^{r_1-a_1} e^{G(r_1-a_1-s)} \begin{bmatrix} 0 \\ \dfrac{c\rho [T_1(r)]_0}{\Delta t} \end{bmatrix} - e^{G(r_1-a_1-s)} \begin{bmatrix} 0 \\ c_1 \rho_1 O(\Delta t) \end{bmatrix} ds$$

$$= \int_0^{r_1-a_1} e^{G(r_1-a_1-s)} \begin{bmatrix} 0 \\ \dfrac{c\rho [T_1(r)]_0}{\Delta t} \end{bmatrix} ds - \int_0^{r_1-a_1} e^{G(r_1-a_1-s)} \begin{bmatrix} 0 \\ c_1 \rho_1 O(\Delta t) \end{bmatrix} ds$$

故误差 ξ 为

$$\xi = \left| \int_0^{r_1-a_1} e^{G_1(d_i-s)} \begin{bmatrix} 0 \\ c_1 \rho_1 O(\Delta t) \end{bmatrix} ds \right|$$

$$= \left| \int_0^{r_1-a_1} \begin{bmatrix} e^0 & e^{-\frac{1}{\omega_1}} \\ e^{-\frac{c_1 \rho_1}{\Delta t_1}} & e^{-\frac{1}{d_1-s}} \end{bmatrix} \begin{bmatrix} 0 \\ c_1 \rho_1 O(\Delta t) \end{bmatrix} ds \right|$$

$$= \left| \int_0^{r_1-a_1} \begin{bmatrix} e^{-\frac{1}{\omega_1}} c_1 \rho_1 O(\Delta t) \\ e^{-\frac{1}{d_1-s}} c_1 \rho_1 O(\Delta t) \end{bmatrix} ds \right|$$

$$= \left| \left[\begin{array}{c} e^{-\frac{1}{\omega_1}} c_1 \rho_1 (r_1 - a_1) O(\Delta t) \\ c_1 \rho_1 O(\Delta t) \int_0^{r_1 - a_1} e^{-\frac{1}{d_1 - s}} ds \end{array} \right] \right|$$

$$= \left| \left[\begin{array}{c} c_1 \rho_1 e^{-\frac{1}{\omega_1}} d_1 \\ c_1 \rho_1 \int_0^{r_1 - a_1} e^{-\frac{1}{d_1 - s}} ds \end{array} \right] O(\Delta t) \right|$$

又因为

$$\bar{H}_2^k = D_2^k(d_n) H_1^{k-1}(d_1) + H_2^{k-1}(d_2)$$

$$\bar{H}_3^k = D_3^k(d_n) D_2^k(d_n) H_1^{k-1}(d_1) + D_3^k(d_n) H_2^{k-1}(d_2) + H_3^{k-1}(d_3)$$

依此类推可得

$$\bar{H}_n^k = D_n^k(d_n) \cdots D_2^k(d_2) H_1^{k-1}(d_1) + D_n^k(d_n) \cdots D_3^k(d_3) H_2^{k-1}(d_2) + \cdots + D_n^k(d_n) H_{n-1}^{k-1}(d_{n-1}) + H_n^{k-1}(d_n).$$

又由于矩阵 $\boldsymbol{D}$ 是常系数矩阵,且常系数矩阵范数有界,所以整体的误差阶是 $O(\Delta t)$.

2.4.5　数值算例

进一步深入探讨正演问题例 2.3.2. 该例已知圆心热流 $q(0, t) = 0$ 且边界温度 $T(R_4, t) = 80\,℃$,需求解圆心温度与边界热流. 其中,各层介质温度随时间变化数据已算出,可以得知各层介质温度最后均趋于 $80\,℃$;由各层介质热流随时间变化计算数据,可以得知热流均趋于 0,所以取第二种正演计算所得的数据进行反演. 现取例 2.3.2 计算所得结果中的第 10 s 边界热流 $q(R_4, 10) = -6\,207.07\,\mathrm{J/(m^2 \cdot s)}$ 以及边界温度 $T(R_4, t) = 80\,℃$ 为边界条件,与第 20 s 最外层边界热流 $q(R_4, 20) = -3\,287.34\,\mathrm{J/(m^2 \cdot s)}$ 和最外层边界温度 $T(R_4, t) = 80\,℃$ 为已知条件,反演计算圆心的温度和热流. 由例 2.4.1,对侧边值反演算法的有效性进行验证.

例 2.4.1　将一个圆柱体放入 $80\,℃$ 的环境中,分析其截面温度变化. 这一圆柱体由银(第一层)、铜(第二层)、铝(第三层)、铁(第四层)组成,几何参数与热物理量分别为

$$\lambda_1 = 429\,\mathrm{W/(m \cdot k)}, \lambda_2 = 401\,\mathrm{W/(m \cdot k)}$$

$$\lambda_3 = 237\,\mathrm{W/(m \cdot k)}, \lambda_4 = 80\,\mathrm{W/(m \cdot k)}$$

$$c_1 = 237\,\mathrm{J/(kg \cdot ℃)}, c_2 = 390\,\mathrm{J/(kg \cdot ℃)}$$

$$c_3 = 880\,\mathrm{J/(kg \cdot ℃)}, c_4 = 460\,\mathrm{J/(kg \cdot ℃)}$$

$$\rho_1 = 10.5 \times 10^3\,\mathrm{kg/m^3}, \rho_2 = 8.9 \times 10^3\,\mathrm{kg/m^3}$$

$$\rho_3 = 2.7 \times 10^3\,\mathrm{kg/m^3}, \rho_4 = 7.9 \times 10^3\,\mathrm{kg/m^3}$$

$$k_u = 560, R_1 = 0.05\,\mathrm{cm}, R_2 = 0.1\,\mathrm{cm}, R_3 = 0.15\,\mathrm{cm}, R_4 = 0.20\,\mathrm{cm}$$

在第 10 s 时,最外层边界热流 $q(R_4,10)=-6\,207.07\ \text{J}/(\text{m}^2 \cdot \text{s})$,最外层边界温度 $T(R_4,t)=T_4=80\ ℃$,横截圆圆心及各层介质温度和热流为

$$Y_4^1(R_4)=\bar{D}_4^1 Y_0^1(0)+\bar{H}_4^1$$

从而有

$$
\begin{bmatrix} T_4^1(R_4) \\ q_4^1(R_4) \end{bmatrix} =
\begin{bmatrix} \bar{D}_{4_{11}}^1 & \bar{D}_{4_{12}}^1 \\ \bar{D}_{4_{21}}^1 & \bar{D}_{4_{22}}^1 \end{bmatrix}
\begin{bmatrix} T_0^1(0) \\ q_0^1(0) \end{bmatrix} +
\begin{bmatrix} \bar{H}_{4_{11}}^1 \\ \bar{H}_{4_{21}}^1 \end{bmatrix}
$$

代入已知数据求解可得

$$
\begin{bmatrix} T_0^1(0) \\ q_0^1(0) \end{bmatrix} =
\begin{bmatrix} 6\,815.29 \\ 17\,532\,053.93 \end{bmatrix}
$$

可以看出,用该公式直接计算所得的圆心温度和热流近似解与真解数据相差较大.现采用正则化方法进行求解.

因为

$$
Y_i^k=\begin{bmatrix} T_i(r) \\ q_i(r) \end{bmatrix}_k ,\quad
G_i=\begin{bmatrix} 0 & -\dfrac{1}{\omega_i} \\ -\dfrac{c_i\rho_i}{\Delta t_k} & -\dfrac{1}{r_i} \end{bmatrix} ,\quad
B_i^{k-1}=\begin{bmatrix} 0 \\ \dfrac{c_i\rho_i\,[\,T_i(r)\,]_{k-1}}{\Delta t_k} \end{bmatrix}
$$

$$
\begin{cases}
Y_i(r)=D_i(d_i)Y_i(a_1)+H_i(d_i) \\
D_i(d_i)=\mathrm{e}^{G_i(d_i)} ,\quad H_i(d_i)=\displaystyle\int_0^{d_i} \mathrm{e}^{G_i(d_i-s)}B_i\,\mathrm{d}s
\end{cases}
$$

所以, $H_4=\begin{bmatrix} H_{4_{11}}^1 \\ H_{4_{21}}^1 \end{bmatrix}$ 是已知的,故

$$
\begin{bmatrix} \bar{D}_{4_{11}}^1 & \bar{D}_{4_{12}}^1 \\ \bar{D}_{4_{21}}^1 & \bar{D}_{4_{22}}^1 \end{bmatrix}
\begin{bmatrix} T_0^1(0) \\ q_0^1(0) \end{bmatrix} =
\begin{bmatrix} T_4(R_4) \\ q_4(R_4) \end{bmatrix} -
\begin{bmatrix} \bar{H}_{4_{11}}^1 \\ \bar{H}_{4_{21}}^1 \end{bmatrix}
$$

令

$$
\begin{bmatrix} \bar{D}_{4_{11}}^1 & \bar{D}_{4_{12}}^1 \\ \bar{D}_{4_{21}}^1 & \bar{D}_{4_{22}}^1 \end{bmatrix}=\boldsymbol{D} ,\quad
\begin{bmatrix} T_0^1(0) \\ q_0^1(0) \end{bmatrix}=\boldsymbol{x} ,\quad
\begin{bmatrix} T_4^1(R_4) \\ q_4^1(R_4) \end{bmatrix} -
\begin{bmatrix} \bar{H}_{4_{11}}^1 \\ \bar{H}_{4_{21}}^1 \end{bmatrix}=\boldsymbol{y}
$$

原式可写为

$$\boldsymbol{Dx}=\boldsymbol{y}$$

对于

$$\boldsymbol{D} = \begin{bmatrix} 311.13 & -0.02 \\ -1\,447\,334.81 & 93.24 \end{bmatrix}$$

$$\boldsymbol{y} = \begin{bmatrix} 6\,282.649\,6 \\ -28\,949\,928.38 \end{bmatrix}, \quad \begin{bmatrix} T_4^1(R_4) \\ q_4^1(R_4) \end{bmatrix} = \begin{bmatrix} 80 \\ -6\,207.07 \end{bmatrix}$$

先对其进行奇异值分解,即分解为

$$\boldsymbol{D} = \boldsymbol{U} \sum \boldsymbol{V}^{\mathrm{T}}$$

第一步,计算 $\boldsymbol{U}$,计算矩阵

$$\boldsymbol{D}\boldsymbol{D}^{\mathrm{T}} = \begin{bmatrix} 96\,801.877\,3 & -450\,309\,281.3 \\ -450\,309\,281.3 & 2\,094\,778\,060\,931.433 \end{bmatrix}$$

对其进行特征值分解,分别得到特征值 $2\,094\,778\,157\,733.31, 0.000\,000\,001\,9$ 和对应的特征向量 $[-0.000\,2\ 1.000\,0]^{\mathrm{T}}, [-1.000\,0\ -0.000\,2]^{\mathrm{T}}$,可以得到

$$\boldsymbol{U} = \begin{bmatrix} -0.000\,2 & -1.000\,0 \\ 1.000\,0 & -0.000\,2 \end{bmatrix}$$

第二步,计算 $\boldsymbol{V}$,计算矩阵

$$\boldsymbol{D}^{T}\boldsymbol{D} = \begin{bmatrix} 2\,094\,778\,149\,039.61 & -134\,949\,503.9 \\ -134\,949\,503.9 & 8\,693.69 \end{bmatrix}$$

对其进行特征值分解,分别得到特征值 $2\,094\,778\,157\,733.31, 0.000\,000\,001\,9$ 和对应的特征向量 $[-1.000\,0\ 0.000\,1]^{\mathrm{T}}, [-0.000\,1\ -1.000\,0]^{\mathrm{T}}$,可以得到

$$\boldsymbol{V} = \begin{bmatrix} -1.00\,0 & -0.000\,1 \\ 0.000\,1 & -1.000\,0 \end{bmatrix}$$

第三步,计算 $\sum$,将第一或第二步求出的非零特征值从大到小排列后开根号,这里

$$\sum = \begin{bmatrix} \sqrt{\lambda_1} & 0 \\ 0 & \sqrt{\lambda_2} \end{bmatrix} = \begin{bmatrix} 1\,447\,334.84 & 0 \\ 0 & 0.000\,043 \end{bmatrix}$$

最终,可以得到 $\boldsymbol{D}$ 的奇异值分解.

$$\boldsymbol{D} = \boldsymbol{U} \sum \boldsymbol{V}^{\mathrm{T}}$$

$$= \begin{bmatrix} -0.000\,2 & -1.000\,0 \\ 1.000\,0 & -0.000\,2 \end{bmatrix} \begin{bmatrix} 1\,447\,334.84 & 0 \\ 0 & 0.000\,043 \end{bmatrix} \begin{bmatrix} -1.000\,0 & -0.000\,1 \\ 0.000\,1 & -1.000\,0 \end{bmatrix}^{\mathrm{T}}$$

$$= \begin{bmatrix} 311.13 & -0.02 \\ -1\,447\,334.81 & 93.24 \end{bmatrix}$$

奇异值分解后,接下来利用 Tikhonov 拟最优化方法选取最优参数,需满足 α 的变化率同时稳定在尽可能小的水平,即选出的 α 能使 $\rho_q(\alpha)$ 最接近 0. 考虑计算在 $0.1, 0.01,$ $0.001, 0.000\,1$ 附近的 α 变化率 $\rho_q(\alpha)$ 值,计算结果见表 2.4.1.

表 2.4.1 $\rho_q(\alpha)$ 值随 α 变化表

α	0.12	0.11	0.1	0.099	0.098	0.009	0.01	0.11	0.000 9	0.001	0.001 1
$\rho_q(\alpha)$	0.244 9	0.256 9	0	0.099 5	0.099	0.67	0.57	0.51	21	18	16

根据表 2.4.1 计算结果,当 α 取值在 0.1 附近时,计算得到的 $\rho_q(\alpha)$ 值比当 α 取值在 0.01 和 0.001 附近时的 $\rho_q(\alpha)$ 要小,说明 α 在 0.1 时的变化率较小. 所以,可选 $\alpha=0.1$ 是最优正则化参数. 最后求正则化解 x_α^δ.

下面更好地展示反演计算效果,由算例 2.4.2 知,在第 10 s 与第 20 s 时,直接递推计算可得到各层介质的温度值数据,如图 2.4.1 所示.

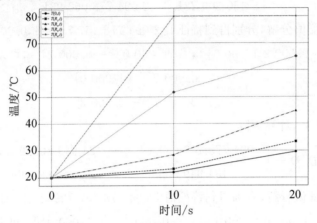

图 2.4.1　温度随时间变化比较图

取 $\alpha=0.1$,用正则化方法计算,温度反演结果和误差如图 2.4.2 和图 2.4.3 所示,热流反演结果如图 2.4.4 所示.

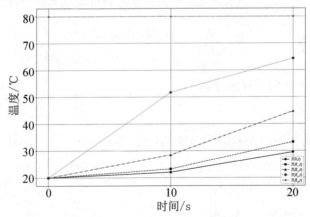

图 2.4.2　温度随时间变化比较图

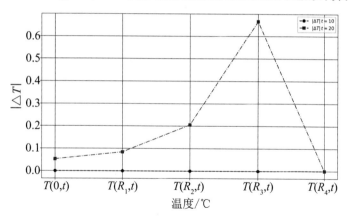

图 2.4.3　温度误差比较图

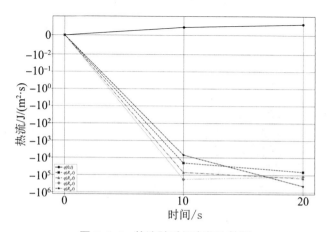

图 2.4.4　热流随时间变化比较图

由计算结果可知,当利用正则化方法反演计算出的圆心温度与正演算例计算出的圆心温度仅相差很小,且其他介质层温度差(反演计算误差)也较小.

由图 2.4.4 可知,在第 10 s 与第 20 s 时,用正则化方法计算出来的圆心热流均趋于 0,与第二种正演算例中已知圆心热流为 0 相符合.从而,验证了侧边值反演算法的有效性.当

$$\boldsymbol{Dx} = \boldsymbol{y} = \begin{bmatrix} T_4^1(R_4) \\ q_4^1(R_4) \end{bmatrix} + 0.001 \begin{bmatrix} T_4^1(R_4) \\ q_4^1(R_4) \end{bmatrix} - \begin{bmatrix} \bar{H}_{4_{11}}^1 \\ \bar{H}_{4_{21}}^1 \end{bmatrix}$$

时,取 $\alpha = 0.1$,利用正则化方法计算结果如图 2.4.5 所示,相对误差结果如图 2.4.6 所示.

$$相对误差 = \frac{有扰动计算温度 - 无扰动计算温度}{扰动计算温度}$$

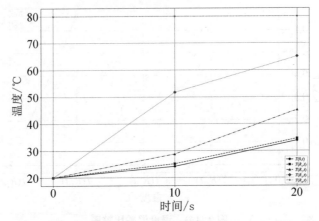

图 2.4.5 温度误差比较图

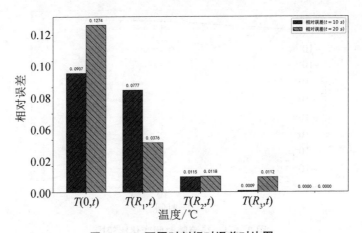

图 2.4.6 不同时刻相对误差对比图

根据图 2.4.2 和图 2.4.5,当利用正则化方法进行计算时. 在有扰动的情况下,在第 10 s 时,与无扰动情况下所计算得到的圆心温度相差 6 ℃左右;在第 20 s 时,圆心温度相差 4 ℃左右.

2.4.6 小结

由例 2.4.1 可知,当已知柱体截面最外层温度与热流、计算横截圆圆心温度与热流值时,如果合理选择正则化参数可保证结果的稳定性. 第二种侧边值问题的求解方法与第一种侧边值问题的计算是类似的.

2.5 一类球形域内多层介质热传导问题的计算

球形域内多层介质热传导问题的研究文献相对较少. 本节给出球形域内多层介质热

传导的数学模型,并对一类球形域内简化的多层介质热传导问题的数值方法进行研究.

2.5.1　问题描述

现研究一类多层球状物体的热传导模型,其多层半球示意图如图 2.5.1 所示,通过球心的横截面示意图如图 2.5.2 所示[251].

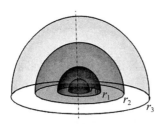

图 2.5.1　多层半球示意图[3]　　图 2.5.2　多层球体的横截面示意图

假设 n 层介质的横截面的外圆半径为 R_n;各层的热物理性质参数为 (c_i,ρ_i,ω_i),$i=0,1,2,3,\cdots,n$,c_i 为比热容,ρ_i 为物体的密度,ω_i 为导热系数,i 为介质层序号. 在球对称的情况下,球体横截圆的温度场为 $T(r,t)$;初始温度为 $T(r,0)=L(r)$;k_n 为外层介质与周围环境的传热系数;Q_n 为外层介质与外界环境进行热交换的热流密度;T_u 为环境温度,并假定 T_u 在传热过程中始终保持不变. 假设该热传导的初始热流密度和最外层的热流密度均已知,且源项 $f(r,t)$ 也已知,求解该球体横截面上的温度分布.

在三维坐标系中的一点 P 的位置可以用有序实数 (r,θ,φ) 来表示. 其中,r 表示点 P 到原点的距离,即位矢的模长;θ 表示点 P 的位矢与 z 轴之间的夹角($\theta\in[0,\pi]$),即极角;φ 表示点 P 的位矢在 $x-y$ 平面上的投影和 x 轴之间的夹角,即方位角,几何关系如图 2.5.3 所示.

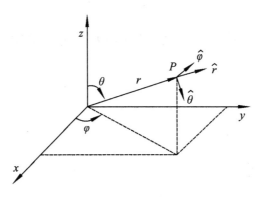

图 2.5.3　直角坐标和球坐标关系图

通过球坐标变换:$x=r\sin\theta\cos\varphi,y=r\sin\theta\sin\varphi,z=r\cos\theta$,可得三维热传导方程为

$$\frac{\partial}{\partial t}(c\rho T) = \frac{1}{r^2}\frac{\partial}{\partial r}\left(\omega r^2 \frac{\partial T}{\partial t}\right) + \frac{1}{r^2 \sin^2\theta}\frac{\partial}{\partial \varphi}\left(\omega \frac{\partial T}{\partial \varphi}\right) + \frac{1}{r^2 \sin^2\theta}\frac{\partial}{\partial \theta}\left(\omega \sin\theta \frac{\partial T}{\partial \varphi}\right) + f$$

$$(2.5.1)$$

式中，$0 < \theta < \pi, 0 \leqslant \varphi \leqslant 2\pi$.

在热物性参数具有球对称性的情况下，如果温度和热流分布同时具有球对称性，则可将三维热传导问题转化为一维问题，由式(2.5.1)可得

$$c\rho \frac{\partial T}{\partial t} = \frac{1}{r^2}\frac{\partial}{\partial r}\left(r^2 \omega \frac{\partial T}{\partial r}\right) + f \qquad (2.5.2)$$

下面考察一个由 n 层介质构成的实心球体，球对称情形下的热传导问题.

引入热流密度

$$q_i(r,t) = -\omega_i \frac{\partial T_i(r,t)}{\partial r}, i = 1,2,3\cdots,n \qquad (2.5.3)$$

假设内部有热源，则 $T_i(r,t)$ 应满足以下方程：

$$c_i\rho_i \frac{\partial T_i(r,t)}{\partial t} = \frac{1}{r^2}\frac{\partial}{\partial r}\left[r^2\omega_i \frac{\partial T_i(r,t)}{\partial r}\right] + f(r,t), i = 1,2,3\cdots,n \qquad (2.5.4)$$

式中，$0 < r < R_n, t > 0$，初始条件为

$$T_i(r,0) = L_i(r), i = 0,1,2,3,\cdots,n \qquad (2.5.5)$$

连续条件为

$$\begin{cases} T_i(R_i,t) = T_{i+1}(R_i,t) \\ q_i(R_i,t) = q_{i+1}(R_i,t) \end{cases} \qquad (2.5.6)$$

边界条件为

$$\begin{cases} q_0(0,t) = \frac{\partial T(0,t)}{\partial r} = 0 \\ q_n(R_n,t) = Q_u = k_n\left[T_n^k(R_n,t) - T_u\right] \end{cases} \qquad (2.5.7)$$

2.5.2 多层球形域内多层介质热传导方程的数值格式

考虑方程

$$c_i\rho_i \frac{\partial T_i^k(r,t)}{\partial t} = \frac{1}{r^2}\frac{\partial}{\partial r}\left[r^2\omega_i \frac{\partial T_i^k(r,t)}{\partial r}\right] + f^{k-1}(r,t), \qquad (2.5.8)$$

$$i = 1,2,3\cdots,n; k = 1,2,3\cdots$$

式中，k 为第 k 秒，$T_i^k(r,t)$ 为 t_k 时刻第 i 层介质圆环内的温度分布，将式(2.5.8)的右边展开得

$$c_i\rho_i \frac{\partial T_i(r,t)}{\partial t} = \frac{2}{r}\omega_i \frac{\partial T_i^k(r,t)}{\partial r} + \frac{\partial}{\partial r}\left(\omega_i \frac{\partial T_i^k(r,t)}{\partial r}\right) + f^{k-1}(r,t), \qquad (2.5.9)$$

$$i = 1,2,3\cdots,n$$

因为热流密度

$$q_i(r,t) = -\omega_i \frac{\partial T_i^k(r,t)}{\partial r}, i = 1,2,3\cdots,n$$

所以

$$\frac{\partial T_i^k(r,t)}{\partial r} = -\frac{1}{\omega_i} q_i(r,t), i = 1,2,\cdots,n \tag{2.5.10}$$

将式(2.5.10)代入式(2.5.9)得

$$c_i \rho_i \frac{\partial T_i^k(r,t)}{\partial t} = -\frac{2}{r} q_i(r,t) - \frac{\partial q_i(r,t)}{\partial r} + f^{k-1}(r,t), i = 1,2,3\cdots,n \tag{2.5.11}$$

采用差分格式,对方程进行离散,记 $\Delta t = t_k - t_{k-1}, k = 1,2,\cdots$. 初始时刻 $t_0 = 0, \Delta t$ 通常取值很小,故在区间 $[t_{k-1}, t_k]$ 内可将 t_k 时刻的偏导数 $\partial T_i^k / \partial t$ 表示为[303]

$$\frac{\partial T_i^k(r,t)}{\partial t} = \frac{T_i^k(r,t) - T_i^{k-1}(r,t)}{\Delta t} + O(\Delta t), i = 1,2,\cdots,n; k = 1,2\cdots m \tag{2.5.12}$$

将式(2.5.12)代入式(2.5.11)有

$$c_i \rho_i \frac{T_i^k(r,t) - T_i^{k-1}(r,t)}{\Delta t} = -\frac{2}{r} q_i(r,t_k) - \frac{\partial q_i^k(r,t)}{\partial r} + f^{k-1}(r,t) + c_i \rho_i O(\Delta t), \tag{2.5.13}$$
$$i = 1,2,3\cdots,n$$

推出

$$\frac{\partial q_i^k(r,t)}{\partial r} = -c_i \rho_i \frac{T_i^k(r,t) - T_i^{k-1}(r,t)}{\Delta t} - \frac{2}{r} q_i^k(r,t) + f^{k-1}(r,t) + c_i \rho_i O(\Delta t)$$

即有

$$\frac{\partial q_i^k(r,t)}{\partial r} = -c_i \rho_i \frac{T_i^k(r,t)}{\Delta t} - \frac{2}{r} q_i^k(r,t) + c_i \rho_i \frac{T_i^{k-1}(r,t)}{\Delta t} + \tag{2.5.14}$$
$$f^{k-1}(r,t) + c_i \rho_i O(\Delta t)$$

联立式(2.5.10)以及式(2.5.14),有

$$\begin{cases} \dfrac{\partial T_i^k(r,t)}{\partial r} = -\dfrac{1}{\omega_i} q_i^k(r,t) \\ \dfrac{\partial q_i^k(r,t)}{\partial r} = -c_i \rho_i \dfrac{T_i^k(r,t)}{\Delta t} - \dfrac{2}{r_i} q_i^k(r,t) + c_i \rho_i \dfrac{T_i^{k-1}(r,t)}{\Delta t} + \\ \qquad\qquad f^{k-1}(r,t) + c_i \rho_i O(\Delta t) \end{cases} \tag{2.5.15}$$

式中, $i = 1,2,\cdots,n; k = 1,2\cdots m$. 将温度 T_i^k 与热流密度 q_i^k 作为状态变量,根据式(2.5.15)可将第 i 层材料的热传导方程改写成

$$\frac{\partial}{\partial r} \begin{bmatrix} T_i^k \\ q_i^k \end{bmatrix} = \begin{bmatrix} 0 & -1/(\omega_i I) \\ -\dfrac{c_i \rho_i}{\Delta t} & -2/(r_i I) \end{bmatrix} \begin{bmatrix} T_i^k \\ q_i^k \end{bmatrix} + \begin{bmatrix} 0 \\ \dfrac{c_i \rho_i T_i^{k-1}}{\Delta t} + f^{k-1}(r,t_{k-1}) \end{bmatrix} + \begin{bmatrix} 0 \\ c_i \rho_i O(\Delta t) \end{bmatrix}$$

$$\tag{2.5.16}$$

考虑到式(2.5.16)为变系数偏微分方程组,其解析解不容易得到. 本节采取的方法为:将第 k 层细分为 n 个薄圆环,因每个薄圆环的厚度都非常小,可采用第 i 个圆环的平均半径 r_i 来近似代替变量 r [202].

令 $\widetilde{Y}_i^k(r) = \begin{bmatrix} T_i^k(r) \\ q_i^k(r) \end{bmatrix}$,即

$$\frac{\partial \widetilde{Y}_i^k}{\partial r} = \begin{bmatrix} 0 & -1/(\omega_i I) \\ -\dfrac{c_i \rho_i}{\Delta t} & -2/(r_i I) \end{bmatrix} \widetilde{Y}_i^k(r) + \begin{bmatrix} 0 \\ \dfrac{c_i \rho_i T_i^{k-1}}{\Delta t} + f^{k-1} \end{bmatrix} + \begin{bmatrix} 0 \\ c_i \rho_i O(\Delta t) \end{bmatrix}$$

由于对方程进行离散近似求解的时候,误差为无穷小量,$c_i \rho_i O(\Delta t)$ 趋于 0,令 $Y_i^k(r)$ 为 $\widetilde{Y}_i^k(r)$ 的近似解. 根据式(2.5.16)可推导得方程组,即

$$\begin{cases} \dfrac{\mathrm{d}Y_i^k}{\mathrm{d}r} = G_i Y_i^k + B_i^{k-1} \\ i = 1, 2, \cdots, n; k = 0, 1, \cdots, n \end{cases} \tag{2.5.17}$$

式中,

$$Y_i^k = \begin{bmatrix} T_i^k(r) \\ q_i^k(r) \end{bmatrix}_k, G_i = \begin{bmatrix} 0 & -\dfrac{1}{\omega_i} \\ -\dfrac{c_i \rho_i}{\Delta t_k} & -\dfrac{2}{r_i} \end{bmatrix}, B_i^{k-1} = \begin{bmatrix} 0 \\ \dfrac{c_i \rho_i T_i^{k-1}(r)}{\Delta t_k} + f^{k-1} \end{bmatrix}$$

将整个圆环划分为 n 个薄层,则各薄层的厚度分别表示为

$$d_1 = R_1, d_2 = R_2 - R_1, d_i = R_i - R_{i-1}, i = 1, 2, \cdots, n$$

在局部坐标系下,式(2.5.17)的解可表示为[242]

$$\begin{cases} Y_i^k(r) = D_i^k(r) Y_i^k(a_1) + H_i^{k-1}(r) \\ D_i^k(r) = \mathrm{e}^{G_i(d_i)}, H_i^{k-1}(r) = \displaystyle\int_0^r \mathrm{e}^{G_i(d_i-s)} B_i^{k-1}(s, t_{k-1}) \mathrm{d}s \end{cases}, r \in [0, d_i] \tag{2.5.18}$$

式中,$\boldsymbol{D}_i$ 为传递矩阵,可用解析方法得到[245].

当 $i = 1$ 时,

$$Y_1^k(r) = D_1(r - a_1) Y_1^k(a_1) + H_1^{k-1}(r - a_1), r \in (a_1, R_1) \tag{2.5.19}$$

$$Y_1^k(r) = \begin{bmatrix} T_1^k(r) \\ q_1^k(r) \end{bmatrix}, Y_1^k(a_1) = \begin{bmatrix} T_1^k(a_1) \\ q_1^k(a_1) \end{bmatrix} \tag{2.5.20}$$

$$B_i^{k-1}(r, t_{k-1}) = \begin{bmatrix} 0 \\ \dfrac{c_i \rho_i T_i^{k-1}(r)}{\Delta t_k} + f_i^{k-1}(r, t_{k-1}) \end{bmatrix} \tag{2.5.21}$$

$$D_1^k(r - a_1) = \mathrm{e}^{G_1(r-a_1)}, H_1^{k-1}(r - a_1) = \int_0^{r-a_1} \mathrm{e}^{G_1(r-a_1-s)} B_1^{k-1} \mathrm{d}s \tag{2.5.22}$$

设 $\lambda_{1_1},\lambda_{1_2}$ 为 G_1 的特征值,其相应的特征向量为 $\begin{bmatrix} v_{1_{11}} \\ v_{1_{12}} \end{bmatrix}$, $\begin{bmatrix} v_{1_{21}} \\ v_{1_{22}} \end{bmatrix}$,则由线性代数相关

理论知:必存在一个矩阵 $\boldsymbol{p}_1 = \begin{bmatrix} v_{1_{11}} & v_{1_{21}} \\ v_{1_{12}} & v_{1_{22}} \end{bmatrix}$ 及其逆矩阵 $\boldsymbol{p}_1^{-1} = \begin{bmatrix} v'_{1_{11}} & v'_{1_{21}} \\ v'_{1_{12}} & v'_{1_{22}} \end{bmatrix}$,使 G_1 对角化,

且有

$$D_1^k(r-a_1) = \mathrm{e}^{G_1(r-a_1)} = \boldsymbol{p}_1 \begin{bmatrix} \mathrm{e}^{\lambda_{1_1}(r-a_1)} & 0 \\ 0 & \mathrm{e}^{\lambda_{1_2}(r-a_1)} \end{bmatrix} \boldsymbol{p}_1^{-1} \tag{2.5.23}$$

于是

$$H_1^{k-1}(r-a_1) = \int_0^{r-a_1} \boldsymbol{p}_1 \begin{bmatrix} \mathrm{e}^{\lambda_{1_1}(r-a_1-s)} & 0 \\ 0 & \mathrm{e}^{\lambda_{1_2}(r-a_1-s)} \end{bmatrix} \boldsymbol{p}_1^{-1} B_1^{k-1} \mathrm{d}s \tag{2.5.24}$$

式(2.5.19)中,令 $r=R_1$,并注意到 $R_1-a_1=d_1$,于是有

$$Y_1^k(R_1) = D_1^k(d_1)Y_1^k(a_1) + H_1^{k-1}(d_1) \tag{2.5.25}$$

当 $i=2$ 时,类似推导可得

$$Y_2^k(R_2) = D_2^k(d_2)Y_2^k(R_1) + H_2^{k-1}(d_2) \tag{2.5.26}$$

当 $i=n$ 时,类似推导可得

$$Y_n^k(R_n) = \bar{D}_n^k Y_1(a_1) + \bar{H}_n^{k-1} \tag{2.5.27}$$

$$\bar{D}_n^k = D_n^k(d_n)D_{n-1}^k(d_{n-1})\cdots D_1^k(d_1) \tag{2.5.28}$$

$$\begin{aligned} \bar{H}_n^k = &D_n^k(d_n)\cdots D_2^k(d_2)H_1^{k-1}(d_1) + D_n^k(d_n)\cdots D_3^k(d_3)H_2^{k-1}(d_2) + \cdots + \\ &D_n^k(d_n)H_{n-1}^{k-1}(d_{n-1}) + H_n^{k-1}(d_n) \end{aligned} \tag{2.5.29}$$

因为 a_1 在圆心,所以 $a_1=0$,即

$$Y_n^k(R_n) = \bar{D}_n^k Y_1^k(0) + \bar{H}_n^{k-1} \tag{2.5.30}$$

式中,$\bar{D}_n^k$ 是由多个 2×2 的 $\boldsymbol{D}$ 矩阵依次相乘得到的,$\bar{H}_n^{k-1}$ 则是由多个 $\boldsymbol{D}$ 矩阵与 2×1 的

$\boldsymbol{H}$ 矩阵相乘后再相加得到的,将 $\bar{D}_n^k$ 与 $\bar{H}_n^{k-1}$ 分别表示为

$$\bar{D}_n^k = \begin{bmatrix} D_{n_{11}}^k & D_{n_{12}}^k \\ D_{n_{21}}^k & D_{n_{22}}^k \end{bmatrix}, \bar{H}_n^{k-1} = \begin{bmatrix} H_{n_{11}}^{k-1} \\ H_{n_{21}}^{k-1} \end{bmatrix}$$

即

$$\begin{bmatrix} T_n^k(R_n) \\ q_n^k(R_n) \end{bmatrix} = \begin{bmatrix} D_{n_{11}}^k & D_{n_{12}}^k \\ D_{n_{21}}^k & D_{n_{22}}^k \end{bmatrix} \begin{bmatrix} T_0^k(0) \\ q_0^k(0) \end{bmatrix} + \begin{bmatrix} H_{n_{11}}^{k-1} \\ H_{n_{21}}^{k-1} \end{bmatrix} \tag{2.5.31}$$

在引入边界条件,求解出 $Y_0^k(0)$ 后,可根据递推关系来确定状态矢量 $Y_i^k(r)$.

2.5.3 多层球形域内多层介质热传导方程的正演问题

结合热传导方程以及条件式(2.5.3)～式(2.5.7)可得正演问题,求球体横截面的温度分布.

根据 2.5.2 节建立的多层介质热传导问题的状态方程,将已知的圆心热流与最外层的边界热流代入式(2.5.31),可得到方程如下:

$$\begin{bmatrix} T_n^k(R_n) \\ q_n^k(R_n) \end{bmatrix} = \begin{bmatrix} T_n^k(R_n) \\ k_u \left[(T_n^k(R_n) - T_u) \right] \end{bmatrix} = \begin{bmatrix} D_{n_{11}}^k & D_{n_{12}}^k \\ D_{n_{21}}^k & D_{n_{22}}^k \end{bmatrix} \begin{bmatrix} T_0^k(0) \\ 0 \end{bmatrix} + \begin{bmatrix} H_{n_{11}}^{k-1} \\ H_{n_{21}}^{k-1} \end{bmatrix} \quad (2.5.32)$$

将式(2.5.32)化简可得

$$\begin{cases} T_n^k(R_n) = D_{n_{11}}^k T_0^k(0) + H_{n_{11}}^{k-1} \\ k_u T_n^k(R_n) - k_u T_u = D_{n_{21}}^k T_0^k(0) + H_{n_{21}}^{k-1} \end{cases} \quad (2.5.33)$$

即

$$\begin{cases} k_u (D_{n_{11}}^k - D_{n_{21}}^k) T_0^k(0) = H_{n_{21}}^{k-1} - k_u H_{n_{11}}^{k-1} \\ \left(k_u - \dfrac{D_{n_{21}}^k}{D_{n_{11}}^k} \right) T_n^k(R_n) = \dfrac{D_{n_{21}}^k}{D_{n_{11}}^k} H_{n_{11}}^{k-1} - H_{n_{21}}^{k-1} - k_u T_u \end{cases} \quad (2.5.34)$$

将已知条件代入式(2.5.34),可求出圆心温度和边界温度,再利用 2.5.2 节中的递推公式,能计算出任意位置的温度和热流的近似解.

例 2.5.1 将一个球体从 20 ℃ 的环境中放入 60 ℃ 的环境,分析其截面温度变化. 这一球体由银(第一层)、铜(第二层)、铝(第三层)、铁(第四层)组成的四层组合,其几何参数与热物理量为

$$\lambda_1 = 429 \ \text{W}/(\text{m} \cdot \text{k}), \lambda_2 = 401 \ \text{W}/(\text{m} \cdot \text{k})$$

$$\lambda_3 = 237 \ \text{W}/(\text{m} \cdot \text{k}), \lambda_4 = 80 \ \text{W}/(\text{m} \cdot \text{k})$$

$$c_1 = 237 \ \text{J}/(\text{kg} \cdot ℃), c_2 = 390 \ \text{J}/(\text{kg} \cdot ℃)$$

$$c_3 = 880 \ \text{J}/(\text{kg} \cdot ℃), c_4 = 460 \ \text{J}/(\text{kg} \cdot ℃)$$

$$\rho_1 = 10.5 \times 10^3 \ \text{kg}/\text{m}^3, \rho_2 = 8.9 \times 10^3 \ \text{kg}/\text{m}^3$$

$$\rho_3 = 2.7 \times 10^3 \ \text{kg}/\text{m}^3, \rho_4 = 7.9 \times 10^3 \ \text{kg}/\text{m}^3$$

$$f_1 = 5\ 000 \ \text{W}/\text{m}^3, f_2 = 4\ 800 \ \text{W}/\text{m}^3$$

$$f_3 = 4\ 600 \ \text{W}/\text{m}^3, f_4 = 4\ 400 \ \text{W}/\text{m}^3$$

$$R_1 = 0.05 \ \text{cm}, R_2 = 0.1 \ \text{cm}, R_3 = 0.15 \ \text{cm}, R_4 = 0.20 \ \text{cm}$$

其中,$\lambda_i (i = 1,2,3,4)$ 为导热系数环境温度 $T_u = 60$ ℃,$k_n = 560$ J/(m·k·s),时间间隔取 $\Delta t = 10$ s,圆心热流 $q(0,t) = 0$,初始温度 $T_i^0(r,0) = 20$ ℃,边界热流 $q_n(R_n,t) = Q_u = k_n \left[T_n(R_n,t) - T_u \right]$. 计算结果如图 2.5.4 所示.

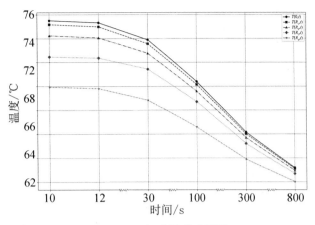

图 2.5.4　温度误差比较图

例 2.5.2　考虑一多层球体形状的岩土的热传导问题,分析其截面温度的变化. 设该球体由粉土(第一层)、粉质黏土(第二层)、黏土(第三层)组成,其几何参数与热物性参数为

$\lambda_1 = 1.760$ W/(m·k)，$\lambda_2 = 1.732$ W/(m·k)

$\lambda_3 = 1.712$ W/(m·k)

$c_1 = 1\ 163$ J/(kg·℃)，$c_2 = 1\ 128$ J/(kg·℃)，$c_3 = 1\ 197$ J/(kg·℃)

1kJ/(kg·℃)$= 1\ 000$ J/(kg·℃)

$\rho_1 = 1.977 \times 10^3$ kg/m³，$\rho_2 = 1.991 \times 10^3$ kg/m³，$\rho_3 = 1.943 \times 10^3$ kg/m³

1 g/cm³ $= 1\ 000$ kg/m³

$f_1 = 500$ W/m³，$f_2 = 480$ W/m³，$f_3 = 460$ W/m³

其中 λ_i(i=1、2、3)为导热系数环境温度 $T_u = 40$ ℃，$k_n = 56$ J/(m·k·s)，$R_1 = 0.2$ m，$R_2 = 0.3$ m，$R_3 = 0.4$ m；时间间隔取 $\Delta t = 100$ s，圆心热流 $q(0, t) = 0$，初始温度 $T_i^0(r, 0) = 20$ ℃，最外层边界热流 $q_n(R_n, t) = Q_u = k_n[T_n(R_n, t) - T_u]$. 计算结果如图 2.5.5 所示.

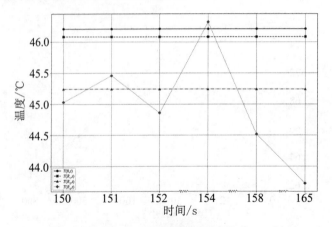

图 2.5.5　温度误差比较图

在圆心热流和边界热流已知的情况下,结合初始条件和边界条件,计算各层介质的温度,发现数值计算结果当实际吻合,验证了该算法的有效性.

根据 2.5.2 节中推导出的方程组(2.5.29),在圆心热流 $q_0^k(0)$ 和边界热流 $q_n^k(R_n)$,以及热源 f_i^{k-1} 的情况下,只需将相关参数和条件代入方程组(2.5.29),就可求得圆心温度和边界温度,再根据递推关系,即可求解出每一层介质的温度.

2.5.4　源项反问题的提法

已知球形域内多层介质热传导方程为

$$c_i\rho_i\frac{\partial T_i(r,t)}{\partial t}=\frac{1}{r^2}\frac{\partial}{\partial r}\left[r^2\omega_i\frac{\partial T_i(r,t)}{\partial r}\right]+f(r,t),i=1,2,3\cdots,n \tag{2.5.35}$$

它的初始条件为

$$T_i(r,0)=L_i(r),i=0,1,2,3,\cdots,n \tag{2.5.36}$$

连续条件为

$$\begin{cases} T_i(R_i,t)=T_{i+1}(R_i,t) \\ q_i(R_i,t)=q_{i+1}(R_i,t) \end{cases} \tag{2.5.37}$$

边界条件为

$$\begin{cases} q_0(0,t)=\dfrac{\partial T(0,t)}{\partial r}=0 \\ q_n(R_n,t)=Q_u=k_n\left[T_n^k(R_n,t)-T_u\right] \end{cases} \tag{2.5.38}$$

设观测值为

$$\begin{cases} T_0(0,t)=T_0 \\ T_n(R_n,t)=T_n \end{cases} \tag{2.5.39}$$

2.5.5　源项反问题的计算方法

基于 2.5.2 节所述的状态空间理论,建立一个非齐次的一阶常微分方程组如下:

$$\begin{cases} Y_i^k(r) = D_i^k(r) Y_i^k(a_1) + H_i^{k-1}(r) \\ D_i^k(r) = e^{G_i(d_i)}, H_i^{k-1}(r) = \int_0^r e^{G_i(d_i-s)} B_i^{k-1}(s,t_{k-1}) ds \end{cases}, r \in [0,d_i] \tag{2.5.40}$$

结合边界条件及各层间的衔接条件,推导出了温度、热流以及源项的递推公式:

$$\begin{bmatrix} T_n^k(R_n) \\ q_n^k(R_n) \end{bmatrix} = \begin{bmatrix} D_{n_{11}}^k & D_{n_{12}}^k \\ D_{n_{21}}^k & D_{n_{22}}^k \end{bmatrix} \begin{bmatrix} T_0^k(0) \\ q_0^k(0) \end{bmatrix} + \begin{bmatrix} H_{n_{11}}^{k-1} \\ H_{n_{21}}^{k-1} \end{bmatrix} \tag{2.5.41}$$

将所有条件代入式(2.5.41),得到

$$\begin{bmatrix} T_n^k(R_n) \\ q_n^k(R_n) \end{bmatrix} = \begin{bmatrix} T_n \\ k_n[T_n - T_u] \end{bmatrix} = \begin{bmatrix} D_{n_{11}}^k D_{n_{12}}^k \\ D_{n_{21}}^k D_{n_{22}}^k \end{bmatrix} \begin{bmatrix} T_0 \\ 0 \end{bmatrix} + \begin{bmatrix} H_{n_{11}}^{k-1} \\ H_{n_{21}}^{k-1} \end{bmatrix} \tag{2.5.42}$$

即

$$\begin{bmatrix} H_{n_{11}}^{k-1} \\ H_{n_{21}}^{k-1} \end{bmatrix} = \begin{bmatrix} T_n \\ k_n[T_n - T_u] \end{bmatrix} - \begin{bmatrix} D_{n_{11}}^k D_{n_{12}}^k \\ D_{n_{21}}^k D_{n_{22}}^k \end{bmatrix} \begin{bmatrix} T_0 \\ 0 \end{bmatrix} \tag{2.5.43}$$

即

$$\begin{bmatrix} H_{n_{11}}^{k-1} \\ H_{n_{21}}^{k-1} \end{bmatrix} = \begin{bmatrix} T_n - D_{n_{11}}^k T_0 \\ k_n[T_n - T_u] - D_{n_{21}}^k T_0 \end{bmatrix} \tag{2.5.44}$$

令

$$\begin{bmatrix} T_n - D_{n_{11}}^k T_0 \\ k_n[T_n - T_u] - D_{n_{21}}^k T_0 \end{bmatrix} = H_i^{k-1}(r)$$

式(2.5.40)可以化为以下积分形式[251]:

$$\int_0^r e^{G_i(d_i-s)} B_i^{k-1} ds = H_i^{k-1}(r) \tag{2.5.45}$$

将

$$B_i^{k-1}(r,t_{k-1}) = \begin{bmatrix} 0 \\ \dfrac{c_i\rho_i T_i^{k-1}(r)}{\Delta t_k} + f_i^{k-1}(r,t_{k-1}) \end{bmatrix}$$

代入式(2.5.45)得

$$\int_0^r e^{G_i(d_i-s)} \begin{bmatrix} 0 \\ \dfrac{c_i\rho_i T_i^{k-1}(r)}{\Delta t_k} + f_i^{k-1} \end{bmatrix} ds = H_i^{k-1}(r) \tag{2.5.46}$$

再将

$$e^{G_i(d_i-s)} = p_1 \begin{bmatrix} e^{\lambda_{1_1}(d_i-s)} & 0 \\ 0 & e^{\lambda_{1_2}(d_i-s)} \end{bmatrix} p_1^{-1}$$

代入式(2.5.46)得

$$\int_0^r p_1 \begin{bmatrix} e^{\lambda_{1_1}(d_i-s)} & 0 \\ 0 & e^{\lambda_{1_2}(d_i-s)} \end{bmatrix} p_1^{-1} \begin{bmatrix} 0 \\ f_i^{k-1} \end{bmatrix} ds$$

$$= H_i^{k-1}(r) - \int_0^r p_1 \begin{bmatrix} e^{\lambda_{1_1}(d_i-s)} & 0 \\ 0 & e^{\lambda_{1_2}(d_i-s)} \end{bmatrix} p_1^{-1} \begin{bmatrix} 0 \\ \dfrac{c_i\rho_i T_i^{k-1}(r)}{\Delta t_k} \end{bmatrix} ds \tag{2.5.47}$$

令

$$H_i^{k-1}(r) - \int_0^r p_1 \begin{bmatrix} e^{\lambda_{1_1}(d_i-s)} & 0 \\ 0 & e^{\lambda_{1_2}(d_i-s)} \end{bmatrix} p_i^{-1} \begin{bmatrix} 0 \\ \dfrac{c_i\rho_i T_i^{k-1}(r)}{\Delta t_k} \end{bmatrix} ds = Z_{i-1}^k(r)$$

式(2.5.47)化为

$$\int_0^r p_1 \begin{bmatrix} e^{\lambda_{1_1}(d_i-s)} & 0 \\ 0 & e^{\lambda_{1_2}(d_i-s)} \end{bmatrix} p_1^{-1} \begin{bmatrix} 0 \\ f_i^{k-1} \end{bmatrix} ds = Z_{i-1}^k(r) \tag{2.5.48}$$

将矩阵 $p_1 = \begin{bmatrix} v_{1_{11}} & v_{1_{21}} \\ v_{1_{12}} & v_{1_{22}} \end{bmatrix}$ 及其逆矩阵 $p_1^{-1} = \begin{bmatrix} v'_{1_{11}} & v'_{1_{21}} \\ v'_{1_{12}} & v'_{1_{22}} \end{bmatrix}$ 代入式(2.5.48)得

$$\int_0^r \begin{bmatrix} v_{1_{11}} & v_{1_{21}} \\ v_{1_{12}} & v_{1_{22}} \end{bmatrix} \begin{bmatrix} e^{\lambda_{1_1}(d_i-s)} & 0 \\ 0 & e^{\lambda_{1_2}(d_i-s)} \end{bmatrix} \begin{bmatrix} v'_{1_{11}} & v'_{1_{21}} \\ v'_{1_{12}} & v'_{1_{22}} \end{bmatrix} \begin{bmatrix} 0 \\ f_i^{k-1} \end{bmatrix} ds = Z_{i-1}^k(r) \tag{2.5.49}$$

又因为

$$H_i^{k-1}(r) - \int_0^r p_1 \begin{bmatrix} e^{\lambda_{1_1}(d_i-s)} & 0 \\ 0 & e^{\lambda_{1_2}(d_i-s)} \end{bmatrix} p_i^{-1} \begin{bmatrix} 0 \\ \dfrac{c_i\rho_i T_i^{k-1}(r)}{\Delta t_k} \end{bmatrix} ds = Z_{i-1}^k(r)$$

所以(2.5.49)可写为

$$\int_0^r \begin{bmatrix} v_{1_{11}} & v_{1_{21}} \\ v_{1_{12}} & v_{1_{22}} \end{bmatrix} \begin{bmatrix} e^{\lambda_{1_1}(d_i-s)} & 0 \\ 0 & e^{\lambda_{1_2}(d_i-s)} \end{bmatrix} \begin{bmatrix} v'_{1_{11}} & v'_{1_{21}} \\ v'_{1_{12}} & v'_{1_{22}} \end{bmatrix} \begin{bmatrix} 0 \\ f_i^{k-1} \end{bmatrix} ds$$

$$= H_i^{k-1}(r) - \int_0^r \begin{bmatrix} v_{1_{11}} & v_{1_{21}} \\ v_{1_{12}} & v_{1_{22}} \end{bmatrix} \begin{bmatrix} e^{\lambda_{1_1}(d_i-s)} & 0 \\ 0 & e^{\lambda_{1_2}(d_i-s)} \end{bmatrix} \begin{bmatrix} v'_{1_{11}} & v'_{1_{21}} \\ v'_{1_{12}} & v'_{1_{22}} \end{bmatrix} \begin{bmatrix} 0 \\ \dfrac{c_i\rho_i T_i^{k-1}(s)}{\Delta t_k} \end{bmatrix} ds \tag{2.5.50}$$

$$\int_0^r \begin{bmatrix} v_{1_{11}} e^{\lambda_{1_1}(d_i-s)} & v_{1_{21}} e^{\lambda_{1_2}(d_i-s)} \\ v_{1_{12}} e^{\lambda_{1_1}(d_i-s)} & v_{1_{22}} e^{\lambda_{1_2}(d_i-s)} \end{bmatrix} \begin{bmatrix} v'_{1_{11}} & v'_{1_{21}} \\ v'_{1_{12}} & v'_{1_{22}} \end{bmatrix} \begin{bmatrix} 0 \\ f_i^{k-1} \end{bmatrix} ds$$

$$
= H_i^{k-1}(r) - \int_0^r \begin{bmatrix} v_{1_{11}} e^{\lambda_{1_1}(d_i-s)} & v_{1_{21}} e^{\lambda_{1_2}(d_i-s)} \\ v_{1_{12}} e^{\lambda_{1_1}(d_i-s)} & v_{1_{22}} e^{\lambda_{1_2}(d_i-s)} \end{bmatrix} \begin{bmatrix} v'_{1_{11}} & v'_{1_{21}} \\ v'_{1_{12}} & v'_{1_{22}} \end{bmatrix} \begin{bmatrix} 0 \\ \dfrac{c_i\rho_i T_i^{k-1}(r)}{\Delta t_k} \end{bmatrix} \mathrm{d}s \tag{2.5.51}
$$

$$
\int_0^r \begin{bmatrix} v_{1_{11}} e^{\lambda_{1_1}(d_i-s)} v'_{1_{11}} + v_{1_{21}} e^{\lambda_{1_2}(d_i-s)} v'_{1_{12}} & v_{1_{11}} e^{\lambda_{1_1}(d_i-s)} v'_{1_{21}} + v_{1_{21}} e^{\lambda_{1_2}(d_i-s)} v'_{1_{22}} \\ v_{1_{12}} e^{\lambda_{1_1}(d_i-s)} v'_{1_{11}} + v_{1_{22}} e^{\lambda_{1_2}(d_i-s)} v'_{1_{12}} & v_{1_{12}} e^{\lambda_{1_1}(d_i-s)} v'_{1_{21}} + v_{1_{22}} e^{\lambda_{1_2}(d_i-s)} v'_{1_{22}} \end{bmatrix} \begin{bmatrix} 0 \\ f_i^{k-1} \end{bmatrix} \mathrm{d}s
$$

$$
= H_i^{k-1}(r) -
$$

$$
\int_0^r \begin{bmatrix} v_{1_{11}} e^{\lambda_{1_1}(d_i-s)} v'_{1_{11}} + v_{1_{21}} e^{\lambda_{1_2}(d_i-s)} v'_{1_{12}} & v_{1_{11}} e^{\lambda_{1_1}(d_i-s)} v'_{1_{21}} + v_{1_{21}} e^{\lambda_{1_2}(d_i-s)} v'_{1_{22}} \\ v_{1_{12}} e^{\lambda_{1_1}(d_i-s)} v'_{1_{11}} + v_{1_{22}} e^{\lambda_{1_2}(d_i-s)} v'_{1_{12}} & v_{1_{12}} e^{\lambda_{1_1}(d_i-s)} v'_{1_{21}} + v_{1_{22}} e^{\lambda_{1_2}(d_i-s)} v'_{1_{22}} \end{bmatrix} \begin{bmatrix} 0 \\ \dfrac{c_i\rho_i T_i^{k-1}(r)}{\Delta t_k} \end{bmatrix} \mathrm{d}s
$$

$$\tag{2.5.52}$$

$$
\int_0^r \begin{bmatrix} f_i^{k-1} v_{1_{11}} e^{\lambda_{1_1}(d_i-s)} v'_{1_{21}} + f_i^{k-1} v_{1_{21}} e^{\lambda_{1_2}(d_i-s)} v'_{1_{22}} \\ f_i^{k-1} v_{1_{12}} e^{\lambda_{1_1}(d_i-s)} v'_{1_{21}} + f_i^{k-1} v_{1_{22}} e^{\lambda_{1_2}(d_i-s)} v'_{1_{22}} \end{bmatrix} \mathrm{d}s
$$

$$
= H_i^{k-1}(r) - \int_0^r \begin{bmatrix} \dfrac{c_i\rho_i T_i^{k-1}(r)}{\Delta t_k} v_{1_{11}} e^{\lambda_{1_1}(d_i-s)} v'_{1_{21}} + \dfrac{c_i\rho_i T_i^{k-1}(r)}{\Delta t_k} v_{1_{21}} e^{\lambda_{1_2}(d_i-s)} v'_{1_{22}} \\ \dfrac{c_i\rho_i T_i^{k-1}(r)}{\Delta t_k} v_{1_{12}} e^{\lambda_{1_1}(d_i-s)} v'_{1_{21}} + \dfrac{c_i\rho_i T_i^{k-1}(r)}{\Delta t_k} v_{1_{22}} e^{\lambda_{1_2}(d_i-s)} v'_{1_{22}} \end{bmatrix} \mathrm{d}s \tag{2.5.53}
$$

$$
\int_0^r \begin{bmatrix} f_i^{k-1} v_{1_{11}} e^{\lambda_{1_1}(d_i-s)} v'_{1_{21}} + f_i^{k-1} v_{1_{21}} e^{\lambda_{1_2}(d_i-s)} v'_{1_{22}} \\ f_i^{k-1} v_{1_{12}} e^{\lambda_{1_1}(d_i-s)} v'_{1_{21}} + f_i^{k-1} v_{1_{22}} e^{\lambda_{1_2}(d_i-s)} v'_{1_{22}} \end{bmatrix} \mathrm{d}s = \begin{bmatrix} T_n - D_{n_{11}}^k T_0 \\ k_n[T_n - T_u] - D_{n_{21}}^k T_0 \end{bmatrix} -
$$

$$
\int_0^r \begin{bmatrix} \dfrac{c_i\rho_i T_i^{k-1}(r)}{\Delta t_k} v_{1_{11}} e^{\lambda_{1_1}(d_i-s)} v'_{1_{21}} + \dfrac{c_i\rho_i T_i^{k-1}(r)}{\Delta t_k} v_{1_{21}} e^{\lambda_{1_2}(d_i-s)} v'_{1_{22}} \\ \dfrac{c_i\rho_i T_i^{k-1}(r)}{\Delta t_k} v_{1_{12}} e^{\lambda_{1_1}(d_i-s)} v'_{1_{21}} + \dfrac{c_i\rho_i T_i^{k-1}(r)}{\Delta t_k} v_{1_{22}} e^{\lambda_{1_2}(d_i-s)} v'_{1_{22}} \end{bmatrix} \mathrm{d}s \tag{2.5.54}
$$

以三层为例：已知 (c_i,ρ_i,ω_i)，$i=0,1,2,3$，初始温度为 $T_i^0(r,0)=L_i(r)$；半径为 $R_1,R_2,R_3,a_1=0$ 在圆心，边界条件为

$$
\begin{cases} q_0(0,t) = \dfrac{\partial T(0,t)}{\partial r} = 0 \\ q_n(R_n,t) = Q_u = k_n[T_n^k(R_n,t) - T_u] \end{cases}
$$

观测值为

$$
\begin{cases} T_0(0,t) = T_0 \\ T_n(R_n,t) = T_n \end{cases}
$$

算法步骤如下.

第一步，计算

$$\begin{bmatrix} T_n - D_{n_{11}}^k T_0 \\ k_n[T_n - T_u] - D_{n_{21}}^k T_0 \end{bmatrix}$$

首先计算 $\boldsymbol{D}$ 矩阵,先算出

$$\boldsymbol{G}_i = \begin{bmatrix} 0 & -\dfrac{1}{\omega_i} \\ -\dfrac{c_i \rho_i}{\Delta t_k} & -\dfrac{2}{r_i} \end{bmatrix}$$

矩阵的特征值分别为 λ_{i_1}, λ_{i_2},对应的特征向量为 v_{1_1}, v_{1_2},接着计算出能使 $\boldsymbol{G}_1$ 对角化的矩阵:

$$\boldsymbol{p}_1 = \begin{bmatrix} v_{1_{11}} & v_{1_{21}} \\ v_{1_{12}} & v_{1_{22}} \end{bmatrix}$$

及其逆矩阵

$$\boldsymbol{p}_1^{-1} = \begin{bmatrix} v'_{1_{11}} & v'_{1_{21}} \\ v'_{1_{12}} & v'_{1_{22}} \end{bmatrix}$$

接着算出

$$D_1^k(r - a_1) = e^{G_1(r-a_1)} = p_1 \begin{bmatrix} e^{\lambda_{1_1}(r-a_1)} & 0 \\ 0 & e^{\lambda_{1_2}(r-a_1)} \end{bmatrix} p_1^{-1}$$

以此类推可算出

$$D_2^k(r_2 - r_1), D_3^k(r_3 - r_2)$$

最后算出

$$\bar{D}_3^k = D_3^k(d_3) D_2^k(d_2) \cdots D_1^k(d_1)$$

再将初始条件、边界条件以及观测值代入就可以算出

$$H_i^{k-1}(r) = \begin{bmatrix} T_n \\ k_n[T_n - T_u] \end{bmatrix} - \begin{bmatrix} D_{n_{11}}^k & D_{n_{12}}^k \\ D_{n_{21}}^k & D_{n_{22}}^k \end{bmatrix} \begin{bmatrix} T_0 \\ 0 \end{bmatrix}$$

也就是

$$H_i^{k-1}(r) = \begin{bmatrix} T_n - D_{n_{11}}^k T_0 \\ k_n[T_n - T_u] - D_{n_{21}}^k T_0 \end{bmatrix}$$

第二步,计算 $\displaystyle\int_0^r \begin{bmatrix} \dfrac{c_i \rho_i T_i^{k-1}(r)}{\Delta t_k} v_{1_{11}} e^{\lambda_{1_1}(d_i-s)} v'_{1_{11}} + \dfrac{c_i \rho_i T_i^{k-1}(r)}{\Delta t_k} v_{1_{21}} e^{\lambda_{1_2}(d_i-s)} v'_{1_{12}} \\ \dfrac{c_i \rho_i T_i^{k-1}(r)}{\Delta t_k} v_{1_{12}} e^{\lambda_{1_1}(d_i-s)} v'_{1_{11}} + \dfrac{c_i \rho_i T_i^{k-1}(r)}{\Delta t_k} v_{1_{22}} e^{\lambda_{1_2}(d_i-s)} v'_{1_{12}} \end{bmatrix} ds$

首先根据已知条件计算

$$\frac{c_i\rho_i T_i^{k-1}(r)}{\Delta t_k}$$

将第一步计算出的 $\boldsymbol{p}_1 = \begin{bmatrix} v_{1_{11}} & v_{1_{21}} \\ v_{1_{12}} & v_{1_{22}} \end{bmatrix}$ 及其逆矩阵 $\boldsymbol{p}_1^{-1} = \begin{bmatrix} v'_{1_{11}} & v'_{1_{21}} \\ v'_{1_{12}} & v'_{1_{22}} \end{bmatrix}$ 代入，最后对矩阵

$$\begin{bmatrix} \dfrac{c_i\rho_i T_i^{k-1}(r)}{\Delta t_k} v_{1_{11}} \mathrm{e}^{\lambda_{1_1}(d_i-s)} v'_{1_{21}} + \dfrac{c_i\rho_i T_i^{k-1}(r)}{\Delta t_k} v_{1_{21}} \mathrm{e}^{\lambda_{1_2}(d_i-s)} v'_{1_{22}} \\ \dfrac{c_i\rho_i T_i^{k-1}(r)}{\Delta t_k} v_{1_{12}} \mathrm{e}^{\lambda_{1_1}(d_i-s)} v'_{1_{21}} + \dfrac{c_i\rho_i T_i^{k-1}(r)}{\Delta t_k} v_{1_{22}} \mathrm{e}^{\lambda_{1_2}(d_i-s)} v'_{1_{22}} \end{bmatrix}$$

在 0 到 r 上求积分.

第三步，求解 f_i^{k-1} .

将前两步求出的值代入式(2.5.54)，然后求解

$$\int_0^r f_i^{k-1} \begin{bmatrix} v_{1_{11}} \mathrm{e}^{\lambda_{1_1}(d_i-s)} v'_{1_{21}} + v_{1_{21}} \mathrm{e}^{\lambda_{1_2}(d_i-s)} v'_{1_{22}} \\ v_{1_{12}} \mathrm{e}^{\lambda_{1_1}(d_i-s)} v'_{1_{21}} + v_{1_{22}} \mathrm{e}^{\lambda_{1_2}(d_i-s)} v'_{1_{22}} \end{bmatrix} \mathrm{d}s = Z_{i-1}^k(r), r \in (0, d_i]$$

这类反问题可化为第一类的 Fredholm 积分方程问题. 该问题是一类不适定的数学问题.

2.5.6　积分方程的正则化求解方法

求解第一类 Fredholm 积分方程的策略包括正则化方法、光滑化方法以及统计反演算法等. 考虑到直接离散求积分的方法来求近似解不稳定，故采用离散正则化方法来进行求解. 其中，正则化参数 α 可由 Morozov 偏差原理和 Newton 迭代法决定.

实施离散正则化方法的具体步骤如下[251].

(1)将区间 $(0, d_i)$ 分成 n 等份，其节点记为 $r_0, r_1, r_2, \cdots, r_n$ ，并计算出 $Z_{i-1}^k(r) = g(r)$ 在节点上 $g(r_0), g(r_1), g(r_2), \cdots, g(r_n)$ 的值，并记为

$$Z_{i-1}^k(r) = (g_0, g_1, g_2, \cdots, g_n)$$

所求得 $f(r)$ 在节点上的值记为

$$F = (f_0, f_1, f_2, \cdots, f_n)$$

(2)利用矩形求积公式对式(2.5.54)中的积分进行数值求积，其中，

$$\begin{bmatrix} v_{1_{11}} \mathrm{e}^{\lambda_{1_1}(d_i-s_j)} v'_{1_{21}} + v_{1_{21}} \mathrm{e}^{\lambda_{1_2}(d_i-s_j)} v'_{1_{22}} \\ v_{1_{12}} \mathrm{e}^{\lambda_{1_1}(d_i-s_j)} v'_{1_{21}} + v_{1_{22}} \mathrm{e}^{\lambda_{1_2}(d_i-s_j)} v'_{1_{22}} \end{bmatrix}$$

取有限项，记

$$g(r_i) = \sum_{j=0}^{n} f_j \begin{bmatrix} v_{1_{11}} \mathrm{e}^{\lambda_{1_1}(d_i-s_j)} v'_{1_{21}} + v_{1_{21}} \mathrm{e}^{\lambda_{1_2}(d_i-s_j)} v'_{1_{22}} \\ v_{1_{12}} \mathrm{e}^{\lambda_{1_1}(d_i-s_j)} v'_{1_{21}} + v_{1_{22}} \mathrm{e}^{\lambda_{1_2}(d_i-s_j)} v'_{1_{22}} \end{bmatrix} \Delta s$$

式中，$\Delta s = \dfrac{r}{n}$ 为小区间的长度. 令 $\boldsymbol{A} = (a_{ij})_{2\times n}$，其中，

$$a_{ij} = \begin{bmatrix} v_{1_{11}} e^{\lambda_{1_1}(d_i - s_j)} v'_{1_{11}} + v_{1_n} e^{\lambda_{1_2}(d_i - s_j)} v'_{1_{12}} \\ v_{1_{12}} e^{\lambda_{1_1}(d_i - s_j)} v'_{1_{11}} + v_{1_{12}} e^{\lambda_{1_2}(d_i - s_j)} v'_{1_{12}} \end{bmatrix} \Delta s$$

积分方程式(2.5.54)可转化为如下方程组：

$$\boldsymbol{A}\boldsymbol{F} = \boldsymbol{Z} \tag{2.5.55}$$

在计算过程中会有误差，实际求解的近似方程为

$$\widetilde{\boldsymbol{A}}\boldsymbol{F} = \widetilde{\boldsymbol{Z}} \tag{2.5.56}$$

(3)采用 Tikhonov 正则化后验方法来求解，具体步骤如下.

①假定 $Z^\delta(r,k)$ 满足

$$\|Z^\delta(r,k) - Z(r,k)\|_2 \leqslant \delta$$

②由右端项 $Z^\delta(r,k)$ 来求解 $\boldsymbol{F}$ 的近似值 F^δ，对离散化表达式(2.5.56)进行 Tikhonov 正则化处理，使泛函数

$$J_\alpha(F^\delta_\alpha) = \frac{1}{2}\|\widetilde{A}F^\delta_\alpha - \widetilde{Z}\|_2^2 + \frac{\alpha}{2}\|F^\delta_\alpha\|_2^2, \alpha > 0 \tag{2.5.57}$$

达到极小，等价于求解下述 Euler 方程：

$$(\widetilde{A}^{\mathrm{T}}\widetilde{A} + \alpha I)\boldsymbol{F} = \widetilde{A}^{\mathrm{T}}\widetilde{Z} \tag{2.5.58}$$

③采用 Morozov 偏差原理来确定正则化参数 α. 已知误差为 δ，要选取参数 α 满足 $\|\widetilde{A}F^\delta_\alpha - \widetilde{Z}\|_2 = \delta$，该式可写为

$$G(\alpha) = \|\widetilde{A}F^\delta_\alpha - \widetilde{Z}\|_2^2 - \delta^2 = 0 \tag{2.5.59}$$

④用牛顿迭代法来进行数值求解.

$$\alpha_{k+1} = \alpha_k - \frac{G(\alpha_k)}{G'(\alpha_k)}, k = 0,1,\cdots$$

式中，α_0 为初始猜测值，$G'(\alpha) = -2\alpha(F_\alpha, F'_\alpha)$，$F_\alpha$ 和 F'_α 可由下面两式计算得到：

$$\alpha F_\alpha = \widetilde{A}^{\mathrm{T}}\widetilde{A}F_\alpha = \widetilde{A}^{\mathrm{T}}\widetilde{Z}$$

$$\alpha F'_\alpha = \widetilde{A}^{\mathrm{T}}\widetilde{A}F'_\alpha = -F_\alpha$$

最后选择参数 α，得到原方程式(2.5.54)的数值解.

2.5.7　小结

根据 2.5.2 节方法推导的方程组(2.5.31)，含有四个已知量：热源值待求. 要解该方程组，可将各参数和条件代入方程组(2.5.31)，就能根据 2.5.2 节给出递推关系，求出各层的热源. 考虑到问题是不适定的，利用了稳定化的 Tikhonov 正则化方法进行求解.

2.6　多层介质中泊松方程侧边值问题的计算

本节利用 HSIR 方法,分析多层介质泊松方程侧边值问题. 对于单层介质矩形域泊松方程侧边值问题,可利用 HSIR 方法求得矩形域上的函数值,同时还可以得到边界上温度变化导数的函数值. 可以利用 HSIR 方法对多层介质问题逐层进行正则化求解.

2.6.1　问题描述

若有一多层矩形区域含不同介质,如每层介质热物理性质均匀,设矩形域宽度为 a ,第 i 层介质的下边界深度为 b_i ,其中 $b_0 = 0$,区域内各层参数分布,如图 2.6.1 所示[305].

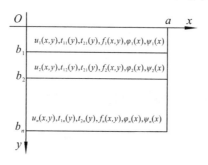

图 2.6.1　多层矩形域及其参数示意图

考虑如下稳态温度场问题,矩形区域内温度场的控制方程和定解条件可写为式(2.6.1),需求解各层温度 $u_i(x,b_i) = h_i(x)$, $u_i(x,y)$.

$$\begin{cases} \Delta u_i = f_i(x,y), (x,y) \in \Omega_i = (0,a) \times (b_{i-1},b_i), i=1,2,\cdots,n \\ \dfrac{\partial u_i}{\partial x}(0,y) = t_{1i}(y), y \in [b_{i-1},b_i] \\ \dfrac{\partial u_i}{\partial x}(a,y) = t_{2i}(y), y \in [b_{i-1},b_i] \\ u_i(x,b_{i-1}) = \varphi_i(x), x \in [0,a] \\ \dfrac{\partial u_i}{\partial y}(x,b_{i-1}) = \psi_i(x), x \in [0,a] \end{cases} \quad (2.6.1)$$

假设 k_i 表示各层介质在 y 方向上的导热系数,则各层之间的边界连续条件为

$$\begin{cases} u_i(x,b_i) = u_{i+1}(x,b_{i-1}) = \varphi_{i+1}(x), i=1,2,\cdots,n-1 \\ k_i \dfrac{\partial u_i}{\partial y}(x,b_i) = k_{i+1} \dfrac{\partial u_{i+1}}{\partial y}(x,b_{i-1}), i=1,2,\cdots,n-1 \end{cases} \quad (2.6.2)$$

2.6.2　计算格式

利用边界条件齐次化方法,可以得到第 i 层的边界条件齐次化公式,可设

$$w_i(x,y) = \frac{x^2}{2a}[t_{2i}(y) - t_{1i}(y)] + xt_{1i}(y) \tag{2.6.3}$$

式中，$(x,y) \in \Omega_i, \Omega_i = (0,a) \times (b_{i-1}, b_i), i = 1, 2, \cdots, n$，令

$$\frac{\partial u_i}{\partial y}(x, b_i) = \psi_i(x), i = 1, 2, \cdots, n \tag{2.6.4}$$

再令 $v_i(x,y) = u_i(x,y) - w_i(x,y)$，则可得关于 $v_i(x,y)$ 的泊松方程，即

$$\begin{cases} \Delta v_i = f_i(x,y) - \Delta w_i, (x,y) \in \Omega_i \\[2mm] \dfrac{\partial v_i}{\partial x}(0,y) = 0, y \in [b_{i-1}, b_i] \\[2mm] \dfrac{\partial v_i}{\partial x}(a,y) = 0, y \in [b_{i-1}, b_i] \\[2mm] v_i(x, b_{i-1}) = \varphi_i(x) - w_i(x, b_{i-1}), x \in [0,a] \\[2mm] \dfrac{\partial v_i}{\partial y}(x, b_{i-1}) = \psi_i(x) - \dfrac{\partial w_i}{\partial y}(x, b_{i-1}), x \in [0,a] \end{cases} \tag{2.6.5}$$

再将泊松方程转化为积分方程，可得关于 $h_i(x)$ 的第一类 Fredholm 积分方程：

$$\int_0^a G_i(x, \xi)[h_i(\xi) - w_i(\xi, \Delta b)]\mathrm{d}\xi = g_i(x) \tag{2.6.6}$$

设 $\Delta b = b_i - b_{i-1}, i = 1, 2, \cdots, n$. $B_{im}, Y_{im}, i = 1, 2, \cdots, n; m = 0, 1, 2, \cdots$ 对应单层矩形域泊松方程侧边值问题的求解分析中的表达形式，式(2.6.6)的右端写为

$$g_i(x) = \psi_i(x) - \frac{\partial w_i}{\partial y}(x, 0) -$$

$$\sum_{m=1}^\infty \left\{ \left[B_{im} - Y_{im}(0) - 2\frac{-Y_{im}(\Delta b) - B_{im}\mathrm{e}^{\frac{m\pi\Delta b}{a}} + Y_{im}(0)\mathrm{e}^{\frac{m\pi\Delta b}{a}}}{\mathrm{e}^{\frac{m\pi b}{a}} - \mathrm{e}^{\frac{m\pi b}{a}}} \right] \frac{m\pi}{a} + \frac{\partial Y_{im}}{\partial y}(0) \right\}$$

$$\cos\frac{m\pi x}{a} - \frac{-Y_{i0}(\Delta b) + Y_{i0}(0) - B_{i0}}{2b} - \frac{Y_{i0}(0)}{2} \tag{2.6.7}$$

其中，核函数

$$G_i(x, \xi) = \frac{2}{a}\left[\sum_{m=1}^\infty \frac{m\pi}{a} \cdot \cos\frac{m\pi}{a}\xi \cdot \cos\frac{m\pi}{a}x \cdot \left(\sinh\frac{m\pi\Delta b}{a} \right)^{-1} + \frac{1}{2\Delta b} \right] \tag{2.6.8}$$

第一层的 $\varphi_1(x), \psi_1(x)$ 是已知的，其余各层的 $\varphi_i(x), \psi_i(x), i = 2, \cdots, n$ 未知，在求出第一层的温度分布函数之后，可利用各层之间的边界连续条件(2.6.2)求出其他未知函数.

结合式(2.6.2)的边界连续性条件，即可求得多层矩形域上泊松方程侧边值问题的解.

2.6.3　误差估计

根据 Morozov 偏差原理关于后验参数的误差估计,可得多层矩形区域泊松方程侧边值问题的误差估计. 在第一层问题的计算中,当式(2.6.6)右端扰动为 δ 时,可得正则化解 $H_{1\alpha}^{\delta}$ 的误差估计满足

$$\| H_{1\alpha}^{\delta} - H_1 \| \leqslant O(\delta^{\frac{1}{2}}) \tag{2.6.9}$$

依此进行推导可得第 i 层问题的正则化解误差估计为

$$\| H_{i\alpha}^{\delta} - H_i \| \leqslant O(\delta^{\frac{1}{2^i}}) \tag{2.6.10}$$

2.6.4　小结

本节考虑了多层矩形域上第二种泊松方程侧边值问题,利用 HSIR 方法,进行逐层求解,通过推导得到相应的计算格式.

2.7　本 章 小 结

本章首先讨论轴对称条件下实心圆柱体的热传导问题,具体研究其任意横截面上的热传导过程.

接着,深入分析了四种多层介质热传导正演问题,以及两种多层介质热传导侧边值问题.

随后,对上述四种多层介质热传导正演问题和两种多层介质热传导侧边值反问题展开求解. 数值算例表明,该正则化方法具有良好的稳定性. 误差分析结果显示,此算法的误差精度为一阶.

最后,考虑球对称情形,探讨了球形域内多层介质热传导正反问题的数值计算格式,并给出了相应的数值算例. 此外,还讨论了多层矩形域上泊松方程侧边值问题的求解方法. 通过 HSIR 方法,得到了第一层矩形域上的数值求解结果,再借助内部各层之间的连续性条件,进行逐层递推,求解出各层上的侧边值问题.

本章的研究成果丰富了多层介质热传导的应用领域,对于高维的多层介质热传导方程及侧边值问题,值得进一步深入探索.

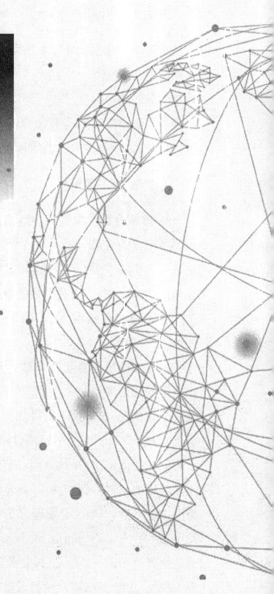

第 3 章

几类瞬态热传导正反演问题的计算方法

3.1 绪　　论

3.1.1 引言

地下渗流和热传导等多场耦合现象在诸如地热资源评估开发和增强型地热系统开发预测[28,113,133,142,151,233]、油气开采、高放废物处置、矿物地浸开采、二氧化碳地下存储等许多实际问题中存在[145,158,172,176,207]. 地温场和地下渗流场耦合模型的正反演求解方法,是地热资源定量评估与开发预测的理论基础之一,相应数学模型的科学计算与数值模拟,是野外试验和室内实验的重要补充与扩展[28,133,142,151].

3.1.2 研究现状

热-流耦合数学模型为一组相互耦合的偏微分方程组. 当前,多场耦合机制的研究已取得了丰硕的成果[48,145,151,153,154,218],关于热传导渗流耦合模型的数值模拟研究也有大量文献可供参考[126,195,225]. 在实际应用中,正演过程所需的某些模型参数会随着各物理场的变化而动态改变,而这些系数的变化情况难以通过直接观测获得. 以多孔介质为例,其孔隙度和渗透率会随温度波动而变化,同时热传导系数又与孔隙度、流体饱和度紧密相关[41,158,172].

地下渗流场和温度场的源项识别至关重要,它能够为热源与流体源头的勘查工作提供坚实的理论支持[66,69,98,103,114,185]. 然而,耦合场中介质的热导率、渗透率等参数以及源项的分布情况,通常无法直接观测,必须结合实际观测数据,构建数学模型,通过反演计算来求解[50,60,62,124,178]. 尽管耦合模型解的适定性研究极具挑战性,但近年来已逐渐受到学者们的广泛关注. 在这方面,耦合微分方程系统解的存在性、唯一性和稳定性研究取得了显著进展. 例如,2013 年,Fernández-Cara 等深入研究了抛物椭圆耦合系统的解的性质[48];2016 年,Kozono 等探究了 Navier-Stoke 耦合系统全局解的存在性和唯一性理论[73];同年,Liu Zhengron 和 Tang Hao 对 Fokker-Planck-Boltzmann 耦合方程组的全局适定性展开了研究[87]. 不过,复杂热传导-渗流耦合系统的解的适定性问题仍有待进一步深入探究. 由于多场耦合模型很难得到解析解,所以通常需要采用离散化方法来获取数值解[36,46,139,271,283,298]. 但离散后得到的非线性方程组求解难度较大. 不少学者基于耦合系统离散化方程组的结构特点,结合交替迭代方法,为构造稳定高效的数值方法提供了新的思路[11].

耦合模型反演问题解的存在性、唯一性或稳定性较为复杂,存在所谓的不适定性问题.国内外众多学者已对反演问题的解析求解和数值求解方法及其面临的困难进行了较为系统的阐述[41,52,60,62,124,141,178,180,259].近年来,在克服渗流和热传导微分方程系数反问题的不适定性以及进行误差估计分析等方面,涌现出了大量的研究成果.特别是在正则化的基础上,各种智能计算方法与有限元、有限差分等数值方法相结合,为解决系数反问题提供了有益的借鉴[60,180].例如,2014 年,Hussein 等对热传导方程系数反演方法进行了深入探讨[62];2015 年,HongQi 等研究了热传导辐射多参数估计问题的混合粒子群优化算法[60];2014 年,Zadeh 等对渗流参数的多目标反演建模进行了研究[178].相较于单场问题,多场耦合系数反演问题更为复杂,其解的适定性研究也更加困难.BiaoZhang 等曾对一维辐射热传导耦合反演问题的优化算法进行了初步探讨[180].此外,耦合模型观测数据与待反演的系数之间往往呈现出高度非线性关系,且待反演系数的搜索空间通常较大,这就导致待反演系数值的搜索计算量巨大.仅仅依靠高性能的计算设备来解决待反演乘数值的问题是远远不够的,还需要深入研究高精度、高效率的反演方法,以便在较大的搜索空间中能够快速找到全局最优解[141,259].

在水热模型的研究领域,国内外众多学者都进行了深入且广泛的探索.陈必光等聚焦于裂隙岩层渗流换热问题展开研究,提出了两种经过简化处理的水热耦合模型[192].杨强生等则指出,裂隙中流体与岩层之间的热量交换过程,能够运用牛顿换热公式来精准描述.在这一过程中,换热系数作为反映换热性能的关键参数[285],其反演计算一直是换热学领域的核心问题之一.

关于换热系数的研究,目前主要基于两种不同的理论[311].其中一种理论假定换热系数为无穷大,认为流体与岩体之间的换热能够在瞬间完成,并且迅速达到相同的温度.然而,相关研究表明,在特定条件下,该理论的适用性会受到限制.另一种理论则认为,换热系数是一个有限值,这意味着流体和岩体无法在瞬时达到相同温度.在基于后一种理论的研究中,对流换热系数可以通过理论公式进行计算.Bai 和 Jiang 等[7,67]利用实验数据,对部分相关公式进行了初步的比较与分析,结果发现,一些现有的对流换热系数计算公式[6,30,183]在合理性和适用性方面,仍有待进一步的验证.

在运用数值计算方法求解对流换热系数时,一个主要的难点在于,很难准确获取岩体与流体接触边界处的温度值.Bai 等[8]构建了流动和传热的二维圆柱体裂隙耦合模型,并借助 Comsol 软件进行了数值模拟.He 等[58]则针对单裂隙水岩耦合模型的换热问题,开展了三维数值模拟.数值模拟结果显示,裂隙岩体耦合模型的数值实验结果具有较高的可信度.这表明,在一定程度上,可以利用数值实验替代物理实验,来模拟计算岩层与流体接触边界处的温度值.

综合以上研究可以发现,由于耦合场的内在复杂性以及模型参数的动态变化特性,仅仅依靠对耦合模型进行理论分析,来推导耦合场的演化规律,往往会面临诸多困难.因此,如何构建系数和源项反演模型,并运用数值反演方法,对地热场和渗流场的变化进行估计,进而对多场耦合模型展开数值模拟,这一研究方向不仅具有重要的理论价值,同时也具备显著的实际意义.两场耦合模型的反演计算方法,具备推广应用的潜力,可以拓展到热—流—固—化等更为复杂的多场耦合模型的反演计算中.进一步发展和完善多场耦合参数和源项反演模型,以及相关的数值方法,解决多场耦合问题中典型反演模型的理论难题和高效计算问题,无疑是一项既重要又充满挑战的研究课题.

在实际应用中,如何基于耦合模型和实际观测数据,对模型参数以及热—流场源项进行准确估计,并获得反演模型的高效数值求解方法,这对于地热资源的量化评估以及地热能开发预测模型的研究,都能够提供重要的基础理论支撑.

3.1.3 主要研究内容

本章主要介绍几类瞬态热传导相关问题及正反演计算方法,包括热—流耦合问题的差分格式,热—流耦合问题的换热系数反演、源项反演,热传导问题边界值反演,耦合问题边界换热系数反演等.

3.2 高维热-流耦合方程的一种交替差分格式

在文献[187,204,207,265]中详细探讨了应力-渗流-热传导三场耦合模型.众多学者已对耦合模型及其相应控制方程[187,204,207,265,270,279]进行了研讨.张玉军和张树光等对三维耦合模型进行了深入分析[90,295,297],Tong F、Jing L等对应力-渗流-热传导耦合模型采用有限元法做了数值模拟研究[145],文献[162]则对三维耦合模型进行了差分分析计算.

本节讨论以下三维热-流耦合控制问题[144,162,280]:

$$\begin{cases} \dfrac{\partial T}{\partial t} = \dfrac{k_1}{c}\left(\dfrac{\partial^2 T}{\partial x^2} + \dfrac{\partial^2 T}{\partial y^2} + \dfrac{\partial^2 T}{\partial z^2}\right) - \dfrac{1}{\varepsilon}\left(u\dfrac{\partial T}{\partial x} + v\dfrac{\partial T}{\partial y} + w\dfrac{\partial T}{\partial z}\right) \\ \quad (x,y,z,t) \in \Omega \times (0,T) \\ \dfrac{\partial u}{\partial x} + \dfrac{\partial v}{\partial y} + \dfrac{\partial w}{\partial z} = f_1, (x,y,z) \in \Omega \\ (u,v,w) = -k\left(\dfrac{\partial H}{\partial x}, \dfrac{\partial H}{\partial y}, \dfrac{\partial H}{\partial z}\right), (x,y,z) \in \Omega \end{cases} \qquad (3.2.1)$$

式中,$\Omega = (a_1,b_1) \times (a_2,b_2) \times (a_3,b_3)$;$T < \infty$;$k > 0$;$k_1 > 0$;$c > 0$;$\varepsilon > 0$.

推导可得渗流控制方程如下:

$$\frac{\partial^2 H}{\partial x^2} + \frac{\partial^2 H}{\partial y^2} + \frac{\partial^2 H}{\partial z^2} = f \tag{3.2.2}$$

在本节中,讨论上述控制方程的差分格式,并对相关问题进行数值求解.

3.2.1　差分格式的建立

对时间和空间区域进行网格化处理,设时间步长为 $\tau = \Delta t = T/n_1$,空间步长为 $h_1 = \Delta x$,$h_2 = \Delta y$,$h_3 = \Delta z$,在 3 个空间方向均为等分网格处理.

首先求出流体函数在各个节点的值,再利用达西定律求出渗流速度,然后采用伴随法进行解耦[72],最后求解出温度函数值. 首先,对渗流速度控制方程[316]离散,根据多元函数展开 Taylor 公式,将式(3.2.2)离散化,可得格式如下:

$$\frac{H_{i+1,j,k} - 2H_{i,j,k} + H_{i-1,j,k}}{h_1^2} + \frac{H_{i,j+1,k} - 2H_{i,j,k} + H_{i,j-1,k}}{h_2^2} +$$

$$\frac{H_{i,j,k+1} - 2H_{i,j,k} + H_{i,j,k-1}}{h_3^2} = f_{i,j,k} \tag{3.2.3}$$

式中,$i,j,k = 1,\cdots,n-1$,若令 $h_1 = h_2 = h_3 = h$,将式(3.2.3)简化为

$$H_{i,j,k+1} + H_{i+1,j,k} + H_{i,j+1,k} - 6H_{i,j,k} + H_{i,j,k-1} +$$

$$H_{i-1,j,k} + H_{i,j-1,k} = h^2 f_{i,j,k} \tag{3.2.4}$$

将边界条件代入方程,化简得线性方程组为

$$\boldsymbol{AH} = \boldsymbol{F} \tag{3.2.5}$$

式中,$\boldsymbol{A}$ 为 $(n+1)^3 \times (n+1)^3$ 的大型稀疏非奇异矩阵,$\boldsymbol{H}$ 为 $(n+1)^3 \times 1$ 的列向量,$\boldsymbol{F}$ 为 $(n+1)^3 \times 1$ 的列向量,则有

$$\boldsymbol{A} = \begin{bmatrix} E_0 \\ A_1^* \\ A_2^* \\ A_3^* \\ \vdots \\ A_{n-2}^* \\ A_{n-1}^* \\ E_n \end{bmatrix}_{(n+1)^3 \times (n+1)^3}, \quad \boldsymbol{H} = \begin{bmatrix} H_0 \\ H_1^* \\ H_2^* \\ H_3^* \\ \vdots \\ H_{n-2}^* \\ H_{n-1}^* \\ H_n \end{bmatrix}_{(n+1)^3 \times 1}, \quad \boldsymbol{F} = \begin{bmatrix} F_0 \\ F_1^* \\ F_2^* \\ F_3^* \\ \vdots \\ F_{n-2}^* \\ F_{n-1}^* \\ F_n \end{bmatrix}_{(n+1)^3 \times 1}$$

$$E_0 = \left[E_{(n+1)^2 \times (n+1)^2}, 0_{(n+1)^2 \times ((n+1)^3 - (n+1)^2)} \right]_{(n+1)^2 \times (n+1)^3}$$

$$E_n = \left[0_{(n+1)^2 \times ((n+1)^3 - (n+1)^2)}, E_{(n+1)^2 \times (n+1)^2} \right]_{(n+1)^2 \times (n+1)^3}$$

$$(A_i^*)^T = \left[E^{i*}, D^{i,1}, D^{i,2}, \cdots, D^{i,n-1}, E^{*i} \right]_{(n+1)^2 \times (n+1)^3}$$

$$\boldsymbol{H}_0 = \begin{bmatrix} H_{0,0,0} \\ H_{1,0,0} \\ \vdots \\ H_{n,0,0} \\ H_{0,1,0} \\ H_{1,1,0} \\ \vdots \\ H_{n,1,0} \\ \vdots \\ H_{n,n,0} \end{bmatrix}_{(n+1)^2 \times 1}, \qquad \boldsymbol{H}_n = \begin{bmatrix} H_{0,0,n} \\ H_{1,0,n} \\ \vdots \\ H_{n,0,n} \\ H_{0,1,n} \\ H_{1,1,n} \\ \vdots \\ H_{n,1,n} \\ \vdots \\ H_{n,n,n} \end{bmatrix}_{(n+1)^2 \times 1}$$

$$(H_i^*)^T = [H_{0,0,i}, H_{1,0,i}, \cdots, H_{n,0,i}, H_{0,1,i}, \cdots, H_{n,1,i}, \cdots, H_{n,n,i}]_{(n+1)^2 \times 1}$$

$$E^{i*}_{(n+1) \times (n+1)^3} = [0_{(n+1) \times (i(n+1)^2)}, E_{(n+1) \times (n+1)}, 0_{(n+1) \times ((n+1)^3 - i(n+1)^2 - (n+1))}]_{(n+1) \times (n+1)^3}$$

$$D^{i,1}_{(n+1) \times (n+1)^3} = [0_{(n+1) \times ((i-1)(n+1)^2 + (n+1))}, B_{(n+1) \times (n+1)}, 0_{(n+1) \times ((n-1)(n+1))}, B_{(n+1) \times (n+1)},$$
$$Z_{(n+1) \times (n+1)}, B_{(n+1) \times (n+1)}, 0_{(n+1) \times ((n-1)(n+1))}, B_{(n+1) \times (n+1)},$$
$$0_{(n+1) \times ((n+1)^3 - (i+1)(n+1)^2)}]_{(n+1) \times (n+1)^3}$$

$$D^{i,2}_{(n+1) \times (n+1)^3} = [0_{(n+1) \times ((i-1)(n+1)^2 + 2(n+1))}, B_{(n+1) \times (n+1)}, 0_{(n+1) \times ((n-1)(n+1))},$$
$$B_{(n+1) \times (n+1)}, Z_{(n+1) \times (n+1)}, B_{(n+1) \times (n+1)}, 0_{(n+1) \times ((n-1)(n+1))}, B_{(n+1) \times (n+1)},$$
$$0_{(n+1) \times ((n+1)^3 - 2(n+1)^2 - (n+1))}]_{(n+1) \times (n+1)^3}$$

$$D^{i,(n-1)}_{(n+1) \times (n+1)^3} = [0_{(n+1) \times ((i-1)(n+1)^2 + n(n+1))}, B_{(n+1) \times (n+1)}, 0_{(n+1) \times ((n-1)(n+1))},$$
$$B_{(n+1) \times (n+1)}, Z_{(n+1) \times (n+1)}, B_{(n+1) \times (n+1)}, 0_{(n+1) \times ((n-1)(n+1))}, B_{(n+1) \times (n+1)},$$
$$0_{(n+1) \times ((n+1)^3 - 2(n+1)^2 - n(n+1))}]_{(n+1) \times (n+1)^3}$$

$$E^{*i}_{(n+1) \times (n+1)^3} = [0_{(n+1) \times ((i+1)(n+1)^2 - (n+1))}, E_{(n+1) \times (n+1)}, 0_{(n+1) \times ((n+1)^3 - (i+1)(n+1)^2)}]_{(n+1) \times (n+1)^3}$$

式中，$i = 1, 2, \cdots n-1$，$(H_i^*)^T, (A_i^*)^T$ 表示矩阵 H_i^*, A_i^* 的转置，矩阵中 $0_{(n+1) \times (i(n+1)^2)}$ 用来表示元素全部为 0 的块状矩阵，而下标表示矩阵维度大小.

$$\boldsymbol{B} = \begin{bmatrix} 0 & 0 & \cdots & 0 & 0 \\ 0 & 1 & 0 & 0 & 0 \\ \vdots & 0 & \ddots & 0 & \vdots \\ 0 & 0 & 0 & 1 & 0 \\ 0 & 0 & \cdots & 0 & 0 \end{bmatrix}_{(n+1) \times (n+1)} \qquad \boldsymbol{Z} = \begin{bmatrix} 1 & & & & \\ 1 & -6 & 1 & & \\ & \ddots & \ddots & \ddots & \\ & & 1 & -6 & 1 \\ & & & & 1 \end{bmatrix}_{(n+1) \times (n+1)}$$

$$F_0 = H_0, \quad F_n = H_n$$

$$F_i^* = [H_{0,0,i}, H_{1,0,i}, \cdots, H_{n,0,i}, H_{0,1,i}, h^2 f_{1,1,i}, h^2 f_{2,1,i}, \cdots, h^2 f_{n-1,1,i}, H_{n,1,i},$$
$$H_{0,2,i}, h^2 f_{1,2,i}, h^2 f_{2,2,i}, \cdots, h^2 f_{n-1,2,i}, H_{n,2,i}, \cdots, H_{0,n-1,i},$$
$$h^2 f_{1,n-1,i}, h^2 f_{2,n-1,i}, \cdots, h^2 f_{n-1,n-1,i}, H_{n,n-1,i},$$
$$H_{0,n,i}, H_{1,n,i}, \cdots, H_{n,n,i}]^T, \quad i = 1, 2, \cdots, n-1$$

从而可以求解出流体函数 $H(x,y,z)$ 在节点上的函数值 $H(ih,jh,kh)=H_{i,j,k}$.
对边界条件进行处理,在研究区的内部正则节点上应用如下格式:

$$\begin{cases} u_{i,j,k}=-k\,\dfrac{H_{i+1,j,k}-H_{i-1,j,k}}{2h} \\[3mm] v_{i,j,k}=-k\,\dfrac{H_{i,j+1,k}-H_{i,j-1,k}}{2h} \\[3mm] w_{i,j,k}=-k\,\dfrac{H_{i,j,k+1}-H_{i,j,k-1}}{2h} \end{cases} \tag{3.2.6}$$

考虑在边界上用以下格式:

$$\begin{cases} u_{i,j,k}=-k\,\dfrac{H_{i+1,j,k}-H_{i,j,k}}{h} \\[3mm] v_{i,j,k}=-k\,\dfrac{H_{i,j+1,k}-H_{i,j,k}}{h} \\[3mm] w_{i,j,k}=-k\,\dfrac{H_{i,j,k+1}-H_{i,j,k}}{h} \end{cases} \tag{3.2.7}$$

上述下标范围记为 $i,j,k=1,\cdots,n-1$,在各个离散节点处,渗流速度可由式(3.2.6)、式(3.2.7)求出,且其截断误差阶记为 $R=O(h^2)$.

将各个离散点处的渗流速度值代入方程(3.2.1).再将控制方程(3.2.1)按照时间变量展开,将时间变量的变化 $t \to t+1$ 分为三步:$t \to t+\frac{1}{3} \to t+\frac{2}{3} \to t+1$.

基于差分理论[250]可建立如下的交替计算格式:

$$\begin{cases} \left[1-\dfrac{1}{2}\left(\dfrac{k_1 r}{c}-\dfrac{1}{6}\right)\delta_x^2\right](T^{t+\frac{1}{3}}-T^t)=\dfrac{k_1 r}{c}\Big[(\delta_x^2+\delta_y^2+\delta_z^2)+\dfrac{1}{6}(\delta_x^2\delta_y^2+\delta_y^2\delta_z^2 \\[3mm] +\delta_x^2\delta_z^2)\Big]T^t+\left(1+\dfrac{1}{12}\delta_x^2\right)\left(1+\dfrac{1}{12}\delta_y^2\right)\left(1+\dfrac{1}{12}\delta_z^2\right) \\[3mm] \left(-\dfrac{1}{\varepsilon}\right)(u\delta_x+v\delta_y+w\delta_z)T^t \\[3mm] \left[1-\dfrac{1}{2}\left(\dfrac{k_1 r}{c}-\dfrac{1}{6}\right)\delta_y^2\right](T^{t+\frac{2}{3}}-T^t)=T^{t+\frac{1}{3}}-T^t \\[3mm] \left[1-\dfrac{1}{2}\left(\dfrac{k_1 r}{c}-\dfrac{1}{6}\right)\delta_z^2\right](T^{t+1}-T^t)=T^{t+\frac{2}{3}}-T^t \end{cases} \tag{3.2.8}$$

为方便计,省略空间下标,以 T^t 表示 $T^t_{i,j,k}$.其中,$i,j,k=1,\cdots,n-1$;$t=0,\cdots,n_1-1$;$\delta_x^2,\delta_y^2,\delta_z^2$ 表示在 3 个方向的二阶的中心差商算子;$\delta_x,\delta_y,\delta_z$ 表示在 3 个方向的一阶的中心差商算子;$r=\dfrac{\tau}{h^2}$ 为网格比.为分析该格式的稳定性以及求得其截断误差阶,消去格式中的中间值 $T^{t+\frac{1}{3}},T^{t+\frac{2}{3}}$ 得

$$\left[1-\frac{1}{2}\left(\frac{k_1 r}{c}-\frac{1}{6}\right)\delta_z^2\right]\left[1-\frac{1}{2}\left(\frac{k_1 r}{c}-\frac{1}{6}\right)\delta_y^2\right]\left[1-\frac{1}{2}\left(\frac{k_1 r}{c}-\frac{1}{6}\right)\delta_x^2\right](T^{t+1}-T^t)$$

$$=\frac{k_1 r}{c}\left[(\delta_x^2+\delta_y^2+\delta_z^2)+\frac{1}{6}(\delta_x^2\delta_y^2+\delta_y^2\delta_z^2+\delta_x^2\delta_z^2)\right]T^t+ \qquad (3.2.9)$$

$$\left(1+\frac{1}{12}\delta_x^2\right)\left(1+\frac{1}{12}\delta_y^2\right)\left(1+\frac{1}{12}\delta_z^2\right)\left(-\frac{1}{\varepsilon}\right)(u\delta_x+v\delta_y+w\delta_z)T^t$$

式(3.2.9)与式(3.2.8)等价,两者具有相同的截断误差阶与稳定性.

将式(3.2.9)化简变形得

$$\left[1-\frac{1}{2}\left(\frac{k_1 r}{c}-\frac{1}{6}\right)\delta_z^2\right]\left[1-\frac{1}{2}\left(\frac{k_1 r}{c}-\frac{1}{6}\right)\delta_y^2\right]\left[1-\frac{1}{2}\left(\frac{k_1 r}{c}-\frac{1}{6}\right)\delta_x^2\right]T^{t+1}$$

$$=\left[1-\frac{1}{2}\left(\frac{k_1 r}{c}-\frac{1}{6}\right)\delta_z^2\right]\left[1-\frac{1}{2}\left(\frac{k_1 r}{c}-\frac{1}{6}\right)\delta_y^2\right]\left[1-\frac{1}{2}\left(\frac{k_1 r}{c}-\frac{1}{6}\right)\delta_x^2\right]T^t+$$

$$\frac{k_1 r}{c}\left[(\delta_x^2+\delta_y^2+\delta_z^2)+\frac{1}{6}(\delta_x^2\delta_y^2+\delta_y^2\delta_z^2+\delta_x^2\delta_z^2)\right]T^t+$$

$$\left(1+\frac{1}{12}\delta_x^2\right)\left(1+\frac{1}{12}\delta_y^2\right)\left(1+\frac{1}{12}\delta_z^2\right)\left(-\frac{1}{\varepsilon}\right)(u\delta_x+v\delta_y+w\delta_z)T^t \qquad (3.2.10)$$

结合定解条件,可得非线性方程组为

$$\boldsymbol{N}\cdot T^{t+1}=N^*(u,v,w)\cdot T^t \qquad (3.2.11)$$

式中,$\boldsymbol{N}$ 为 $(n+1)^3\times(n+1)^3$ 的稀疏非奇异矩阵,T 为 $(n+1)^3\times1$ 的列向量,$N^*(u,v,w)$ 为含有参数 u,v,w 的大型稀疏矩阵,采用隐式顺序算法[107]以及变系数方程解法[230]求解耦合方程组,将非线性方程组转化成线性方程组形式,再进一步求解出各时刻各节点处的温度值.

3.2.2 截断误差阶分析和稳定性分析

1. 误差阶分析

将各节点处的温度函数 T 在节点 $(ih,jh,kh,t\tau)$ 处的 Taylor 展开式代入式(3.2.9),并依据方程(3.2.1),可得

$$\frac{\partial T}{\partial t}+\frac{\tau}{2}\frac{\partial^2 T}{\partial t^2}-\frac{1}{2}\left(\frac{k_1 r}{c}-\frac{1}{6}h^2\right)\frac{\partial^2 T}{\partial t^2}+\frac{\tau^2}{4}\left(\frac{\partial^5 T}{\partial t\partial x^2\partial y^2}+\frac{\partial^5 T}{\partial t\partial x^2\partial z^2}+\frac{\partial^5 T}{\partial t\partial y^2\partial z^2}-\frac{\partial^3 T}{\partial t^3}\right)+$$

$$\frac{h^4}{144}\left(\frac{\partial^5 T}{\partial t\partial x^4}+\frac{\partial^5 T}{\partial t\partial y^4}+\frac{\partial^5 T}{\partial t\partial z^4}+\frac{\partial^5 T}{\partial t\partial x^2\partial y^2}+\frac{\partial^5 T}{\partial t\partial x^2\partial z^2}+\frac{\partial^5 T}{\partial t\partial y^2\partial z^2}\right)+O(\tau^3+\tau^2 h^4+\tau^6)$$

$$=\frac{\partial T}{\partial t}+\frac{h^2}{12}\frac{\partial^2 T}{\partial t^2}+\frac{h^4}{360}\left(\frac{\partial^6 T}{\partial x^6}+\frac{\partial^6 T}{\partial y^6}+\frac{\partial^6 T}{\partial z^6}\right)\frac{\partial^2 T}{\partial t^2}+O(h^6)+O(h^4) \qquad (3.2.12)$$

所以由式(3.2.12)可知所构造的交替格式(3.2.8)的截断误差阶为 $O(\tau^2+h^4)$.

2. 稳定性分析

根据 Fourier 方法[296]分析差分格式的稳定性,令

$$T^t_{j_1,j_2,j_3} = \rho^t e^{i(j_1\alpha_1 + j_2\alpha_2 + j_3\alpha_3)h}, i = \sqrt{-1} \tag{3.2.13}$$

式中, $\alpha_i h = \dfrac{q\pi}{m}, q = 0,1,2,\cdots,m-1, i = 1,2,3.$

结合式(3.2.8),记

$$\delta_x T^t = 2i\sin(\alpha_1 h)T^t$$

$$\delta_y T^t = 2i\sin(\alpha_2 h)T^t$$

$$\delta_z T^t = 2i\sin(\alpha_3 h)T^t$$

$$\delta_x^2 T^t = -2(1-\cos\alpha_1 h)T^t$$

$$\delta_y^2 T^t = -2(1-\cos\alpha_2 h)T^t$$

$$\delta_z^2 T^t = -2(1-\cos\alpha_3 h)T^t$$

$$\delta_x^2\delta_y^2 T^t = 4(1-\cos\alpha_1 h)(1-\cos\alpha_2 h)T^t$$

$$\delta_x^2\delta_z^2 T^t = 4(1-\cos\alpha_1 h)(1-\cos\alpha_3 h)T^t$$

$$\delta_z^2\delta_y^2 T^t = 4(1-\cos\alpha_3 h)(1-\cos\alpha_2 h)T^t$$

将式(3.2.13)代入式(3.2.11),整理可得差分格式(3.2.9)的传播因子为

$$\rho(\tau,\alpha_1,\alpha_2,\alpha_3) = 1 - \frac{2\dfrac{k_1 r}{c}\left[\displaystyle\sum_{i=1}^{3}(1-\cos\alpha_i h) - \dfrac{2}{3}\sum_3(1-\cos\alpha_i h)(1-\cos\alpha_j h)\right]}{\displaystyle\prod_{i=1}^{3}\left[1 + \dfrac{1}{2}\left(\dfrac{k_1 r}{c} - \dfrac{1}{6}\right)(1-\cos\alpha_i h)\right]} -$$

$$\frac{\dfrac{hr}{\varepsilon}i\displaystyle\prod_{i=1}^{3}\left[1 - \dfrac{1}{6}(1-\cos\alpha_i h)\right](u\sin\alpha_1 h + v\sin\alpha_2 h + w\sin\alpha_3 h)}{\displaystyle\prod_{i=1}^{3}\left[1 + \dfrac{1}{2}\left(\dfrac{k_1 r}{c} - \dfrac{1}{6}\right)(1-\cos\alpha_i h)\right]}$$

其模的平方为

$$|\rho(\tau,\alpha_1,\alpha_2,\alpha_3)|^2$$

$$= \left\{1 - \frac{2\dfrac{k_1 r}{c}\left[\displaystyle\sum_{i=1}^{3}(1-\cos\alpha_i h) - \dfrac{2}{3}\sum_3(1-\cos\alpha_i h)(1-\cos\alpha_j h)\right]}{\displaystyle\prod_{i=1}^{3}\left[1 + \dfrac{1}{2}\left(\dfrac{k_1 r}{c} - \dfrac{1}{6}\right)(1-\cos\alpha_i h)\right]}\right\}^2 +$$

$$\left\{\frac{\dfrac{hr}{\varepsilon}\displaystyle\prod_{i=1}^{3}\left[1 - \dfrac{1}{6}(1-\cos\alpha_i h)\right](u\sin\alpha_1 h + v\sin\alpha_2 h + w\sin\alpha_3 h)}{\displaystyle\prod_{i=1}^{3}\left[1 + \dfrac{1}{2}\left(\dfrac{k_1 r}{c} - \dfrac{1}{6}\right)(1-\cos\alpha_i h)\right]}\right\}^2$$

$$= 1 - \left(\frac{4\dfrac{k_1 r}{c}\left[\displaystyle\sum_{i=1}^{3}(1-\cos\alpha_i h) - \dfrac{2}{3}\sum_3(1-\cos\alpha_i h)(1-\cos\alpha_j h)\right]}{\displaystyle\prod_{i=1}^{3}\left[1 + \dfrac{1}{2}\left(\dfrac{k_1 r}{c} - \dfrac{1}{6}\right)(1-\cos\alpha_i h)\right]} -\right.$$

$$\left. \left\{ \frac{\left\{2\dfrac{k_1 r}{c}\left[\displaystyle\sum_{i=1}^{3}(1-\cos\alpha_i h)-\dfrac{2}{3}\sum_{3}(1-\cos\alpha_i h)(1-\cos\alpha_j h)\right]\right\}^2}{\displaystyle\prod_{i=1}^{3}\left[1+\dfrac{1}{2}\left(\dfrac{k_1 r}{c}-\dfrac{1}{6}\right)(1-\cos\alpha_i h)\right]} - \right.\right.$$

$$\left.\left. \frac{\left\{\dfrac{hr}{\varepsilon}\displaystyle\prod_{i=1}^{3}\left[1-\dfrac{1}{6}(1-\cos\alpha_i h)\right](u\sin\alpha_1 h+v\sin\alpha_2 h+w\sin\alpha_3 h)\right\}^2}{\displaystyle\prod_{i=1}^{3}\left[1+\dfrac{1}{2}\left(\dfrac{k_1 r}{c}-\dfrac{1}{6}\right)(1-\cos\alpha_i h)\right]} \right\} \right)$$

所以 Von Neumann 条件 $|\rho|\leqslant 1$ 的充分条件为

$$\frac{4\dfrac{k_1 r}{c}\left[\displaystyle\sum_{i=1}^{3}(1-\cos\alpha_i h)-\dfrac{2}{3}\sum_{3}(1-\cos\alpha_i h)(1-\cos\alpha_j h)\right]}{\displaystyle\prod_{i=1}^{3}\left[1+\dfrac{1}{2}\left(\dfrac{k_1 r}{c}-\dfrac{1}{6}\right)(1-\cos\alpha_i h)\right]} -$$

$$\frac{\left\{\dfrac{2k_1 r}{c}\left[\displaystyle\sum_{i=1}^{3}(1-\cos\alpha_i h)-\dfrac{2}{3}\sum_{3}(1-\cos\alpha_i h)(1-\cos\alpha_j h)\right]\right\}^2}{\displaystyle\prod_{i=1}^{3}\left[1+\dfrac{1}{2}\left(\dfrac{k_1 r}{c}-\dfrac{1}{6}\right)(1-\cos\alpha_i h)\right]} -$$

$$\frac{\left\{\dfrac{hr}{\varepsilon}\displaystyle\prod_{i=1}^{3}\left[1-\dfrac{1}{6}(1-\cos\alpha_i h)\right](u\sin\alpha_1 h+v\sin\alpha_2 h+w\sin\alpha_3 h)\right\}^2}{\displaystyle\prod_{i=1}^{3}\left[1+\dfrac{1}{2}\left(\dfrac{k_1 r}{c}-\dfrac{1}{6}\right)(1-\cos\alpha_i h)\right]} \geqslant 0$$

又 $(1-\cos\alpha_i h)\in[0,2]$, $i=1,2,3$, 所以满足上述不等式的充分条件为

$$\frac{\dfrac{20k_1 r}{3c}}{\left[1+\left(\dfrac{k_1 r}{c}-\dfrac{1}{6}\right)\right]^3}-\frac{\dfrac{200k_1^2 r^2}{9c^2}}{\left[1+\left(\dfrac{k_1 r}{c}-\dfrac{1}{6}\right)\right]^6}\geqslant 0,\quad \frac{12k_1 r}{c}-\frac{2h^2(u+v+w)^2 r^2}{\varepsilon^2}\geqslant 0$$

即求得差分格式稳定性充分条件为

$$r\leqslant\frac{6k_1\varepsilon^2}{ch^2(u+v+w)^2}$$

由式(3.2.1)可知

$$(u,v,w)=-k\left(\frac{\partial H}{\partial x},\frac{\partial H}{\partial y},\frac{\partial H}{\partial z}\right),(x,y,z)\in\Omega$$

以及边界条件

$$H(x,y,z)\Big|_{x=a_1}=\varphi_1(y,z),H(x,y,z)\Big|_{x=b_1}=\varphi_2(y,z)$$

$$H(x,y,z)\Big|_{y=a_2}=\psi_1(y,z),H(x,y,z)\Big|_{y=b_2}=\psi_2(x,z)$$

$$H(x,y,z)\Big|_{z=a_3}=\varphi_1(y,z),H(x,y,z)\Big|_{z=b_3}=\varphi_2(x,y)$$

由式(3.2.1)可知,流体函数在各个方向上偏导数连续,研究区域为闭区间,所以可令

$$M = \max(u, v, w) = \max\left(\frac{\partial \varphi_1}{\partial y}, \frac{\partial \varphi_1}{\partial z}, \frac{\partial \varphi_2}{\partial y}, \frac{\partial \varphi_2}{\partial z}, \frac{\partial \psi_1}{\partial x}, \frac{\partial \psi_1}{\partial z}, \frac{\partial \psi_2}{\partial x}, \frac{\partial \psi_2}{\partial z}, \right.$$

$$\left. \frac{\partial \varphi_1}{\partial x}, \frac{\partial \varphi_1}{\partial y}, \frac{\partial \varphi_2}{\partial x}, \frac{\partial \varphi_2}{\partial y}, \frac{\varphi_2 - \varphi_1}{b_1 - a_1}, \frac{\psi_2 - \psi_1}{b_2 - a_2}, \frac{\varphi_2 - \varphi_1}{b_3 - a_3} \right), (x, y, z) \in \Omega$$

即 $0 < (u + v + w)^2 \leqslant 9M^2$.

定理　三维热-流耦合方程的交替差分格式(3.2.8)条件稳定,且稳定的充分条件是

$$r \leqslant \frac{2k_1 \varepsilon^2}{3ch^2 M^2}$$

3.2.3　数值模拟

求解以下耦合偏微分方程问题,得到函数 $T(x, y, z, t)$ 的近似解.

$$\frac{\partial^2 H}{\partial x^2} + \frac{\partial^2 H}{\partial y^2} + \frac{\partial^2 H}{\partial z^2} = 0, 0 < x, y, z < 1$$

$$H\Big|_{x=0} = \mathrm{e}^y \sin(\sqrt{2}z), 0 \leqslant y, z \leqslant 1$$

$$H\Big|_{y=0} = \mathrm{e}^x \sin(\sqrt{2}z), 0 \leqslant x, z \leqslant 1$$

$$H\Big|_{z=0} = 0, 0 \leqslant x, y \leqslant 1$$

$$H\Big|_{x=1} = \mathrm{e}^{1+y} \sin(\sqrt{2}z), 0 \leqslant y, z \leqslant 1$$

$$H\Big|_{y=1} = \mathrm{e}^{1+x} \sin(\sqrt{2}z), 0 \leqslant x, z \leqslant 1$$

$$H\Big|_{z=1} = \mathrm{e}^{x+y} \sin(\sqrt{2}), 0 \leqslant x, y \leqslant 1$$

与

$$\frac{\partial T}{\partial t} = \frac{2}{5}\left(\frac{\partial^2 T}{\partial x^2} + \frac{\partial^2 T}{\partial y^2} + \frac{\partial^2 T}{\partial z^2}\right) - \frac{10}{3}\left(u\frac{\partial T}{\partial x} + v\frac{\partial T}{\partial y} + w\frac{\partial T}{\partial z}\right), 0 < x, y, z, t < 1$$

$$T\Big|_{t=0} = \sqrt{2}z, 0 \leqslant x, y, z \leqslant 1$$

$$T\Big|_{x=0} = \frac{20t\,\mathrm{e}^y \cos(\sqrt{2}z)}{3} + \sqrt{2}z, 0 \leqslant y, z, t \leqslant 1$$

$$T\Big|_{y=0} = \frac{20t\,\mathrm{e}^x \cos(\sqrt{2}z)}{3} + \sqrt{2}z, 0 \leqslant x, z, t \leqslant 1$$

$$T\Big|_{z=0} = \frac{20t\,\mathrm{e}^{x+y}}{3} + \sqrt{2}z, 0 \leqslant x, y, t \leqslant 1$$

$$T\Big|_{x=1} = \frac{20t\,\mathrm{e}^{1+y+z} \cos(\sqrt{2}z)}{3} + \sqrt{2}z, 0 \leqslant y, z, t \leqslant 1$$

$$T\Big|_{y=1}=\frac{20t\,\mathrm{e}^{1+x+z}\cos(\sqrt{2}\,z)}{3}+\sqrt{2}\,z,0\leqslant y,z,t\leqslant 1$$

$$T\Big|_{z=1}=\frac{20t\,\mathrm{e}^{x+y+1}\cos(\sqrt{2})}{3}+\sqrt{2},0\leqslant y,z,t\leqslant 1$$

式中，$(u,v,w)=-\left(\dfrac{\partial H}{\partial x},\dfrac{\partial H}{\partial y},\dfrac{\partial H}{\partial z}\right)$.

上述算例的解析解为

$$H(x,y,z)=\mathrm{e}^{(x+y)}\sin(\sqrt{2}\,z),T(x,y,z,t)=\frac{20t\,\mathrm{e}^{(x+y)}\cos(\sqrt{2}\,z)}{3}+\sqrt{2}\,z$$

下面比较解的计算值、精确值与近似解误差，如图 3.2.1～图 3.2.2 所示.

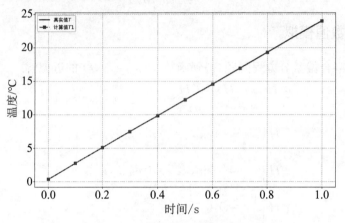

图 3.2.1　数值解与精确解对比图

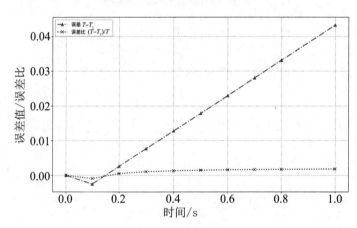

图 3.2.2　误差分析图

3.2.4　小结

本节应用有限差分格式来求解热流耦合方程.计算表明,本节所给的高维热流耦合交替格式条件稳定且具有较好的精度,数值算例表明所给差分格式有效.

3.3 热-流耦合模型
换热系数和源汇项的反演计算

本节研究高维空间温度-渗流场耦合模型的反问题. 这些反问题是在给定初始边界条件和附加测量条件下,确定未知的传热系数和渗流连续性方程中的源汇. 针对这些反问题提出了三种算法. 数值实验验证了所提算法的准确性和有效性.

3.3.1 问题介绍

在许多实际问题中,多孔介质中的流体流动伴随着介质与流体之间的传热和热交换[95,163,182],可用一个耦合系统描述该问题的数学模型. 近年来,多孔介质渗流和传热模型的数值计算方法越来越受到人们的关注. 同时,求解热耦合模型也有不少有效的数值方法,详见文献[75,95,154,162,163,165,182]. 近年来,热系数反演理论方面也有许多成果,如讨论了动态热湿传递中参数确定的一些逆问题[163],初始温度和热系数的同时重建等[157,166]. 然而,关于热流体耦合模型数值反演的研究文献相对较少.

本节给出了热-流耦合模型的三个反问题[140],并讨论了一些相关数值计算方法. 考虑有界空间域 $Q \subset \mathbf{R}^N (N = 2,3)$ 中的耦合问题. 注意到流体在多孔介质中流动时,达西速度 V 和流体压力 H 满足

$$V = [u(X), v(X), w(X)] = -K(X) \nabla H(X), X \in Q \qquad (3.3.1)$$

因此,渗流连续性方程为

$$\text{div}(-K \nabla H) = g \qquad (3.3.2)$$

式中,g 表示源汇项,K 为多孔介质渗透系数. 引起水温变化的因素包括热对流、热传导和热交换效应等[95,182]. 由能量守恒原理可得如下表达式:

$$\frac{\partial(c_w T_w \varepsilon)}{\partial t} = \underbrace{-\nabla \cdot (c_w T_w V)}_{\text{热对流}} + \underbrace{\text{div}(k_{wc} \varepsilon \nabla T_w)}_{\text{热传导}} + \underbrace{k_{sw}(t)(T_s - T_w)}_{\text{热交换}} \qquad (3.3.3)$$

式中,$X \in Q, t \in (0,L), T_s$ 为固相温度,T_w 为水温. ε, c_w, k_{wc} 和 $k_{sw}(t)$ 分别表示介质孔隙率、水比热、扩散系数、固相与水相热交换系数.

本节建立了高维热-流耦合方程模型的三个反问题,给出了热-流耦合模型的正问题,提出了多孔介质中热-流耦合模型的反演问题,分析了基于特殊变换的逆问题. 最后,给出了一些数值结果.

3.3.2 热-流耦合模型的正问题

首先对式(3.3.3)做一些假设.假设孔隙率 ε 和水的比热 c_w 为常数.很容易知道,式(3.3.3)可以化简为

$$\frac{\partial T_w}{\partial t} = -\frac{1}{\varepsilon}\left[V \cdot \nabla T_w + T_w \mathrm{div}(V)\right] - \frac{k_{wc}}{c_w}(\Delta T_w) + \frac{k_{sw}(t)}{\varepsilon c_w}(T_s - T_w)$$

(3.3.4)

式中,$X \in Q, t \in (0,L)$.此外,假设固体温度 T_s 是已知常数.则式(3.3.4)可表示为

$$\frac{\partial T_w}{\partial t} = -\frac{1}{\varepsilon}V \cdot \nabla T_w - \frac{g}{\varepsilon}T_w + \frac{k_{sw}}{c_w}(\Delta T_w) + \frac{k_{sw}(t)}{\varepsilon c_w}(T_s - T_w) \quad (3.3.5)$$

接下来,考虑一些逆问题,如在式(3.3.2)和式(3.3.5)中反演源汇项 g 和热交换系数 $k_{sw}(t)$,可结合以下边界和初始条件得到反问题:

$$\begin{cases} H\big|_{\partial Q} = \psi(X), X \in \partial Q \\ T_w\big|_{t=0} = \Phi(X), X \in Q \\ T_w\big|_{\partial Q} = G(X,t), t \in [0,L] \end{cases} \quad (3.3.6)$$

定义 Q 是一个具有光滑边界 ∂Q 的有界开域.其中,ψ,Φ 是已知函数.根据式(3.3.2)、式(3.3.5)、式(3.3.6)及确定的参数,可以用数值方法求得水温 T_w 和水压值 H 的近似解[157].

3.3.3 热-流耦合模型的反问题

在本节中,提出了三种反问题.

1. 系数辨识问题

如果式(3.3.5)中的系数 $k_{sw}(t)$ 未知,则式(3.3.2)、式(3.3.5)和式(3.3.6)构成的方程组在没有其他附加条件的情况下是不可解的.若给定点 $X_0 \in Q$ 在时刻 $t \in [0,L]$ 的附加温度数据为

$$T_w(X_0,t) = E(t), t \in [0,L] \quad (3.3.7)$$

则式(3.3.2)和式(3.3.5)~式(3.3.7)构成热-流耦合方程的系数辨识反问题.

因此,系数辨识问题是为了确定未知参数,且在空间域中给定点 X_0 满足相应温度条件的反问题.

令 $T_s - T_w(X,t) = -T_1(X,t)$,式(3.3.5)可变换为

$$\frac{\partial T_1}{\partial t} = \frac{k_{wc}}{c_w}(\Delta T_1) - \frac{1}{\varepsilon}V \cdot \nabla T_1 + p(t)T_1 + f(t) \quad (3.3.8)$$

式中,$p(t) = -[g/\varepsilon + k_{sw}(t)/(\varepsilon c_w)], f(t) = (-g/\varepsilon)T_s$,则可将条件式(3.3.6)、

式(3.3.7)转化为

$$
\begin{cases}
H\big|_{\partial Q} = \psi(X), X \in \partial Q \\
T_1\big|_{t=0} = \Phi_1(X), X \in Q \\
T_1\big|_{\partial Q} = G_1(X, t), t \in [0, L]
\end{cases}
\tag{3.3.9}
$$

式中，$\Phi_1 = \Phi - T_s$，$G_1 = G - T_s$，t 时刻在空间域中给定点 X_0 的温度表达式为

$$
T_1(X_0, t) = E_1(t), X_0 \in Q, t \in [0, L] \tag{3.3.10}
$$

式中，$E_1(t) = E(t) - T_s$.

2. 源汇项识别问题

如果在空间域中给定点的附加条件表达式为

$$
H(X_0) = H_0, X_0 \in Q \tag{3.3.11}
$$

则式(3.3.2)、式(3.3.6)、式(3.3.11)可视为源汇项反问题. 本节提出了一类源汇项识别问题. 如果式(3.3.5)中 g 未知，则可得到式(3.3.2)和式(3.3.5)～式(3.3.7)构成的耦合系统的源汇项反问题.

3. 同时确定系数和源汇项

如果 g 和 $k_{sw}(t)$ 都未知，则方程组式(3.3.1)、式(3.3.2)和式(3.3.5)～(3.3.7)是不可解的。在接下来的讨论中，将考虑附加条件(3.3.11)，得到式(3.3.1)、式(3.3.2)、式(3.3.5)～(3.3.7)和式(3.3.11)组成的系统，这是一类系数和源汇项的同时反演的问题.

近年来，不少学者讨论了半线性抛物型微分方程中未知系数问题解的存在唯一性和连续依赖性[16,17,18,38,40]. 关于一维和二维反问题的数值方法已经获得了许多研究成果. 对于一维抛物型反问题，Dehghan[38,40]、Ye 和 Sun[174]提出了几种差分格式，并证明了解的唯一性. Ye 和 Sun 构造了一个线性化的紧差分格式，并证明了其可解性[173]. Ma 和 Wu[91]提出了一种求解方案，用插值法确定具有附加数据的抛物方程的温度分布. 对于二维逆问题，Daoud 和 Subasi[33]提出了一种求解多维抛物型问题的并行分裂算法.

3.3.4　反问题的推导

1. 未知系数的确定

由式(3.3.8)～式(3.3.10)，根据下面的变换

$$
T(X, t) = T_1(X, t) r(t) \tag{3.3.12}
$$

式中，

$$
r(t) = e^{-\int_0^t p(s)\mathrm{d}s}
$$

有

$$
\frac{\partial T(X, t)}{\partial t} = \frac{k_{uc}}{c_w} \Delta T(X, t) - \frac{1}{\varepsilon} V \cdot \nabla T(X, t) + r(t) f(t), X \in Q, t \in [0, L] \tag{3.3.13}
$$

$$T(X,0) = \Phi_1(X), X \in Q \qquad (3.3.14)$$

$$T(X,t) = G_1(X,t)r(t), X \in \partial Q, t \in [0,L] \qquad (3.3.15)$$

且

$$r(t) = \frac{T(X_0,t)}{E_1(t)}, 0 \leqslant t \leqslant L \qquad (3.3.16)$$

现在,给出如下系数辨识算法.首先,通过式(3.3.2)和式(3.3.6)的数值方法得到 $H(X)$ 的数值解;其次,通过式(3.3.1)的数值方法得到 u,v 和 w;最后,$T(X)$ 和 $r(T)$ 可以由式(3.3.12)~式(3.3.16)通过数值方法求得.换热系数为

$$k_{sw}(t) = -[g + \varepsilon p(t)]c_w$$

可以将系数辨识问题的算法概括如下.

系数辨识算法

给定 ψ, Φ, G, f, E 和随机噪声.

Step1　求解渗流问题,得到 H.

Step2　计算 V 的数值解.

Step3　求解变换问题,得到 T.

Step4　用变换公式计算 T_1 和 T_w 的数值解.

Step5　重构函数 $p(t)$.

Step6　计算系数函数 $k_{sw}(t)$ 除以 $p(t)$.

2. 未知源汇项的确定

一般的源汇项反问题式(3.3.2)、式(3.3.6)和式(3.3.11)可以很容易地解决.因此,下面将重点研究耦合系统式(3.3.2)和式(3.3.5)~(3.3.7)的源汇项反问题.

为了进一步讨论数值方法,先考虑下面的变换.让

$$\begin{cases} T(X,t) = T_w(X,t)r(t) \\ r(t) = e^{-\int_0^t p(s)ds} = e^{\frac{g}{\varepsilon}t}r_1(t) \\ r_1(t) = e^{\int_0^t \frac{K_{sw}(s)}{\varepsilon c_w}ds} \end{cases} \qquad (3.3.17)$$

由变换可知,式(3.3.5)~(3.3.7)可以写成

$$\frac{\partial T(X,t)}{\partial t} = \frac{k_{w}}{c_w}\Delta T(X,t) - \frac{1}{\varepsilon}V \cdot \nabla T(X,t) + e^{\frac{g}{\varepsilon}t}r_1(t)f(t), X \in Q, t \in [0,L]$$

$$(3.3.18)$$

$$T(X,0)=\Phi(X), X \in Q \tag{3.3.19}$$

$$T(X,t)=G(X,t)e^{\frac{g}{\varepsilon}t}r_1(t), \quad \text{on} \quad \partial Q \times [0,L] \tag{3.3.20}$$

且

$$e^{\frac{g}{\varepsilon}t}r_1(t)=\frac{T(X_0,t)}{E(t)}, 0 \leqslant t \leqslant L \tag{3.3.21}$$

式中,

$$f(t)=(K_{sw}(t)/\varepsilon c_w)T_s.$$

将式(3.3.2)和式(3.3.17)~式(3.3.21)的离散表达式进行组合求解, 可以得到 $T(X,t)$, $H(X)$ 和 g 的数值解. 可以将源项识别问题的算法概括如下.

源项识别算法

给定 ψ, Φ, G, f, E 和随机噪声.

Step1　利用差分格式得到非线性离散系统.

Step2　求解非线性离散系统, 得到 T, H, g.

Step3　计算获得 T_w 的数值解.

3. 未知系数和源汇项的确定

反问题中的未知函数 T_w, H, k_{sw} 和 g 可以用有限差分法和有限元法等数值方法确定. 首先, $H(X)$ 和 g 的数值解可以通过求解式(3.3.2)、式(3.3.6)和式(3.3.11)的数值方法得到; 其次, 用有限差分法计算 u, v, w 的离散近似值; 最后, 可以得到 $H(x), r(t)$ 和 $k_{sw}(t)$ 的数值解. 在此将同时识别系数和源项的算法概括如下.

同时识别系数和源项算法

给定 ψ, Φ, G, f, H_0, E 和随机噪声.

Step1　求解渗流问题, 得到 H 和 g, 以及 H_0.

Step2　计算 V 的数值解.

Step3　求解变换问题, 得到 T.

Step4　用变换公式计算 T_w 的数值解.

Step5　重构函数 $p(t)$.

Step6　计算函数 $k_{sw}(t) / p(t)$.

3.3.5　三维反问题的有限差分格式

现讨论用有限差分法近似求解三维耦合方程. 首先选取两个正整数 M, N, 定义步长:

$$h = \frac{1}{M}, \tau = \frac{1}{N}$$

然后定义一个网格节点集：

$$Q_{h,\tau} = \{(x_i, y_j, z_k, t_m) \mid x_i = ih, y_j = jh, z_k = kh$$

$$t_m = m\tau, 0 \leqslant i, j, k \leqslant M, 0 \leqslant m \leqslant N\}$$

为简单起见，假设存在一个整数，使得

$$X_0 = (x_{k_0}, y_{k_0}, z_{k_0})$$

这样，就有了 $Q_{h,\tau}$ 上的一个集合：

$$\{T_{i,j}^{k,m} \mid 0 \leqslant i, j, k \leqslant M, 0 \leqslant m \leqslant N\}$$

为了描述方便，与处理二维耦合方程类似，记为

$$T_{i,j}^{k,0} = \varphi_{i,j,k}, \quad T_{0,j}^{k,m} = G_j^m, \quad T_{k_0,k_0}^{k_0,m} = E^m$$

1. 渗流连续性方程的有限差分格式

根据中心差分公式，渗流方程(3.3.2)在网格节点 (x_i, y_j, z_k) 处的差分格式可表示为

$$\frac{H_{i+1,j}^k - 2H_{i,j}^k + H_{i-1,j}^k}{h_1^2} + \frac{H_{i,j+1}^k - 2H_{i,j}^k + H_{i,j-1}^k}{h_2^2} +$$

$$\frac{H_{i,j}^{k+1} - 2H_{i,j}^k + H_{i,j}^{k-1}}{h_3^2} = g_{i,j}^k \tag{3.3.22}$$

若 $h_1 = h_2 = h_3 = h$，则式(3.3.22)可化简为

$$H_{i,j}^{k+1} + H_{i+1,j}^k + H_{i,j+1}^k - 6H_{i,j}^k + H_{i,j}^{k-1} + H_{i-1,j}^k + H_{i,j-1}^k = h^2 g_{i,j}^k \tag{3.3.23}$$

式中，$H_{i,j}^k$ 为网格节点 (x_i, y_j, z_k) 处的水压近似值. 当考虑取 Dirichlet 边界条件 $H\mid_{\partial Q} = \psi(x, y, z)$ 时，节点处的水压近似值可以通过差分方法得到. 当得到离散节点处的水压值时，根据式(3.3.1)，可以计算出渗流速度 $V(x, y, z)$ 在每个网格节点上的数值解. 为了获得数值解，对于边界网格点，可以使用以下离散格式[162]：

$$\begin{cases} u_{i,j}^k = -K \dfrac{H_{i+1,j}^k - H_{i,j}^k}{h} \\[2mm] v_{i,j}^k = -K \dfrac{H_{i,j+1}^k - H_{i,j}^k}{h} \\[2mm] w_{i,j}^k = -K \dfrac{H_{i,j}^{k+1} - H_{i,j}^k}{h} \end{cases} \tag{3.3.24}$$

对于内部节点，可以使用以下离散格式：

$$\begin{cases} u_{i,j}^k = -K \dfrac{H_{i+1,j}^k - H_{i-1,j}^k}{2h} \\[2mm] v_{i,j}^k = -K \dfrac{H_{i,j+1}^k - H_{i,j-1}^k}{2h} \\[2mm] w_{i,j}^k = -K \dfrac{H_{i,j}^{k+1} - H_{i,j}^{k-1}}{2h} \end{cases} \tag{3.3.25}$$

2. 热方程的有限差分格式

式(3.3.13)的显式差分格式可描述为

$$\frac{T_{i,j}^{k,m+1} - T_{i,j}^{k,m}}{\tau} = \frac{k_{uc}}{c_w}\left(\frac{T_{i+1,j}^{k,m} - 2T_{i,j}^{k,m} + T_{i-1,j}^{k,m}}{h_1^2} + \frac{T_{i,j+1}^{k,m} - 2T_{i,j}^{k,m} + T_{i,j-1}^{k,m}}{h_2^2} + \frac{T_{i,j}^{k+1,m} - 2T_{i,j}^{k,m} + T_{i,j}^{k-1,m}}{h_3^2}\right) -$$

$$\frac{1}{\varepsilon}\left(u_{i,j}^k \frac{T_{i+1,j}^{k,m} - T_{i-1,j}^{k,m}}{2h_1} + v_{i,j}^k \frac{T_{i,j+1}^{k,m} - T_{i,j-1}^{k,m}}{2h_2} + w_{i,j}^k \frac{T_{i,j}^{k+1,m} - T_{i,j}^{k-1,m}}{2h_3}\right) + \qquad (3.3.26)$$

$$\frac{1}{E^m} f_{i,j}^{k,m} T_{i_0,j_0}^{k_0,m}$$

令 $k_2 = \dfrac{k_{uc}}{c_w}, h_1 = h_2 = h_3 = h$,则式(3.3.26)可化简为

$$\frac{1}{\tau}T_{i,j}^{k,m+1} = \left(\frac{1}{\tau} - 6\frac{k_2}{h^2}\right)T_{i,j}^{k,m} + \left(\frac{k_2}{h^2} + \frac{w_{i,j}^k}{2\varepsilon h}\right)T_{i,j}^{k-1,m} + \left(\frac{k_2}{h^2} + \frac{u_{i,j}^k}{2\varepsilon h}\right)T_{i-1,j}^{k,m} +$$

$$\left(\frac{k_2}{h^2} + \frac{v_{i,j}^k}{2\varepsilon h}\right)T_{i,j-1}^{k,m} + \left(\frac{k_2}{h^2} - \frac{v_{i,j}^k}{2\varepsilon h}\right)T_{i,j+1}^{k,m} + \left(\frac{k_2}{h^2} - \frac{u_{i,j}^k}{2\varepsilon h}\right)T_{i+1,j}^{k,m} +$$

$$\left(\frac{k_2}{h^2} - \frac{w_{i,j}^k}{2\varepsilon h}\right)T_{i,j}^{k+1,m} + \frac{1}{E^m} f_{i,j}^{k,m} T_{k_0,k_0}^{k_0,m} \qquad (3.3.27)$$

如果边界条件和初始条件已知,则离散点上待求函数的近似值可由式(3.3.23)~式(3.3.25)和式(3.3.27)计算得到.

由式(3.3.13)可得另一种差分格式为

$$\frac{T_{i,j}^{k,m+1} - T_{i,j}^{k,m}}{\tau} = \frac{k_{uc}}{c_w}\left(\frac{T_{i+1,j}^{k,m} - 2T_{i,j}^{k,m} + T_{i-1,j}^{k,m}}{h_1^2} + \frac{T_{i,j+1}^{k,m} - 2T_{i,j}^{k,m} + T_{i,j-1}^{k,m}}{h_2^2} + \frac{T_{i,j}^{k+1,m} - 2T_{i,j}^{k,m} + T_{i,j}^{k-1,m}}{h_3^2}\right) -$$

$$\frac{1}{\varepsilon}\left(u_{i,j}^k \frac{T_{i+1,j}^{k,m} - T_{i-1,j}^{k,m}}{2h_1} + v_{i,j}^k \frac{T_{i,j+1}^{k,m} - T_{i,j-1}^{k,m}}{2h_2} + w_{i,j}^k \frac{T_{i,j}^{k+1,m} - T_{i,j}^{k-1,m}}{2h_3}\right) + \qquad (3.3.28)$$

$$\frac{1}{E^{m+1}} f_{i,j}^{k,m+1} T_{i_0,j_0}^{k_0,m+1}$$

由式(3.3.28)可知

$$\frac{1}{\tau}T_{i,j}^{k,m+1} = \left(\frac{1}{\tau} - 6\frac{k_2}{h^2}\right)T_{i,j}^{k,m} + \left(\frac{k_2}{h^2} + \frac{w_{i,j}^k}{2\varepsilon h}\right)T_{i,j}^{k-1,m} +$$

$$\left(\frac{k_2}{h^2} + \frac{u_{i,j}^k}{2\varepsilon h}\right)T_{i-1,j}^{k,m} + \left(\frac{k_2}{h^2} + \frac{v_{i,j}^k}{2\varepsilon h}\right)T_{i,j-1}^{k,m} + \left(\frac{k_2}{h^2} - \frac{v_{i,j}^k}{2\varepsilon h}\right)T_{i,j+1}^{k,m} +$$

$$\left(\frac{k_2}{h^2} - \frac{u_{i,j}^k}{2\varepsilon h}\right)T_{i+1,j}^{k,m} + \left(\frac{k_2}{h^2} - \frac{w_{i,j}^k}{2\varepsilon h}\right)T_{i,j}^{k+1,m} + \qquad (3.3.29)$$

$$\frac{1}{E^{m+1}} f_{i,j}^{k,m+1} T_{k_0,k_0}^{k_0,m+1}$$

式(3.3.27)和式(3.3.29)都是条件稳定的,其局部截断误差为 $O(\tau + h^2)$. 当 $\dfrac{\tau}{h^2} < \dfrac{1}{4}$ 时,稳定.

由式(3.3.13)的隐式有限差分格式,可以得到如下数值公式:

$$\frac{T_{i,j}^{k,m+1}-T_{i,j}^{k,m}}{\tau}=-\frac{1}{\varepsilon}\left(u_{i,j}^k\frac{T_{i+1,j}^{k,m}-T_{i-1,j}^{k,m}}{2h_1}+v_{i,j}^k\frac{T_{i,j+1}^{k,m}-T_{i,j-1}^{k,m}}{2h_2}+w_{i,j}^k\frac{T_{i,j}^{k+1,m}-T_{i,j}^{k-1,m+1}}{2h_3}\right)+$$

$$\frac{k_{uc}}{c_w}\left(\frac{T_{i+1,j}^{k,m+1}-2T_{i,j}^{k,m+1}+T_{i-1,j}^{k,m+1}}{h_1^2}+\frac{T_{i,j+1}^{k,m}-2T_{i,j}^{k,m+1}+T_{i,j-1}^{k,m+1}}{h_2^2}+\right. \tag{3.3.30}$$

$$\left.\frac{T_{i,j}^{k+1,m+1}-2T_{i,j}^{k,m+1}+T_{i,j}^{k-1,m+1}}{h_3^2}\right)+\frac{1}{E^m}f_{i,j}^{k,m}T_{i_0,j_0}^{k_0,m}$$

由式(3.3.13)也可以推导出与式(3.3.30)相似的公式如下:

$$\frac{T_{i,j}^{k,m+1}-T_{i,j}^{k,m}}{\tau}=-\frac{1}{\varepsilon}\left(u_{i,j}^k\frac{T_{i+1,j}^{k,m}-T_{i-1,j}^{k,m}}{2h_1}+v_{i,j}^k\frac{T_{i,j+1}^{k,m}-T_{i,j-1}^{k,m}}{2h_2}+w_{i,j}^k\frac{T_{i,j}^{k+1,m}-T_{i,j}^{k-1,m+1}}{2h_3}\right)+$$

$$\frac{k_{uc}}{c_w}\left(\frac{T_{i+1,j}^{k,m+1}-2T_{i,j}^{k,m+1}+T_{i-1,j}^{k,m+1}}{h_1^2}+\frac{T_{i,j+1}^{k,m}-2T_{i,j}^{k,m+1}+T_{i,j-1}^{k,m+1}}{h_2^2}+\right. \tag{3.3.31}$$

$$\left.\frac{T_{i,j}^{k+1,m+1}-2T_{i,j}^{k,m+1}+T_{i,j}^{k-1,m+1}}{h_3^2}\right)+\frac{1}{E^{m+1}}f_{i,j}^{k,m+1}T_{i_0,j_0}^{k_0,m+1}$$

当 $h_1=h_2=h_3=h$ 时,式(3.3.30)和式(3.3.31)两种计算格式都是无条件稳定的,其局部截断误差为 $O(\tau+h^2)$.

3. $T_w(x,y,z,t)$ 的数值近似格式

由式(3.3.12)和式(3.3.16),可以得到

$$T(x,y,z,t)=T_w(x,y,z,t)r(t),\quad T(x_0,y_0,z_0,t)=E(t)r(t)$$

然后有

$$T_w(x,y,z,t)=\frac{T(x,y,z,t)E(t)}{T(x_0,y_0,z_0,t)}$$

$T_w(x,y,z,t)$ 的数值近似计算格式为

$$(T_w)_{i,j}^{k,m}=\frac{T_{i,j}^{k,m}E^m}{T_{k_0,k_0}^{k_0,m}} \tag{3.3.32}$$

4. $p(t)$ 的数值近似格式

当 $T(X_0,t)$ 的近似解得到后,可以计算 $r(t)$ 和 $p(t)$ 的近似解. 由于

$$r(t)=\mathrm{e}^{-\int_0^t p(s)\mathrm{d}s}=\frac{T(X_0,t)}{E(t)}$$

可以得到 $\int_0^t p(s)\mathrm{d}s=-\ln r(t)$. 然后,有

$$p(t)=-\left[\frac{g}{\varepsilon}+\frac{K_{sw}(t)}{\varepsilon c_w}\right]=-(\ln r(t))'=-\left[\ln\frac{T(X_0,t)}{E(t)}\right]',$$

最后,可得数值解

$$p(t_m)=-\left[\frac{g}{\varepsilon}+\frac{K_{sw}(t)}{\varepsilon c_w}\right](t_m)=\frac{\ln r(t_{m-1})-\ln r(t_m)}{\tau}$$

$$=\frac{1}{\tau}\ln\left(\frac{T_{i_0,j_0}^{k_0,m-1}E^m}{T_{i_0,j_0}^{k_0,m-1}E^{m-1}}\right),\quad m=2,3,\cdots,N-1 \tag{3.3.33}$$

3.3.6　系数辨识问题的数值实验

本小节通过一些精确解已知的二维和三维问题的数值实验,验证了算法对反问题的有效性.

1. 二维的例子

将所提出的方法应用于 $p(t)$ 和 $T_w(x,y,t)$ 未知时的下列问题.

例 3.3.1　设 $Q=(0,1)\times(0,1),t\in[0,1]$,假设 $\varepsilon=0.5,g=0$. 这个问题的精确解是

$$H(x,y)=\text{const},T_w(x,y,t)=e^t\cos\left[\frac{\pi}{6}(x+y)\right]$$

和 $p(t)=t^2-t+1$.

$$\frac{\partial T_w}{\partial t}=\frac{\partial^2 T_w}{\partial x^2}+\frac{\partial^2 T_w}{\partial y^2}-\frac{1}{\varepsilon}V\cdot\nabla T_w+p(t)T_w+f,0<x,y<1,t>0 \quad (3.3.34)$$

$$T_w\Big|_{x=y=0.5}=\frac{\sqrt{3}}{2}e^t,0\leqslant t\leqslant 1 \quad (3.3.35)$$

$$T_w\Big|_{t=0}=\cos\left[\frac{\pi}{6}(x+y)\right],0\leqslant x,y\leqslant 1 \quad (3.3.36)$$

$$\begin{cases} T_w\Big|_{x=0}=e^t\cos\dfrac{\pi y}{6},0\leqslant t,y\leqslant 1 \\[2mm] T_w\Big|_{y=0}=e^t\cos\dfrac{\pi x}{6},0\leqslant t,x\leqslant 1 \\[2mm] T_w\Big|_{x=1}=e^t\cos\left[\dfrac{\pi}{6}(1+y)\right],0\leqslant t,y\leqslant 1 \\[2mm] T_w\Big|_{y=1}=e^t\cos\left[\dfrac{\pi}{6}(x+1)\right],0\leqslant t,x\leqslant 1 \end{cases} \quad (3.3.37)$$

式中,

$$f(x,y,t)=e^t\left(\frac{\pi^2}{18}+t-t^2\right)\cos\left[\frac{\pi}{6}(x+y)\right]$$

本节使用几种不同的数值方法来计算该问题,并给出了一些数值结果.

2. 二维热方程的 ADI 算法

现在,为了提高 $H(x,y)=\text{const}$ 时差分格式的效率,考虑构造一个交替方向迭代(ADI)算法. 由式(3.3.34)与式(3.3.17)变换后所得方程的数值格式可改写为

$$s(T_{i,j+1}^{k+1}+T_{i,j-1}^{k+1})-(2s+1)T_{i,j}^{k+1}$$

$$=s(T_{i+1,j}^k+T_{i-1,j}^k)-(2s-1)T_{i,j}^k+\tau\frac{f_{i,j}^k}{E^k}T_{k_0,k_0}^k \quad (3.3.38)$$

$$s(T_{i+1,j}^{k+2} + T_{i-1,j}^{k+2}) - (2s+1)T_{i,j}^{k+2}$$

$$= s(T_{i,j+1}^{k+1} + T_{i,j-1}^{k+1}) - (2s-1)T_{i,j}^{k+1} + \tau \frac{f_{i,j}^{k+1}}{E^{k+1}}T_{k_0,k_0}^{k+1} \tag{3.3.39}$$

式中,$s = \dfrac{\tau}{h^2}$. 式(3.3.38)和式(3.3.39)是无条件稳定的,其局部截断误差为$O(\tau + h^2)$.

3. 二维问题的数值解

二维问题中 T_w 和 $p(t)$ 的精确值与数值解的比较结果分别列于图 3.3.1～3.3.6. 采用显式差分格式得到图 3.3.3 和图 3.3.4 中的部分数值结果. 图 3.3.5 和图 3.3.6 中的一些数值结果由隐式差分格式求得.

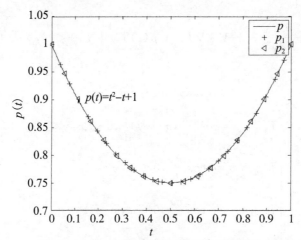

图 3.3.1　$p(t)$, $p_1(t)$ 与 $p_2(t)$ 的部分函数值(对应图 3.3.3 和 3.3.4)

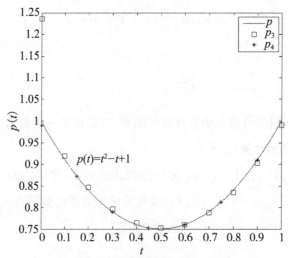

图 3.3.2　$p(t)$, $p_3(t)$ 与 $p_4(t)$ 的部分函数值(对应图 3.3.5 和图 3.3.6)

114

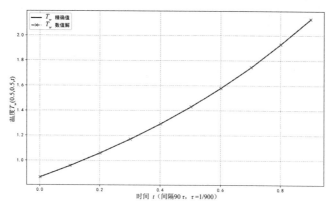

图 3.3.3　当 $x = y = \dfrac{1}{2}$，$h = \dfrac{1}{14}$，$\tau = \dfrac{1}{900}$ 时，

由式（3.3.27）和式（3.3.32）所得 T_w 的数值解与精确解的比较

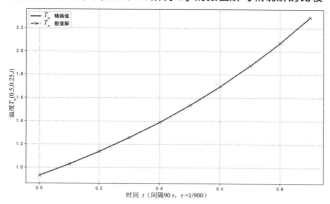

图 3.3.4　当 $x = \dfrac{1}{2}$，$y = \dfrac{1}{4}$，$h = \dfrac{1}{14}$，$\tau = \dfrac{1}{900}$ 时，

由式（3.3.27）和式（3.3.32）所得 T_w 的数值解与精确解的比较

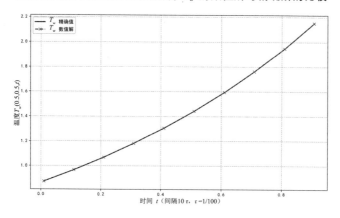

图 3.3.5　当 $x = y = \dfrac{1}{2}$，$h = \dfrac{1}{14}$，$\tau = \dfrac{1}{100}$ 时，

由式（3.3.30）和式（3.3.32）所得 T_w 的数值解与精确的比较

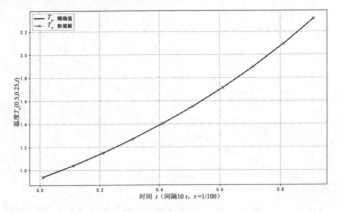

图 3.3.6 当 $x = \dfrac{1}{2}, y = \dfrac{1}{4}, h = \dfrac{1}{14}, \tau = \dfrac{1}{100}$ 时，由式(3.3.30)和式(3.3.32)所得 T_w 的精确解

与数值解的比较

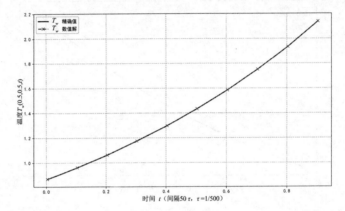

图 3.3.7 当 $x = y = \dfrac{1}{2}, h = \dfrac{1}{14}, \tau = \dfrac{1}{500}$ 时，由 *ADI* 格式所

得 T_w 精确解和数值解比较图.

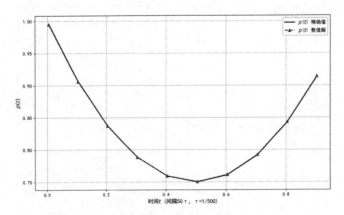

图 3.3.8 $p(t)$ 精确解与数值解比较图(对应图 3.3.7)

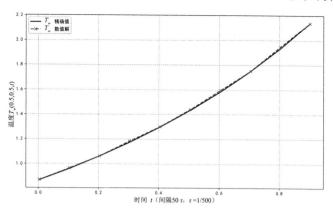

图 3.3.9　当 $x = y = \dfrac{1}{2}, h = \dfrac{1}{14}, \tau = \dfrac{1}{500}$ 时,随机噪声下,由

ADI 格式所得 T_w 精确解与数值解比较图

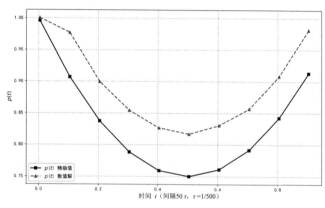

图 3.3.10　随机噪声下 $p(t)$ 精确解与数值解比较图(对应图 **3.3.9**)

　　采用 ADI 格式得到图 3.3.7 和图 3.3.8 的数值结果.将随机噪声加入观测值中,如式(3.3.40),比较结果如图 3.3.9 和图 3.3.10 所示.

$$T_w \big|_{x=y=0.5} = \frac{\sqrt{3}}{2} \mathrm{e}^t [1 + 0.01 \mathrm{rand}(1)], 0 \leqslant t \leqslant 1 \tag{3.3.40}$$

式中,函数 $\mathrm{rand}(n)$ 生成一个 $n \times n$ 的随机矩阵,其元素均匀分布在开区间 $(0,1)$ 上.

4. 一个三维例子

　　例 3.3.2　取 $Q = (0,1) \times (0,1) \times (0,1), t \in [0,1]$,假设 $H(x,y,z) = \mathrm{const}, \varepsilon = 0.5, g = 0$.耦合方程如下:

$$\frac{\partial T_w}{\partial t} = \frac{\partial^2 T_w}{\partial x^2} + \frac{\partial^2 T_w}{\partial y^2} + \frac{\partial^2 T_w}{\partial z^2} -$$

$$\frac{1}{\varepsilon} V \cdot \nabla T_w + p(t) T_w + f, 0 < x, y, z < 1, t > 0 \tag{3.3.41}$$

$$T_w \big|_{x=y=0.5} = \frac{\sqrt{3}}{2} \mathrm{e}^t, 0 \leqslant t \leqslant 1 \tag{3.3.42}$$

$$T_w \big|_{t=0} = \cos\left[\frac{\pi}{9}(x + y + z)\right], 0 \leqslant x, y, z \leqslant 1 \tag{3.3.43}$$

117

$$\begin{cases} T_w \Big|_{x=0} = e^t \cos \dfrac{\pi(y+z)}{9}, 0 \leqslant t,y,z \leqslant 1 \\[3mm] T_w \Big|_{y=0} = e^t \cos \dfrac{\pi(x+z)}{9}, 0 \leqslant t,x,z \leqslant 1 \\[3mm] T_w \Big|_{z=0} = e^t \cos \dfrac{\pi(x+y)}{9}, 0 \leqslant t,x,y \leqslant 1 \\[3mm] T_w \Big|_{x=1} = e^t \cos \left[\dfrac{\pi}{9}(1+y+z) \right], 0 \leqslant t,y,z \leqslant 1 \\[3mm] T_w \Big|_{y=1} = e^t \cos \left[\dfrac{\pi}{9}(1+x+z) \right], 0 \leqslant t,x,z \leqslant 1 \\[3mm] T_w \Big|_{z=1} = e^t \cos \left[\dfrac{\pi}{9}(1+x+y) \right], 0 \leqslant t,x,y \leqslant 1 \end{cases} \tag{3.3.44}$$

式中,

$$f(x,y,z,t) = e^t \cos \left[\frac{\pi}{9}(x+y+z) \right] \left(\frac{\pi^2}{27} \right) - 5t e^t \cos \left[\frac{\pi}{9}(x+y+z) \right].$$

式(3.3.41)～式(3.3.44)的精确解是 $T_w(x,y,z,t) = e^t \cos \left[\dfrac{\pi}{9}(x+y+z) \right]$ 和 $p(t) = 5t+1.$ 图 3.3.11 和图 3.3.12 分别列出了在三维问题中 $p(t)$ 的精确值和数值解的一些对比结果. 当将随机噪声添加到观测值中时,对比如图 3.3.13 和图 3.3.14 所示.

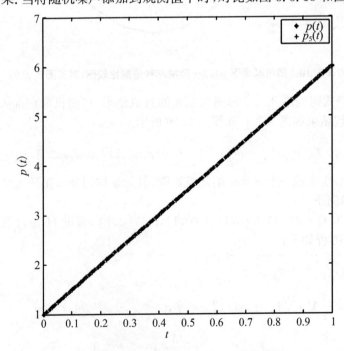

图 3.3.11 用显式有限差分格式计算 $p(t)$ 的精确值和 $p_5(t)$ 的值

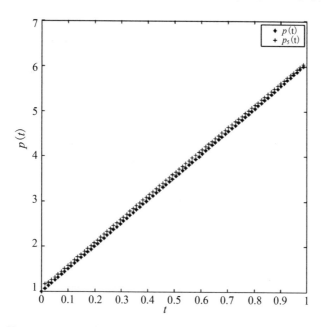

图 3. 3. 12　用隐式有限差分格式计算 $p(t)$ 的值和 $p_s(t)$ 的值

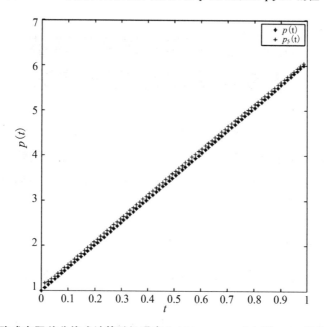

图 3. 3. 13　用隐式有限差分格式计算随机噪声 $0.000\,1 \times \mathrm{rand}(1)$ 下 $p(t)$ 的值和 $p_s(t)$ 的值

3.3.7　小结

本节讨论了耦合模型的传热方程的换热系数求解等三种反问题,提出并分析了有限差分格式和反演算法,利用两个高维算例进行了数值实验.

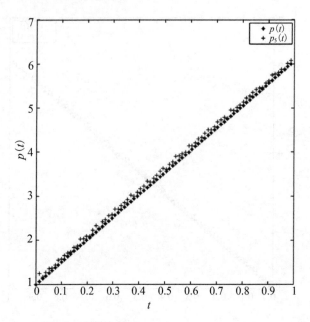

图 3.3.14 用隐式有限差分格式计算随机噪声 $0.0001 \times \operatorname{ran} \mathrm{d}(1)$ 下 $p(t)$ 的精确值和 $p_s(t)$ 的值

3.4 基于四次样条函数的
热传导反问题的数值方法

本节提出了一种基于四次样条的数值方法,用于解一个具有非线性源项的热传导反问题. 首先,引入了四次样条和隐式差分格式;其次,给出了未知函数的四次样条曲线的数值近似表达式,确定加热导电体的表面热通量;最后,给出的数值结果证明了方法的有效性.

3.4.1 问题介绍

问题的背景是如何从固体的瞬态测量温度中计算其表面热通量和温度[19−24,122].
在本节,考虑以下反问题[86]:

$$\partial_t u(x,t) - \partial_{xx} u(x,t) = F(u(x,t)), 0 < x < 1, 0 < t < T \tag{3.4.1}$$

$$u(x,0) = f(x), 0 < x < 1 \tag{3.4.2}$$

$$\partial_x u(0,t) = q(t), 0 < t < T \tag{3.4.3}$$

$$\partial_x u(1,t) = g(t), 0 < t < T \tag{3.4.4}$$

式中, F, f, g 为已知函数,而 $q(t), u(x,t)$ 为未知函数. 为了确定 $q(t)$,考虑在边界 $x=1$ 处给出下列附加温度测量值.

$$u(1,t) = p(t), 0 \leqslant t \leqslant T \tag{3.4.5}$$

在热传导问题的背景下,$F(u)$ 被解释为一个热源;在化学或生化应用中,$F(u)$ 可以被解释为一个反应项.

假设 F,f,g 为已知函数,并满足:

(1) $f,g,q \in C[0,\infty)$.

(2) 函数 $F(u(x,t))$ 是集合上的一个给定的分段可微函数 $\{u \mid -\infty < u < +\infty\}$.

(3) 存在一个常数 C_F,使得

$$|F(u) - F(v)| < C_F |u - v| \tag{3.4.6}$$

(4) F 是 u 中有界且一致连续函数.

那么式(3.4.1)~式(3.4.5)有唯一解,该解由 $x=0$ 处的非齐次诺伊曼条件控制,这个结果由 J. R. Canon(1984)证明.

A. Shidfar,G. R. Karamali 等(2006)考虑了这个问题,并给出了一个隐式的有限差分格式来近似抛物型方程和诺伊曼边界条件;在 $x=0$ 处的热通量的近似值的精度是一阶的[127-129].

在本节中,考虑上述热传导热流识别反问题,提出了一种基于四次样条函数的数值方法.

3.4.2　四次样条

设 $\prod$ 是区间$[0,1]$的均匀划分,如下:

$$0 = x_0 < x_1 < \cdots < x_n = 1$$

式中,$x_i = ih$,$h = 1/n$.

四次样条空间 $S_4^3(\prod)$ 被定义为

$$S_4^3\left(\prod\right) = \left\{s(x): s \in C^3[0,1], s\Big|_{[x_{i-1}, x_i]} \in P_4, i = 1, \cdots, n\right\} \tag{3.4.7}$$

式中,P_4 是所有实多项式的集合,其最高次数为 4.

容易知道,维数 $S_4^3(\prod) = n + 4$. 考虑任何 $s(x) \in S_4^3(\prod)$,$s(x)$ 在 $[x_{i-1}, x_i]$ 中的限制可以表示为

$$s(x) = s(x_{i-1}) + hs'(x_{i-1})t + h^2 s''(x_{i-1})\frac{t^2}{12}(6 - t^2) +$$

$$h^2 s''(x_i)\frac{t^2}{12} + h^3 s'''(x_{i-1})\frac{t^3}{12}(2 - t) \tag{3.4.8}$$

式中,$x = x_{i-1} + th$,$t \in [0,1]$. 这导致了

$$s(x_i) = s(x_{i-1}) + hs'(x_{i-1})t + \frac{5}{12}h^2 s''(x_{i-1}) + \frac{1}{12}h^2 s''(x_i) + \frac{1}{12}h^3 s'''(x_{i-1}) \tag{3.4.9}$$

$$s'(x_i) = s'(x_{i-1}) + \frac{2}{3}hs''(x_{i-1}) + \frac{1}{3}hs''(x_i) + \frac{1}{6}h^2 s'''(x_{i-1}) \tag{3.4.10}$$

$$s'''(x_i) = -s'''(x_{i-1}) + \frac{2}{h}[s''(x_i) - s''(x_{i-1})] \tag{3.4.11}$$

式中，$i = 1, \cdots, n$. 基于式(3.3.9)～式(3.3.11)可以得到

$$\frac{1}{12}s''(x_{i+1}) + \frac{5}{6}s''(x_i) + \frac{1}{12}s''(x_{i-1})$$

$$= \frac{1}{h^2}[s(x_{i+1}) - 2s(x_i) + s(x_{i-1})], i = 1, \cdots, n-1 \tag{3.4.12}$$

3.4.3 反问题的四次样条方法

1. 隐式差分格式

假设反问题存在解，并满足条件 $|u| < C, C > 0$. 这意味着 $u(0, t)$ 和 $\partial_x u(0, t)$ 是有界的分段连续函数. 设 $k = \Delta t$ 和 $h = \Delta x$ 分别为时间和空间坐标中的步长，$\{0 = t_0 < t_1 < \cdots < t_M = T\}$ 和 $\{0 = x_0 < x_1 < \cdots < x_N = 1\}$ 分别表示 $[0, T]$ 和 $[0, 1]$ 的两个划分. 网格点记为 (x_i, t_j).

现在，考虑反问题式(3.4.1)～(3.4.5)的求解. 式(3.4.1)、式(3.4.2)和式(3.4.4)、式(3.4.5)的隐式有限差分近似格式可以用以下形式表示：

$$\frac{U_i^{j+1} - U_i^j}{k} = \frac{U_{i-1}^{j+1} - 2U_i^{j+1} + U_{i+1}^{j+1}}{h^2} + F(U_i^j) \tag{3.4.13}$$

$$U_i^0 = f(x_i) \tag{3.4.14}$$

$$\frac{U_{N+1}^j - U_{N-1}^j}{2h} = g(t_j) \tag{3.4.15}$$

$$U_N^j = p(t_j) \tag{3.4.16}$$

式中，$i = 1, 2 \cdots N-1; j = 1, 2 \cdots M-1; U_i^j$ 为 $u(x, t)$ 的近似值. 通过从式(3.4.13)计算可得 U_{i-1}^{j+1}，假设 $r = k/h^2$，得到

$$U_{N-1}^{j+1} = \left(1 + \frac{1}{2r}\right)U_N^{j+1} - \frac{1}{2r}U_N^j - hg(t_{j+1}) - \frac{h^2}{2}F(U_N^j), j = 1, \cdots, M-1 \tag{3.4.17}$$

$$U_{N-1}^{j+1} = \left(2 + \frac{1}{r}\right)U_i^{j+1} - \frac{1}{r}U_i^j - U_{i+1}^{j+1} - h^2 F(U_i^j), i = 1, \cdots, N-1, j = 1, \cdots, M-1 \tag{3.4.18}$$

2. 未知函数 $q(t)$ 的四次样条数值逼近

对于任何固定的 t，设 $s(x, t) \in S_4^3(\prod)$ 为近似于 $u(x, t)$ 的四次样条，可得到如下结果：

$$\left|\frac{\partial^i s(x,t)}{\partial x^i}-\frac{\partial^i u(x,t)}{\partial x^i}\right|\leqslant Ch^{4-i},i=0,1,2,3 \tag{3.4.19}$$

然后,由式(3.4.9)可知

$$\frac{\partial s(x_0,t)}{\partial x}=\frac{s(x_1,t)-s(x_0,t)}{h}-\frac{1}{12}h\frac{\partial^2 s(x_1,t)}{\partial x^2}-\frac{5}{12}h\frac{\partial^2 s(x_0,t)}{\partial x^2}-\frac{1}{12}h^2\frac{\partial^3 s(x_0,t)}{\partial x^3}$$

$$\tag{3.4.20}$$

从方程式(3.4.19)、式(3.4.20)可以得出

$$\frac{\partial u(x_0,t)}{\partial x}=\frac{u(x_1,t)-u(x_0,t)}{h}-\frac{1}{12}h\frac{\partial^2 u(x_1,t)}{\partial x^2}-$$

$$\frac{5}{12}h\frac{\partial^2 u(x_0,t)}{\partial x^2}-\frac{1}{12}h^2\frac{\partial^3 u(x_0,t)}{\partial x^3}+O(h^3) \tag{3.4.21}$$

设 $t=t_j$,从式(3.4.1)和式(3.4.21)得到

$$u_x(x_0,t_j)=\frac{u(x_1,t_j)-u(x_0,t_j)}{h}-\frac{1}{12}h\left\{\frac{u(x_1,t_{j+1})-u(x_1,t_j)}{k}-F[u(x_1,t_j)]\right\}-$$

$$\frac{5}{12}h\left\{\frac{u(x_0,t_{j+1})-u(x_0,t_j)}{k}-F[u(x_0,t_j)]\right\}+O(k+h^2),j=1,\cdots,M-1$$

$$\tag{3.4.22}$$

忽略式(3.4.22)中的误差项,通过求解式(3.4.17)和式(3.4.18),获得 $x=0$ 处热通量的近似值为

$$Q_j=\frac{U_1^j-U_0^j}{h}-\frac{1}{12}h\left[\frac{U_1^{j+1}-U_1^j}{k}-F(U_1^j)\right]-\frac{5}{12}h\left[\frac{U_0^{j+1}-U_0^j}{k}-F(U_0^j)\right], \tag{3.4.23}$$

$$j=1,\cdots,M-1$$

式中,Q_j 是 $q(t_j)$ 的近似值,且有

$$|Q_j-q(t_j)|=O(k+h^2),j=1,\cdots,M-1 \tag{3.4.24}$$

3.4.4　数值例子

考虑以下数值例子来验证所提出方法的有效性.

例 3.4.1　考虑反问题中的相应函数如下:

$$F(u(x,t))=2u(x,t),f(x)=x,g(t)=\mathrm{e}^{2t},p(t)=\mathrm{e}^{2t} \tag{3.4.25}$$

该反问题的精确解是 $u(x,t)=x\mathrm{e}^{2t}$ 和 $q(t)=\mathrm{e}^{2t}$.图 3.4.1 显示了 $q(t)$ 的精确值和数值解的比较情况.

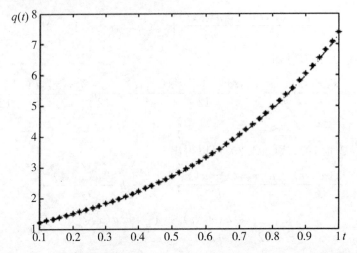

图 3.4.1　$x = 0$ 处解的对比：* 表示 $q(t)$ 精确值；⁻ 表示 $q(t)$ 数值解

3.4.5　小结

在四次样条曲线的基础上，本节提出了一种解决非线性源项逆热传导问题的数值方法. 数值算例验证了方法的有效性.

3.5　热-流耦合方程
边界换热系数反演的计算方法

3.5.1　问题描述

在研究单裂隙岩体中流体与岩层之间的热量交换时，假定流体在裂隙中为层流，单裂隙岩层热-流耦合模型如图 3.5.1 所示. 假设裂隙中流体的流速 V_w 恒定；裂隙在初始状态下已达到饱和状态；裂隙内流体的温度沿 y 轴方向保持不变，仅与 x 变量相关；忽略温度变化对裂隙开度产生的影响；且考虑到流体与岩层为对流换热. 研究区域内控制方程如下[225,315].

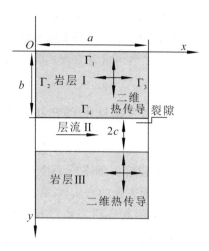

图 3.5.1　单裂隙岩层热流—耦合模型

岩层 I 内温度场控制方程为[195]

$$\lambda_r\left(\frac{\partial^2 u_r}{\partial x^2}+\frac{\partial^2 u_r}{\partial y^2}\right)=\rho_r c_r \frac{\partial u_r}{\partial t}+f_r(x,y,t),(x,y)\in\Omega,t\geqslant 0 \qquad (3.5.1)$$

式中，$\Omega=(0,a)\times(0,b)$；λ_r 为导热系数；u_r 为温度；$\rho_r c_r$ 为体积热容；$f_r(x,y,t)$ 为热源；下标 r,w 分别为岩体和裂隙流体.

裂隙 II 内温度场控制方程为

$$d_f\rho_w c_w \frac{\partial u_w}{\partial t}+d_f\rho_w c_w V_w \nabla u_w - q=0,x\in(0,a),t\geqslant 0 \qquad (3.5.2)$$

式中，d_f 为裂隙宽度；u_w 为流体温度；V_w 为裂隙中的水流速度,流向沿 x 轴的正向,且流速 V_w 保持恒定.

初始条件和边界条件如下：

$$\begin{cases}
u_r(x,y,t)\big|_{t=0}=u_{r(0)}(x),(x,y)\in\Omega \\
u_r(x,0,t)\big|_{\Gamma_1}=T_4(x,t),x\in[0,a],t>0 \\
u_r(0,y,t)\big|_{\Gamma_2}=T_2(y,t),y\in[0,b],t>0 \\
u_r(a,y,t)\big|_{\Gamma_3}=T_3(y,t),y\in[0,b],t>0 \\
u_w(x,t)\big|_{t=0}=u_{w(0)}(x),x\in[0,a] \\
u_w(x,t)\big|_{x=0}=u_{in}(t),t>0
\end{cases} \qquad (3.5.3)$$

在接触边界 Γ_4 处流体和固体温度不同,根据牛顿换热公式,使用换热系数来计算固体和流体在接触边界处的换热量,其表达式为

$$q=\lambda_r \frac{\partial u_r(x,b)}{\partial y}=h[u_r(x,b)-u_w(x,T)] \qquad (3.5.4)$$

式中，h 为换热系数；$u_w(x,T)$ 为 T 时刻 u_w 的观测值. 式 $(3.5.4)$ 为方程式 $(3.5.1)$ 在边界 Γ_4 处的条件. 由于换热量 q 未知，方程式 $(3.5.2)$ 求解困难. 先用方程式 $(3.5.1)$ 来反演计算式 $(3.5.4)$ 中的 $u_r(x,b)$，q 和 h，然后再求解方程式 $(3.5.1)$ 和式 $(3.5.2)$，得到岩层以及裂隙内流体的温度分布情况.

3.5.2　流体岩体接触面上边界条件的稳定化计算方法

1. 稳态热传导问题

在文献[314]中利用稳态热传导方程解析解来反演换热系数，但是方程定解条件被修改了，因此所得的解析解实际上并非原方程的真实解. 因此，本节考虑利用数值方法求解稳态热传导方程来反演换热系数. 采用岩层稳态热传导方程及边界条件来计算 $u_r(x,b)$，q 和 h. 为便于计算，预先对岩层热物性参数进行了无量纲化处理.

设岩层稳态热传导控制方程为

$$\frac{\partial^2 u_r}{\partial x^2} + \frac{\partial^2 u_r}{\partial y^2} = f_r(x,y),(x,y) \in \Omega \tag{3.5.5}$$

式中，u_r 为岩层温度；$f_r(x,y)$ 为热源.

边界条件为

$$u_r(0,y)|_{\Gamma_2} = T_2(y),y \in [0,b]$$
$$u_r(a,y)|_{\Gamma_3} = T_3(y),y \in [0,b] \tag{3.5.6}$$
$$u_r(x,0)|_{\Gamma_1} = T_4(x),x \in [0,a]$$

该问题为一个欠定问题，考虑如下附加条件：

$$\frac{\partial u_r(x,0)}{\partial y} = \psi(x),x \in [0,a] \tag{3.5.7}$$

下面探讨如何求解边界 Γ_4 上岩体的温度值 $u_r(x,b)$、温度梯度值 $(u_r)_y(x,b)$ 以及换热系数 h. 该问题归结为矩形域稳态热传导方程 Cauchy 边界识别反问题.

2. HSIR 方法求解边界条件

设 $u_r(x,y) = v(x,y) + w(x,y)$，令

$$w(x,y) = \frac{a-x}{a}T_2(y) + \frac{x}{a}T_3(y) \tag{3.5.8}$$

设边界温度值为

$$u_r(x,b) = q(x) + w(x,b)$$

边界温度梯度值为

$$\frac{\partial(u_r)(x,b)}{\partial y} = p(x) + w_y(x,b)$$

采用 HSIR 方法[230]计算式 $(3.5.5)$～式 $(3.5.7)$，可得到关于 $q(x)$ 的第一类 Fredholm 积分方程，即

$$\int_0^a G(x,\xi)[q(\xi) - w(\xi,b)]\mathrm{d}\xi = g(x) \tag{3.5.9}$$

其中,核函数

$$G(x,\xi)=\sum_{n=1}^{\infty}n\cdot\sin\frac{n\pi}{a}\xi\cdot\sin\frac{n\pi}{a}x\cdot\left(\sinh\frac{n\pi b}{a}\right)^{-1} \tag{3.5.10}$$

方程式(3.5.9)的右端项为

$$g(x)=\frac{a^2[\psi(x)-w_y(x,0)]}{2\pi}-$$

$$\frac{a^2}{2\pi}\sum_{n=1}^{\infty}\left\{\left[B_n-Y_n(0)-2\frac{-Y_n(b)-B_n\mathrm{e}^{\frac{n\pi b}{a}}+Y_n(0)\mathrm{e}^{\frac{n\pi b}{a}}}{\mathrm{e}^{-\frac{n\pi b}{a}}-\mathrm{e}^{\frac{n\pi b}{a}}}\right]\frac{n\pi}{a}+\right. \tag{3.5.11}$$

$$\left.Y_n{}'(0)\right\}\sin\frac{n\pi x}{a}$$

同理,可以得到关于 $p(x)$ 的第一类 Fredholm 积分方程为

$$\int_0^a\hat{G}(x,\xi)\cdot[p(\xi)-w_y(\xi,b)]\mathrm{d}\xi=\dot{g}(x) \tag{3.5.12}$$

其中,核函数以及右端项 $\dot{g}(x)$ 分别为

$$\widetilde{G}(x,\xi)=\sum_{n=1}^{\infty}\frac{2}{a}\sin\frac{n\pi}{a}\xi\cdot\sin\frac{n\pi}{a}x\cdot\left(\cosh\frac{n\pi b}{a}\right)^{-1} \tag{3.5.13}$$

$$\widetilde{g}(x)=\psi(x)-w_y(x,0)-$$

$$\sum_{n=1}^{\infty}\left[B_n\frac{n\pi}{a}-Y_n(0)\frac{n\pi}{a}+2\frac{-Y_n'(b)-B_n\frac{n\pi}{a}\mathrm{e}^{\frac{n\pi b}{a}}+Y_n(0)\frac{n\pi}{a}\mathrm{e}^{\frac{n\pi b}{a}}}{\mathrm{e}^{-\frac{n\pi b}{a}}+\mathrm{e}^{\frac{n\pi b}{a}}}+Y_n'(0)\right]$$

$$\sin\frac{n\pi x}{a} \tag{3.5.14}$$

式中, B_n 已知; $Y_n(y)$ 是根据方程(3.5.5)的非齐次项给出的特解.

结合文献[230]的结论知,第一类 Fredholm 积分方程式(3.5.9)和式(3.5.11)的解存在且唯一.利用复化梯形求积公式,基于 Tikhonov 正则化方法[6],可得到边界 Γ_4 上的温度 $u_r(x,b)$ 以及温度梯度 $\dfrac{\partial u_r(x,b)}{\partial y}$ 的数值解.

3. 换热系数的计算

记

$$\begin{aligned}H(x)&=\{u_r(x_1,b),u_r(x_2,b),\cdots u_r(x_n,b)\}\\P(x)&=\{u_r(x_1,b),u_r(x_2,b),\cdots u_r(x_n,b)\}\end{aligned} \tag{3.5.15}$$

由式(3.5.4)可知,

$$P(x)=h[H(x)-u_w(x,T)] \tag{3.5.16}$$

在一些实际问题中,对流系数常被视为常数.下面构建目标函数 $J(h)$,求解相应无约束优化问题:

$$\min J(h)=\frac{1}{2n}\sum_{i=1}^{n}\{h[H(x_i)-u_w(x_i,T)]-P(x_i)\}^2 \tag{3.5.17}$$

可利用梯度下降法求解(3.5.17),求解的具体算法如下.

求解裂隙总体换热系数算法

Step1 初始化参数 h_0,设置学习率 β、最大迭代次数 $\mu_{\max}$ 和收敛阈值 ε.

Step2 计算当前的损失函数值 $J(h)$ 和偏导数 $\dfrac{\partial J(h_j)}{\partial h_j}$,$j=0,1,\cdots$.

Step3 更新参数值 $h_j=h_j-\beta\dfrac{\partial J(h_j)}{\partial h_j}$,更新迭代次数 $\mu_j=\mu_j+1$.

Step4 判断是否达到停止条件 $\dfrac{\partial J(h_j)}{\partial h_j}<\varepsilon,\mu_j\geqslant\mu_{\max}$,条件成立就跳出循环,否则回到 Step2.

由式(3.5.15)可得数值解 $\{h(x_1),h(x_2),\cdots,h(x_n)\}$,即得局部换热系数,其中 $x_i=i\Delta x$. 设任意函数 $\beta_n(x)$ 表示为

$$\beta_n(x)=\sum_{k=1}^{N}a_k\alpha_k(x) \tag{3.5.18}$$

式中,a_k 为系数;$\alpha_k(x)$ 为线性无关的基函数. 使得表达式

$$I(a_k)=\sum_{i=0}^{N}\left[\beta_n(x_i)-h(x_i)\right]^2=\sum_{i=0}^{N}\left[\sum_{k=0}^{N}a_k\alpha_k(x_i)-h(x_i)\right]^2 \tag{3.5.19}$$

取极小值. 求换热系数 $h(x)$,就转化为求 $I(a_k)(k=0,1,\cdots,N)$ 的极值,由多元函数取极值的必要条件可得

$$\frac{\partial}{\partial a_k}I=2\sum_{i=0}^{N}\left[\sum_{k=0}^{N}a_k\alpha_k(x_i)-h(x_i)\right]\alpha_k(x_i)=0 \tag{3.5.20}$$

式(3.5.20)是关于 $a_k(k=0,1,\cdots,N)$ 的线性方程组,用矩阵表示为

$$
\begin{bmatrix}
\sum\limits_{i=0}^{N}\alpha_0(x_i)\alpha_0(x_i) & \sum\limits_{i=0}^{N}\alpha_1(x_i)\alpha_0(x_i) & \cdots & \sum\limits_{i=0}^{N}\alpha_N(x_i)\alpha_0(x_i) \\
\sum\limits_{i=0}^{N}\alpha_0(x_i)\alpha_1(x_i) & \sum\limits_{i=0}^{N}\alpha_1(x_i)\alpha_1(x_i) & \cdots & \sum\limits_{i=0}^{N}\alpha_N(x_i)\alpha_1(x_i) \\
\vdots & \vdots & & \vdots \\
\sum\limits_{i=0}^{N}\alpha_0(x_i)\alpha_N(x_i) & \sum\limits_{i=0}^{N}\alpha_1(x_i)\alpha_N(x_i) & \cdots & \sum\limits_{i=0}^{N}\alpha_N(x_i)\alpha_N(x_i)
\end{bmatrix}
\times
\begin{bmatrix}
a_0 \\ a_1 \\ \vdots \\ a_N
\end{bmatrix}
$$

$$
=
\begin{bmatrix}
\sum\limits_{i=0}^{N}h(x_i)\alpha_0(x_i) \\
\sum\limits_{i=0}^{N}h(x_i)\alpha_1(x_i) \\
\vdots \\
\sum\limits_{i=0}^{N}h(x_i)\alpha_N(x_i)
\end{bmatrix}
\tag{3.5.21}
$$

显然,方程组(3.5.21)的系数矩阵是对称正定矩阵,故解存在且唯一.

3.5.3　数值算例

例 3.5.1　在矩形域 $\Omega=(0,1)\times(0,1)$ 上,假设热源表达式为

$$f_r(x,y)=2x+2y$$

边界条件满足

$$T_2(y)=y+5,\ T_3(y)=y^2+2y+5,\ T_4(x)=5$$

观测条件记为

$$\psi(x)=x^2+1,\ u_w(x,T)=\frac{5}{6}x^2+\frac{2}{3}x+\frac{35}{6}$$

问题的精确解为

$$u_r(x,y)=x^2y+xy^2+y+5\ ,\ h=6$$

利用 HSIR 方法和 PINNs 方法求解[232],结果如下:表 3.5.1 为利用不同噪声水平的观测数据计算得到的总体换热系数 h 的值. 图 3.5.2 和图 3.5.3 分别表示在 $\delta_{u_r}=0.1\%$ 时岩层温度 u_r 的数值解和误差.

表 3.5.1　两种方法得到不同噪声水平下的总体换热系数 h 的计算值对比($h=6$)

	HSIR 方法			PINNS 方法		
	$\delta_{u_w}=0$	$\delta_{u_w}=0.1\%$	$\delta_{u_w}=0.5\%$	$\delta_{u_w}=0$	$\delta_{u_w}=0.1\%$	$\delta_{u_w}=0.5\%$
$\delta_{u_r}=0$	5.990 0	5.985 6	5.965 6	6.000 0	5.998 2	5.963 0
$\delta_{u_r}=0.1\%$	5.900 5	5.896 4	5.877 7	5.999 8	5.997 9	5.961 5
$\delta_{u_r}=0.5\%$	5.838 3	5.834 5	5.816 9	5.999 5	5.996 3	5.955 4
$\delta_{u_r}=1\%$	5.859 3	5.855 7	5.838 4	5.998 5	5.994 2	5.948 9

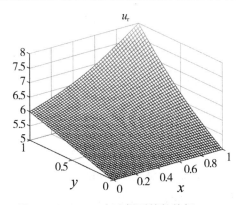

图 3.5.2　HSIR 方法得到的数值解 u_r

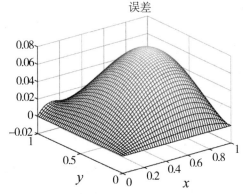

图 3.5.3　HSIR 得到的 u_r 数值解的误差

从表 3.5.1 可知,利用 HSIR 方法计算,当观测数据无噪声时总体换热系数 h 的绝对误差精度为 10^{-2};观测数据在一定噪声范围内,换热系数 h 的绝对误差范围为 0.014 4 ～

0.183 1.然而,利用 PINNs 方法求解边界条件信息后得到的换热系数精度要优于 HSIR 方法,绝对误差范围为 $0 \sim 0.051\ 1$.由图 3.5.2 和图 3.5.3 可知,通过 HSIR 方法得到的 u_r 的近似解也较为准确,数值解精度为 10^{-2}.

例 3.5.2 基于例 3.5.1,设观测条件为

$$\psi(x) = x^2 + 1\ ,\ u_w(x,T) = x^2 + x + 5$$

计算局部换热系数 $h(x)$.精确解为

$$h(x) = x^2 + 2x + 1$$

利用 HSIR 方法和 PINNs 方法求解,该问题结果如下:图 3.5.4 中(a)和(b)分别表示在观测数据无噪声和有噪声时,基于 HSIR 方法得到的局部换热系数近似解与真实值对比;图 3.5.5 中(a)和(b)分别表示在观测数据无噪声和有噪声时,基于 PINNs 方法计算得到的 $h(x)$ 近似解与真实值对比.

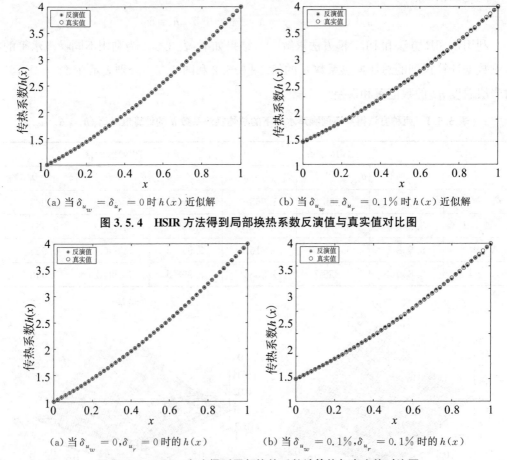

(a) 当 $\delta_{u_w} = \delta_{u_r} = 0$ 时 $h(x)$ 近似解　　　(b) 当 $\delta_{u_w} = \delta_{u_r} = 0.1\%$ 时 $h(x)$ 近似解

图 3.5.4　HSIR 方法得到局部换热系数反演值与真实值对比图

(a) 当 $\delta_{u_w} = 0, \delta_{u_r} = 0$ 时的 $h(x)$　　　(b) 当 $\delta_{u_w} = 0.1\%, \delta_{u_r} = 0.1\%$ 时的 $h(x)$

图 3.5.5　PINNs 方法得到局部换热系数计算值与真实值对比图

由图 3.5.4 和 3.5.5 可知,该算法求解局部换热系数较为稳定,且效果较好.

3.6　本章小结

本章提出了用于求解热-流耦合方程的有限差分 ADI 格式, 并对其进行了误差分析与数值模拟. 研究显示, 所提出的高维热-流耦合交替格式具有条件稳定性, 也明确给出了确保该格式稳定的充分条件. 数值算例的结果有力地证明了所给出的差分格式在实际应用中的有效性. 后续, 可围绕相关耦合问题的数值方法展开更为深入的研究, 以推动该领域的进一步发展.

此外, 本章针对耦合模型的传热方程, 探讨了包括换热系数求解在内的三种反问题, 提出并详细剖析了有限差分格式和反演算法, 还借助两个高维算例进行了数值实验. 实验结果表明, 所提出的反演算法切实可行. 基于此, 有必要进一步深入开展相关耦合问题反演计算方法的研究, 从而提升对复杂耦合系统的认知与预测能力.

基于四次样条函数, 本章提出了一种用于解决非线性源项热传导反问题的数值方法. 该数值方法理论精度较高, 截断误差能达到二阶精度. 通过实际的数值算例, 充分验证了该方法的有效性与可靠性, 为处理类似的非线性问题提供了全新的思路与手段.

本章还深入探讨了热流耦合方程边界换热系数问题, 给出了边界条件反演计算的稳定化方法, 并通过两个数值算例进行了验证. 经过对算例数值计算效果的对比分析, 发现所提出的反演算法性能良好, 能够精准处理边界换热系数问题.

未来可考虑进一步开展高维耦合热传导反演问题的研究. 随着实际应用场景对模型精度和维度的要求日益提高, 深入研究此类问题将有助于更好地应对复杂的工程与科学挑战, 为相关领域的发展提供更坚实的支持.

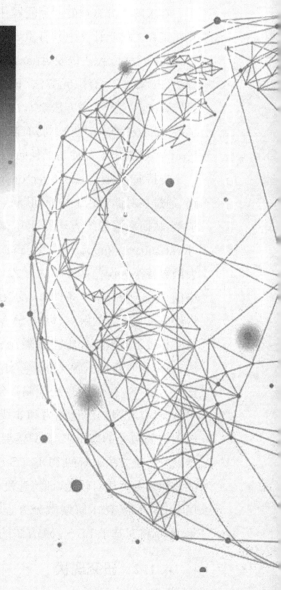

第 4 章

微分方程正反演问题的最小二乘支持向量机方法

4.1 绪 论

4.1.1 背景及意义

在求解微分方程的实际问题中,解析解往往难以获得或求解代价较高,数值解法因此在工程与科学计算中具有重要地位. 对于常微分方程(ODE),常见的数值方法包括龙格-库塔方法、欧拉法以及 Adams 方法等[272];而对于偏微分方程(PDE),则可采用有限差分法(FDM)[109]、有限元方法(FEM)[149]、样条法[1,74]、人工神经网络方法[76,92,110,112,146]、遗传算法[96,132,147]、谱方法[913]、边界积分方法(BIE)[34]以及边界元方法(BEM)[101]等进行求解. Shakeri 等[47]讨论了将有限元法与谱元技术相结合求解非定常磁流体动力学方程,Piret[106]则提出了一种基于径向基函数来求解偏微分方程的方法.

支持向量机(support vector machine,SVM)方法为微分方程的求解提供了另一种思路,通过在对偶形式下将原问题转化为二次凸优化问题,再利用成熟的凸优化算法进行求解,从而克服传统方法在求解微分方程时所面临的一些缺陷. 最小二乘支持向量机(least squares support vector machine,LS-SVM)作为标准 SVM 的一种变体,通过将损失函数替换为误差平方和的形式,将优化问题转化为回归问题. LS-SVM 方法可结合拉格朗日乘子法、KKT 条件,以及核函数可微的特性,得到对偶问题,再通过求解对偶问题得到原优化问题的解. 与标准 SVM 方法相比,LS-SVM 在求解效率上更具优势.

相较于有限差分法和有限元法等传统数值方法,基于 LS-SVM 的微分方程求解方法,在求解时通常不需要进行额外插值;与需要求解非线性优化问题的神经网络方法相比[119],LS-SVM 在处理线性偏微分方程时,可通过求解相应的线性方程组得到结果. LS-SVM 具有较强的泛化能力和非线性逼近能力,能够处理复杂的 PDE 问题. 它不需要对 PDE 进行复杂的解析求解,只需要利用训练数据进行学习,就可以得到近似解,对于一些难以用传统方法求解的 PDE,LS-SVM 提供了一种有效的数值求解途径. 此外,LS-SVM 的计算复杂度相对较低,训练速度较快,适用于大规模数据和复杂问题的求解. 目前,利用 LS-SVM 方法求解偏微分方程[116]以及微分方程反问题[267,268,269,287]已有众多研究成果. 本章将对基于 LS-SVM 方法的微分方程正问题和反问题的求解方法进行阐述.

4.1.2 研究现状

支持向量机最早由 Vapnik[150]于 1995 年提出,基于结构风险最小化和 VC 维(vapnik-chervonenkis 维度)理论,是一种经典的机器学习算法. 支持向量机的核心思想[248]是寻找一个最优超平面,将两类数据最大程度地分开,并使得数据点与分类超平面的间隔最大. 由于具有较好的泛化能力与稳健性,支持向量机在模式识别、函数逼近和回归等领域都有广泛的应用.

Suykens 等提出的最小二乘支持向量机方法,通过将原有的不等式约束替换为等式约束,使对偶问题得以转化为一组线性方程进行求解[134,136,137]. 虽然这一做法会在一定程度上降低解的稀疏性,但可以大幅度提升求解速度. 2012 年,Mehrkanoon 等[119]将 LS—SVM 应用于常微分方程的数值求解,并将其结果与人工神经网络[76,146]及核最小均方算法[54]所得的解进行对比,结果显示,在只需少量样本点的情形下,LS-SVM 仍能达到较高的精度. Suykens 等随后又在一系列工作中,利用 LS-SVM 方法实现了参数仿射延迟时变微分方程的参数辨识[118]、时变动态 SISO 系统的参数估计[120]、线性时变初边值问题的微分代数方程求解[115]、延时微分方程求解[117]以及非线性系统最优控制问题的求解等[135].

Moor 等[138,181]针对 LS-SVM 在微分方程求解中的应用展开深入研究,从理论层面进一步完善了 LS-SVM 方法的基础. 王一鸣[260]则通过改变近似解的假设形式,分别针对二阶和 m 阶线性常微分方程初值问题、二阶常微分方程边值问题以及非线性常微分方程问题进行了验证与求解,并就参数选择和验证方式进行了详尽的论述,从而推动了 LS-SVM 在微分方程求解领域的发展. 周水生等[309]将该方法拓展到高阶线性常微分方程的求解;张国山等[290,291]则在前人工作的基础上对利用 LS-SVM 求解常微分方程的算法做了进一步的改进. 赵毅等[302]成功地将该方法应用于非线性常微分方程组初值问题的数值求解,并通过数值算例验证了其有效性,从而进一步丰富了 LS-SVM 在微分方程领域的理论研究.

在研究过程中,学者也对 LS-SVM 算法进行了多种改进与优化. 万辉、周博韬等[253,306]针对 LS-SVM 的稀疏性问题提出改进方案,并通过算例验证了算法的有效性;陈立勇[194]则给出了优化的 LS-SVM 预测方法与鲁棒 LS-SVM 预测方法;熊杨等[277,312]引入分布估计算法,以优化模型参数;杜喆等[197]提出了直接支持向量机(Direct SVM),并与 LS-SVM 进行对比,结果显示 Direct SVM 在处理某些问题时具有更快的求解速度,对 LS-SVM 方法的发展起到了一定促进作用. 李春香等[211]系统研究了 LS-SVM 参数的选择与优化;Schölkopf 等[123]则对核函数的性质展开了深入探讨;刘其琛等在改进粒子群算法的基础上对 LS-SVM 所用的核函数及参数进行了优化研究[224]. 阎威武等[284]通过比较 SVM 与 LS-SVM,从理论层面进一步阐述了二者的基本原理及异同点,为 LS-SVM 在微分方程求解中的应用提供了更为坚实的理论支持.

在偏微分方程求解方面,Suykens 等于 2015 年将 LS-SVM 方法推广到求解偏微分方程的研究[116],并针对发展型偏微分方程(包括规则区域、不规则区域及非线性情形)以及二维椭圆型方程进行了数值分析. LS-SVM 方法能够用于求解一维发展型方程与二维椭圆型方程[307]. 数值试验结果表明,LS-SVM 与有限差分法等数值方法相比,能在不同类型的偏微分方程求解中取得较好的精度.

此外,LS-SVM 在微分方程反问题求解(如源项反演、初值反演等)中同样展现出良好的应用潜力.吴自库等基于 LS-SVM 求解了稳态热传导方程的源项反演以及对流扩散方程的初值反演[267,268,269,287],并通过对近似解及源项的专门构造实现了边界条件的齐次化处理;将构造得到的近似解代入原方程后,通过求解相应的方程组获得反演结果.数值试验表明,该方法不仅能成功地反演初始条件和源项,而且在稳定性与精度方面均有良好表现.

综上所述,LS-SVM 在微分方程正问题与反问题中的研究和应用已取得了较好的成果,其进一步的发展与改进也依然是值得关注的研究方向.

4.1.3 主要研究内容

本章对二维发展型偏微分方程以及三维偏微分方程的 LS-SVM 数值计算格式进行推导,对一类二维热传导方程初值反演问题进行讨论,并给出了反问题的相关数值算例.

4.2 常微分方程求解的最小二乘支持向量机方法

自 Vapnik 等提出支持向量机的概念以来,众多学者对最小二乘支持向量机的理论、性质及应用进行了研究.本节基于 LS-SVM 原理,讨论常微分方程的 LS-SVM 求解.

4.2.1 预备知识

本节简单介绍最小二乘支持向量机原理、核函数及其导数形式.

给定一个训练集 $\{z_i, y_i\}_{i=1}^N$,输入数据 $z_i \in \mathbf{R}$,输出数据 $y_i \in \mathbf{R}$.回归目标是估计如下形式的模型[119]:

$$\hat{y} = \omega^{\mathrm{T}} \varphi(z) + d \tag{4.2.1}$$

为了平衡误差与解的光滑性,引入正则化参数 γ.在 LS-SVM 框架下,模型式(4.2.1)可以表示为

$$\begin{cases} \min\limits_{\omega,d,e} \dfrac{1}{2}\omega^{\mathrm{T}}\omega + \dfrac{\gamma}{2}e^{\mathrm{T}}e \\ \text{s. t. } y_i = \omega^{\mathrm{T}}\varphi(z_i) + d + e_i, i=1,\cdots,N \end{cases} \tag{4.2.2}$$

式中,正则化参数 $\gamma \in \mathbf{R}^+, d \in \mathbf{R}, e_i$ 为偏差项.特征映射 $\varphi(\cdot): \mathbf{R} \to \mathbf{R}^h$,$h$ 为特征空间的维数.由于 LS-SVM 方法将非线性问题转化为高维空间的线性问题,用核函数代替了 Hilbert 空间上的内积运算,因此无须显示给出 φ 的具体表达式.

优化问题式(4.2.2)对应的拉格朗日函数为

$$L(\omega,d,e,\alpha_i) = \frac{1}{2}\omega^{\mathrm{T}}\omega + \frac{\gamma}{2}e^{\mathrm{T}}e - \sum_{i=1}^N \alpha_i [y_i - \omega^{\mathrm{T}}\varphi(z_i) - d - e_i] \tag{4.2.3}$$

式中，$\{\alpha_i\}_{i=1}^N$ 为拉格朗日乘子.

由 KKT（最优性）条件，消去偏差项 e_i，整理得下列线性系统：

$$\begin{bmatrix} \Omega + I_N/\gamma & 1_N \\ 1_N^T & 0 \end{bmatrix} \begin{bmatrix} \alpha \\ d \end{bmatrix} = \begin{bmatrix} y \\ 0 \end{bmatrix} \tag{4.2.4}$$

其中，满足 Mercer 条件的核函数矩阵 $\Omega \in \mathbf{R}^{N\times N}$，$\Omega_{ij} = \varphi(z_i)^T\varphi(z_j) = K(z_i,z_j)$，$I_N$ 为单位矩阵，即

$$I_N = [1,\cdots,1]^T \in \mathbf{R}^N, \boldsymbol{\alpha} = [\alpha_1,\cdots,\alpha_N]^T, \boldsymbol{y} = [y_1,\cdots,y_N]^T$$

通过求解线性系统式（4.2.4），可得如下表达式：

$$\hat{y}(z) = \sum_{i=1}^N \alpha_i \varphi(z_i)^T\varphi(z_j) + d = \sum_{i=1}^N \alpha_i K(z_i,z_j) + d \tag{4.2.5}$$

假设模型 $\hat{y}(z) = \omega^T\varphi(z) + d$ 为微分方程的近似解，需将模型代入给定的微分方程中，需要对核函数的导数进行定义.

由 Mercer 定理可知，特征映射的导数可以用核函数的导数来表示.

为便于推导，定义如下微分算子[116]：

$$\nabla_n^m = \frac{\partial^{n+m}}{\partial z_1^{\,n}\partial z_2^{\,m}} \tag{4.2.6}$$

为了方便计算，可选取具有连续偏导数的核函数，下面给出核函数及其偏导数的数学表达形式[260]：

$$K(z_1,z_2) = \varphi(\overset{z}{_1})T\varphi(z_2) = e^{-\frac{\|z_1-z_2\|_2^2}{\sigma^2}}$$

$$\nabla_1^0[K(z_1,z_2)] = \varphi'(\overset{z}{_1})T\varphi(z_2) = -\frac{2(z_1-z_2)}{\sigma^2}K(z_1,z_2)$$

$$\nabla_0^1[K(z_1,z_2)] = \varphi(\overset{z}{_1})T\varphi'(z_2) = \frac{2(z_1-z_2)}{\sigma^2}K(z_1,z_2)$$

$$\nabla_1^1[K(z_1,z_2)] = \varphi'(\overset{z}{_1})T\varphi'(z_2) = \left[\frac{2}{\sigma^2} - \frac{4(z_1-z_2)^2}{\sigma^4}\right]K(z_1,z_2)$$

$$\nabla_0^2[K(z_1,z_2)] = \varphi(\overset{z}{_1})T\varphi''(z_2) = \left[-\frac{2}{\sigma^2} + \frac{4(z_1-z_2)^2}{\sigma^4}\right]K(z_1,z_2)$$

$$\nabla_2^0[K(z_1,z_2)] = \varphi''(\overset{z}{_1})T\varphi(z_2) = \left[-\frac{2}{\sigma^2} + \frac{4(z_1-z_2)^2}{\sigma^4}\right]K(z_1,z_2)$$

$$\nabla_2^1[K(z_1,z_2)] = \varphi''(\overset{z}{_1})T\varphi'(z_2) = \left[-\frac{6}{\sigma^2} + \frac{4(z_1-z_2)^2}{\sigma^4}\right]\cdot\frac{2(z_1-z_2)}{\sigma^2}\cdot K(z_1,z_2)$$

$$\nabla_1^2[K(z_1,z_2)] = \varphi'(\overset{z}{_1})T\varphi''(z_2) = \left[\frac{6}{\sigma^2} - \frac{4(z_1-z_2)^2}{\sigma^4}\right]\cdot\frac{2(z_1-z_2)}{\sigma^2}\cdot K(z_1,z_2)$$

$$\nabla_2^2[K(z_1,z_2)] = \varphi''(\overset{z}{_1})T\varphi''(z_2) = \left[\frac{16(z_1-z_2)^4}{\sigma^8} - \frac{48(z_1-z_2)^2}{\sigma^6} + \frac{12}{\sigma^4}\right]K(z_1,z_2)$$

同时给出如下定义[119]：

$$[\nabla_n^m K](t,s) = [\nabla_n^m K(z_1,z_2)]\Big|_{z_1=t,z_2=s}$$

$$[\Omega_n^m]_{i,j} = \nabla_n^m [K(z_1,z_2)]\Big|_{z_1=t_i,z_2=t_j} = \frac{\partial^{n+m} K(z_1,z_2)}{\partial z_1^n \partial z_2^m}\Big|_{z_1=t_i,z_2=t_j}$$

式中，$[\Omega_n^m]_{i,j}$ 为矩阵 Ω_n^m 的第 i 行第 j 列的元素；$M_{k:l,m:n}$ 为由矩阵 M 的第 k 行至第 l 行，第 m 列至第 n 列组成的子矩阵；$M_{i,:}$ 表示矩阵 M 的第 i 行，$M_{:,j}$ 表示矩阵 M 的第 j 列.

4.2.2 问题描述

考虑如下形式的高阶线性常微分方程[119]：

$$L[y(t)] = \sum_{l=0}^m f_l(t) y^{(l)}(t) = r(t), t \in [a,c] \tag{4.2.7}$$

式中，L 为 m 阶线性微分算子；$[a,c]$ 为给定区域；$y^{(l)}(t)$ 为 y 对变量 t 的 l 阶导数. 解微分方程式(4.2.7)的 m 个初始条件或边界条件为

$$\begin{cases} I[y(t)] = p_u, u = 0,1,\cdots,m-1 \\ B[y(t)] = q_u, u = 0,1,\cdots,m-1 \end{cases} \tag{4.2.8}$$

式中，I 为初始条件；B 为边界条件.

假设式(4.2.7)的近似解的可表示为 $\hat{y}(t) = \omega^T \varphi(t) + d$，其中 ω,d 为待定的模型参数. 为了获得参数的最优值，利用配置法，首先将区间 $[a,c]$ 进行离散，得配置点 $a = t_1 < t_2 < \cdots < t_N = c$. 参数 ω,d 可通过求解如下优化问题得到.

对于初值问题，可转化为如下优化问题：

$$\begin{cases} \min_{\hat{y}} \frac{1}{2} \sum_{i=1}^N [(L(\hat{y}) - r)(t_i)]^2 \\ \text{s.t. } I[\hat{y}(t)] = p_u, u = 1,\cdots,m-1 \end{cases} \tag{4.2.9}$$

对于边界问题，可转化为如下优化问题：

$$\begin{cases} \min_{\hat{y}} \frac{1}{2} \sum_{i=1}^N [(L(\hat{y}) - r)(t_i)]^2 \\ \text{s.t. } B[\hat{y}(t)] = q_u, u = 1,\cdots,m-1 \end{cases} \tag{4.2.10}$$

式中，N 为配置点的数量.

针对常微分方程初边值问题、高阶线性问题以及非线性问题等方面的研究，已取得很好的结果. 本节简要介绍 m 阶线性常微分方程以及一阶非线性常微分方程的 LS-SVM 解法.

4.2.3 高阶线性常微分方程的 LS-SVM 解法

考虑如下形式的 m 阶线性常微分方程问题[119]：

$$\begin{cases} y^{(m)}(t) - \sum_{i=1}^{m} f_i(t) y^{(m-i)}(t) = r(t), a \leqslant t \leqslant c \\ y(a) = p_1, y^{(i-1)}(a) = p_i, i = 2, \cdots, m \end{cases} \tag{4.2.11}$$

在 LS-SVM 框架下，为解得参数 ω, d ，设式(4.2.11)的近似解 $\hat{y}(t) = \omega^{\mathrm{T}} \varphi(t) + d$.
则式(4.2.11)转化为如下优化问题：

$$\begin{cases} \min_{\omega, d, e} \dfrac{1}{2} \omega^{\mathrm{T}} \omega + \dfrac{\gamma}{2} e^{\mathrm{T}} e \\ \text{s.t. } \omega^{\mathrm{T}} \varphi^{(m)}(t_i) = \sum_{k=1}^{m} f_k(t_i) \omega^{\mathrm{T}} \varphi^{(m-k)}(t_i) + f_m(t_i) d + \\ \qquad\qquad r(t_i) + e_i, i = 2, \cdots, N \\ \omega^{\mathrm{T}} \varphi(t_1) + d = p_1 \\ \omega^{\mathrm{T}} \varphi^{(i-1)}(t_1) = p_i, i = 2, \cdots, m \end{cases} \tag{4.2.12}$$

式中，e_i 为偏差项.

优化问题式(4.2.12)对应的拉格朗日函数为

$$L(\omega, d, e_i, \alpha_i, \beta_i) = \dfrac{1}{2} \omega^{\mathrm{T}} \omega + \dfrac{\gamma}{2} e^{\mathrm{T}} e -$$
$$\sum_{i=2}^{N} \alpha_i \left\{ \omega^{\mathrm{T}} \left[\varphi^{(m)}(t_i) - \sum_{k=1}^{m} f_k(t_i) \varphi^{(m-k)}(t_i) \right] - f_m(t_i) d - r(t_i) - e_i \right\} -$$
$$\beta_1 \left[\omega^{\mathrm{T}} \varphi(t_1) + d - p_1 \right] - \beta_2 \left[\omega^{\mathrm{T}} \varphi'(t_1) - p_2 \right] - \cdots -$$
$$\beta_m \left[\omega^{\mathrm{T}} \varphi^{(m-1)}(t_1) - p_m \right]$$

式中，$\{\alpha_i\}_{i=2}^{N}, \{\beta_i\}_{i=1}^{m}$ 均为拉格朗日乘子.

结合最优性(KKT)条件以及核函数可导的性质，经推导得到如下线性系统[119]：

$$\begin{bmatrix} K + I_{N-1}/\gamma & A & -f_m \\ A^{\mathrm{T}} & \Delta & C \\ -f_m^{\mathrm{T}} & C^{\mathrm{T}} & 0 \end{bmatrix} \begin{bmatrix} \alpha \\ \beta \\ d \end{bmatrix} = \begin{bmatrix} r \\ p \\ 0 \end{bmatrix} \tag{4.2.13}$$

式中，

$$K = \widetilde{\Omega}_m^m - \bar{D} \bar{\Omega}_1 + \bar{D} \bar{\Omega} \bar{D}^{\mathrm{T}} - \bar{\Omega}_1^{\mathrm{T}} \bar{D}^{\mathrm{T}}, \bar{D} = [D_m, \cdots, D_1], D_i = \operatorname{diag} f_i,$$

$$\bar{\Omega}_1 = [\widetilde{\Omega}_m^0, \cdots, \widetilde{\Omega}_m^{m-1}]^{\mathrm{T}}; A = [h_{p_1}, \cdots, h_{p_m}] \in \mathbf{R}^{(N-1) \times m},$$

$$h_{p_l} = [\Omega_{l-1}^m]_{1,2:N}^{\mathrm{T}} - \sum_{k=1}^{m} D_k [\Omega_{l-1}^{m-k}]_{1,2:N}^{\mathrm{T}}, l = 1, \cdots, m; C = [1, 0, \cdots, 0];$$

$$f_m = [f_m(t_2), \cdots, f_m(t_N)]^{\mathrm{T}} \in \mathbf{R}^{N-1}; \alpha = [\alpha_2, \cdots, \alpha_N]^{\mathrm{T}};$$

$$\beta = [\beta_1, \cdots, \beta_m]^{\mathrm{T}}; r = [r(t_2), \cdots, r(t_N)]^{\mathrm{T}}; p = [p_1, \cdots, p_m]^{\mathrm{T}};$$

$$\Delta = \begin{bmatrix} [\Omega_0^0]_{1,1} & \cdots & [\Omega_{m-1}^0]_{1,1} \\ \vdots & & \vdots \\ [\Omega_0^{m-1}]_{1,1} & \cdots & [\Omega_{m-1}^{m-1}]_{1,1} \end{bmatrix}_{m \times m}.$$

通过求解线性系统式(4.2.13)，可得式(4.2.11)的近似解 $\hat{y}(t)$. 具体表达式为

$$\hat{y}(t) = \omega^{\mathrm{T}}\varphi(t) + d$$

$$= \sum_{i=2}^{N} \alpha_i \left([\nabla_m^0 K](t_i,t) - \sum_{k=1}^{m} f_k(t_i) [\nabla_{m-k}^0 K](t_i,t) \right) + \beta_1 [\nabla_0^0 K](t_1,t) +$$

$$\beta_2 [\nabla_1^0 K](t_1,t) + \cdots + \beta_m [\nabla_{m-1}^0 K](t_1,t) + d$$

4.2.4　一阶非线性常微分方程的 LS-SVM 解法

考虑如下形式的一阶非线性常微分方程问题[119]：

$$\begin{cases} y' = f(t,y) \\ y(a) = p_1, a \leqslant t \leqslant c \end{cases} \tag{4.2.14}$$

在 LS-SVM 框架下，设问题式(4.2.14)的近似解 $\hat{y}(t) = \omega^{\mathrm{T}}\varphi(t) + d$. 注意到 f 是关于 t 和 y 的函数，可得如下非线性优化问题：

$$\begin{cases} \min_{\omega,d,e,\xi,y_i} \dfrac{1}{2}\omega^{\mathrm{T}}\omega + \dfrac{\gamma}{2}e^{\mathrm{T}}e + \dfrac{\gamma}{2}\xi^{\mathrm{T}}\xi \\ \mathrm{s.\,t.}\ \omega^{\mathrm{T}}\varphi'(t_i) = f(t_i,y_i) + e_i,\ i=2,\cdots,N \\ \omega^{\mathrm{T}}\varphi(t_1) + d = p_1 \\ \omega^{\mathrm{T}}\varphi(t_i) + d + \xi_i = y_i,\ i=2,\cdots,N \end{cases} \tag{4.2.15}$$

式中，e_i,ξ_i 为偏差项.

优化问题式(4.2.15)对应的拉格朗日函数为

$$L(\omega,d,e_i,\xi_i,y_i,\alpha_i,\eta_i,\beta)$$

$$= \frac{1}{2}\omega^{\mathrm{T}}\omega + \frac{\gamma}{2}e^{\mathrm{T}}e + \frac{\gamma}{2}\xi^{\mathrm{T}}\xi - \sum_{i=2}^{N}\alpha_i[\omega^{\mathrm{T}}\varphi'(t_i) - f(t_i,y_i) - e_i] -$$

$$\sum_{i=2}^{N}\eta_i[y_i - \omega^{\mathrm{T}}\varphi(t_i) - d - \xi_i] - \beta[\omega^{\mathrm{T}}\varphi(t_1) + d - p_1]$$

式中，$\{\alpha_i\}_{i=2}^{N}$，$\{\eta_i\}_{i=2}^{N}$，β 均为拉格朗日乘子.

结合最优性条件以及核函数可导的性质，经推导得如下非线性系统[119]：

$$\begin{bmatrix} \hat{\Omega}_1^1 & -\widetilde{\Omega}_0^1 & h_1^{\mathrm{T}} & 0_{N-1} & 0_{(N-1)\times(N-1)} \\ -(\widetilde{\Omega}_0^1)^{\mathrm{T}} & \hat{\Omega}_0^0 & -\widetilde{\Omega}_0^0 & -1_{N-1} & I_{N-1} \\ h_1 & -\widetilde{\Omega}_0^{0\mathrm{T}} & [\Omega_0^0]_{1,1} & 1 & 0_{N-1}^{\mathrm{T}} \\ 0_{N-1}^{\mathrm{T}} & 1_{N-1}^{\mathrm{T}} & -1 & 0 & 0_{N-1}^{\mathrm{T}} \\ D(y) & I_{N-1} & 0_{N-1} & 0_{N-1} & 0_{(N-1)\times(N-1)} \end{bmatrix} \begin{bmatrix} \alpha \\ \eta \\ \beta \\ d \\ y \end{bmatrix} = \begin{bmatrix} f(y) \\ 0_{N-1} \\ p_1 \\ 0 \\ 0_{N-1} \end{bmatrix} \tag{4.2.16}$$

式中，

$$\hat{\Omega}_1^1 = \tilde{\Omega}_1^1 + I_{N-1}/\gamma; \tilde{\Omega}_0^1 = [\Omega_0^1]_{2:N,2:N}; h_1^T = [\Omega_0^1]_{1,2:N}^T; \tilde{\Omega}_1^1 = [\Omega_1^1]_{2:N,2:N};$$

$$\hat{\Omega}_0^0 = \tilde{\Omega}_0^0 + I_{N-1}/\gamma; \tilde{\Omega}_0^0 = [\Omega_0^0]_{1,2:N}; D(y) = \text{diag}(f'(y));$$

$$\alpha = [\alpha_2, \cdots, \alpha_N]^T; \eta = [\eta_2, \cdots, \eta_N]^T;$$

$$y = [y_2, \cdots, y_N]^T; f(y) = [f(t_2, y_2), \cdots, f(t_N, y_N)]^T;$$

$$f'(y) = \left[\frac{\partial f(t,y)}{\partial y} \bigg| t = t_2, y = y_2, \cdots, \frac{\partial f(t,y)}{\partial y} \bigg| t = t_N, y = y_N \right].$$

通过求解非线性系统式(4.2.16)，可得式(4.2.14)的近似解 $\hat{y}(t)$，非线性系统式(4.2.16)用牛顿—迭代法实现[119]。

式(4.2.14)的近似解为

$$\hat{y}(t) = \sum_{i=2}^{N} \alpha_i [\nabla_1^0 K](t_i, t) - \sum_{i=2}^{N} \eta_i [\nabla_0^0 K](t_i, t) + \beta [\nabla_0^0 K](t_1, t) + d$$

4.2.5　小结

现有文献[119]研究结果表明，LS-SVM 方法在求解常微分方程中有效，与神经网络方法[76]、核最小均方算法[54]、遗传编程算法[147]在均方误差、最大绝对误差方面进行对比，LS-SVM 方法精度较高，且只需少量的样本点。

均方误差与最大绝对误差计算公式如下[260]。

均方误差计算公式为

$$\frac{\sum\limits_{i=1}^{N} [y(t_i) - \hat{y}(t_i)]^2}{N}$$

式中，N 为训练点个数。

最大绝对误差计算公式为

$$\max_{1 \leqslant i \leqslant n} |y(t_i) - \hat{y}(t_i)|$$

本节首先介绍了 LS-SVM 的基本原理，其次阐述线性常微分方程和非线性常微分方程的 LS-SVM 解法，最后通过对比其他方法，LS-SVM 解法求解常微分方程的精度较高，验证了该方法的有效性。

4.3　二维偏微分方程求解的最小二乘支持向量机方法

4.2 节研究了利用 LS-SVM 解法求解 m 阶线性常微分方程和一阶非线性常微分方

程. 本节研究求解二维偏微分方程的 LS-SVM 解法,并讨论规则区域、不规则区域上偏微分方程的求解及非线性方程的求解.

4.3.1 预备知识

作为后续的基础,本节先给出一些定义.

定义 4.3.1[116]　设 $\mathbf{R}^3$ 上的任意两点 $z_1=(x_1,y_1,t_1)^{\mathrm{T}},z_2=(x_2,y_2,t_2)^{\mathrm{T}}$. 若 $\varphi(z_1)^{\mathrm{T}}\varphi(z_2)=K(z_1,z_2)$,则

$$[\varphi_{x^{(m)}}(z_1)]^{\mathrm{T}}\varphi_{x^{(n)}}(z_2)=\nabla_{x_1^{(m)},x_2^{(n)}}[K(z_1,z_2)]=\frac{\partial^{m+n}K(z_1,z_2)}{\partial x_1^m\partial x_2^n}$$

$$[\varphi_{x^{(m)}}(z_1)]^{\mathrm{T}}\varphi_{y^{(n)}}(z_2)=\nabla_{x_1^{(m)},y_2^{(n)}}[K(z_1,z_2)]=\frac{\partial^{m+n}K(z_1,z_2)}{\partial x_1^m\partial y_2^n}$$

$$[\varphi_{x^{(m)}}(z_1)]^{\mathrm{T}}\varphi_{t^{(n)}}(z_2)=\nabla_{x_1^{(m)},t_2^{(n)}}[K(z_1,z_2)]=\frac{\partial^{m+n}K(z_1,z_2)}{\partial x_1^m\partial t_2^n}$$

$$[\varphi_{y^{(m)}}(z_1)]^{\mathrm{T}}\varphi_{x^{(n)}}(z_2)=\nabla_{y_1^{(m)},x_2^{(n)}}[K(z_1,z_2)]=\frac{\partial^{m+n}K(z_1,z_2)}{\partial y_1^m\partial x_2^n}$$

$$[\varphi_{y^{(m)}}(z_1)]^{\mathrm{T}}\varphi_{y^{(n)}}(z_2)=\nabla_{y_1^{(m)},y_2^{(n)}}[K(z_1,z_2)]=\frac{\partial^{m+n}K(z_1,z_2)}{\partial y_1^m\partial y_2^n}$$

$$[\varphi_{y^{(m)}}(z_1)]^{\mathrm{T}}\varphi_{t^{(n)}}(z_2)=\nabla_{y_1^{(m)},t_2^{(n)}}[K(z_1,z_2)]=\frac{\partial^{m+n}K(z_1,z_2)}{\partial y_1^m\partial t_2^n}$$

$$[\varphi_{t^{(m)}}(z_1)]^{\mathrm{T}}\varphi_{x^{(n)}}(z_2)=\nabla_{t_1^{(m)},x_2^{(n)}}[K(z_1,z_2)]=\frac{\partial^{m+n}K(z_1,z_2)}{\partial t_1^m\partial x_2^n}$$

$$[\varphi_{t^{(m)}}(z_1)]^{\mathrm{T}}\varphi_{y^{(n)}}(z_2)=\nabla_{t_1^{(m)},y_2^{(n)}}[K(z_1,z_2)]=\frac{\partial^{m+n}K(z_1,z_2)}{\partial t_1^m\partial y_2^n}$$

$$[\varphi_{t^{(m)}}(z_1)]^{\mathrm{T}}\varphi_{t^{(n)}}(z_2)=\nabla_{t_1^{(m)},t_2^{(n)}}[K(z_1,z_2)]=\frac{\partial^{m+n}K(z_1,z_2)}{\partial t_1^m\partial t_2^n}$$

式中,$\varphi_{x^{(n)}},\varphi_{t^{(n)}}$ 是特征映射 φ 分别对于变量 x 和 t 的 n 阶导数.

本节选择高斯核函数,即

$$K(V_1,V_2)=\mathrm{e}^{-\frac{\|V_1-V_2\|_2^2}{\sigma^2}}$$

则有下列关系,

$$[\varphi(z_1)]^{\mathrm{T}}\varphi_x(z_2)=\nabla_{0,x_2}[K(z_1,z_2)]=\frac{2(x_1-x_2)K(z_1,z_2)}{\sigma^2}$$

$$[\varphi(z_1)]^{\mathrm{T}}\varphi_y(z_2)=\nabla_{0,y_2}[K(z_1,z_2)]=\frac{2(y_1-y_2)K(z_1,z_2)}{\sigma^2}$$

$$[\varphi(z_1)]^{\mathrm{T}}\varphi_t(z_2)=\nabla_{0,t_2}[K(z_1,z_2)]=\frac{2(t_1-t_2)K(z_1,z_2)}{\sigma^2}$$

定义 4.3.2[116]　任意两点 $z_i\in S,z_j\in T,S,T\subseteq\mathbf{R}^3$. 有

$$\left[\Omega_{S^{(s)},p^{(m)}}\right]_{i,j}^{S,\mathrm{T}}=\left[\nabla_{S^{(s)},p^{(m)}}K\right](z_i,z_j)$$

$$\left[\Omega_{S^{(0)},p^{(0)}}\right]_{i,j}^{S,\mathrm{T}}=\left[\nabla_{S^{(0)},p^{(0)}}K\right](z_i,z_j)=\left[\nabla_{0,0}K\right](z_i,z_j)=K(z_i,z_j)$$

式中，$\left[\Omega_{S^{(s)},p^{(m)}}\right]_{i,j}^{S,\mathrm{T}}$ 为矩阵 $\left[\Omega_{S^{(s)},p^{(m)}}\right]^{S,\mathrm{T}}$ 的第 i 行第 j 列元素. 若 $S=T$，将矩阵 $\left[\Omega_{S^{(s)},p^{(m)}}\right]^{S,\mathrm{T}}$ 定义为 $\left[\Omega_{S^{(s)},p^{(m)}}\right]^{S}$.

4.3.2　问题描述

本节考虑如下的二维变系数线性微分方程问题[116]：

$$\begin{cases} Lu(z)=f(z),z\in\sum\subset\mathbf{R}^3 \\ Bu(z)=g(z),z\in\partial\sum \end{cases} \tag{4.3.1}$$

式中，$u(z)=u(x,y,t)$；t 为时间变量；x,y 为空间变量. $z=(x,y,t)$，$\sum$ 为定义域. $\partial\sum$ 代表边界，B 和 L 为差分算子.

具体考虑如下情形：

$$Lu=a(x,y,t)\frac{\partial u}{\partial t}+b(x,y,t)u-c(x,y,t)\frac{\partial^2 u}{\partial x^2}-l(x,y,t)\frac{\partial^2 u}{\partial y^2} \tag{4.3.2}$$

设近似解 $\mathring{u}(z)=\omega^{\mathrm{T}}\varphi(z)+d$，其中参数 ω,d 待定. 为了得到参数 ω,d 的最优值，先对区域 $\sum$ 进行离散. 令

$$z=\{z^k\,|\,z^k=(x_k,y_k,t_k),k=1,\cdots,k_{\mathrm{end}}\}$$

式中，k_{end} 为离散点的数量.

将 z 拆分为两个互不相交的非空子集合 z_D,z_B，即

$$z=z_D\bigcup z_B$$

式中，内点集合 $z_D=\{z_D^i\}_{i=1}^{|z_D|}$，边界点集合 $z_B=\{z_B^i\}_{i=1}^{|z_B|}$. $|z_D|,|z_B|$ 分别为集合 z_D 和 z_B 中的元素个数. 在训练过程中，$|z_D|+|z_B|$ 为训练点的总数量.

可调节参数 ω,d 通过求解如下优化问题得到[116]

$$\begin{cases} \min\limits_{\mathring{u}}\dfrac{1}{2}\sum\limits_{i=1}^{|z_D|}\left[(L\mathring{u}-f)(z_D^i)\right]^2 \\ \mathrm{s.\,t.}\ B\left[\mathring{u}(z_B^j)\right]=g(z_B^j),j=1,\cdots,|z_B| \end{cases} \tag{4.3.3}$$

4.3.3　规则区域上的二维偏微分方程求解

本节将在 LS-SVM 框架中阐述二维偏微分方程的求解.

考虑偏微分方程式(4.3.1)以及算子式(4.3.2)，初始条件有如下形式：

$$u(x,y,0)=p(x,y),0\leqslant x\leqslant 1,0\leqslant y\leqslant 1 \tag{4.3.4}$$

在 $x=0,x=1,y=0,y=1$ 时,边界条件有如下形式:

$$\begin{cases} u(0,y,t)=g_0(y,t),0\leqslant y\leqslant 1,0\leqslant t\leqslant T \\ u(1,y,t)=g_1(y,t),0\leqslant y\leqslant 1,0\leqslant t\leqslant T \\ u(x,0,t)=h_1(x,t),0\leqslant x\leqslant 1,0\leqslant t\leqslant T \\ u(x,1,t)=h_2(x,t),0\leqslant x\leqslant 1,0\leqslant t\leqslant T \end{cases} \tag{4.3.5}$$

集合 $z_B=z_C\bigcup z_{B_1}\bigcup z_{B_2}\bigcup z_{B_3}\bigcup z_{B_4}$,其中

$$z_C=\{(x,y,0)\,|\,0\leqslant x\leqslant 1,0\leqslant y\leqslant 1\}$$

$$z_{B_1}=\{(0,y,t)\,|\,0\leqslant y\leqslant 1,0\leqslant t\leqslant T\}$$

$$z_{B_2}=\{(1,y,t)\,|\,0\leqslant y\leqslant 1,0\leqslant t\leqslant T\}$$

$$z_{B_3}=\{(x,0,t)\,|\,0\leqslant x\leqslant 1,0\leqslant t\leqslant T\}$$

$$z_{B_4}=\{(x,1,t)\,|\,0\leqslant x\leqslant 1,0\leqslant t\leqslant T\}$$

假定

$$N=|z_D|$$

$$M=M_1+M_2+M_3+M_4+M_5=|z_C|+|z_{B_1}|+|z_{B_2}|+|z_{B_3}|+|z_{B_4}|$$

为求得原问题的近似解 $\dot{u}(z)$,首先设近似解 $\dot{u}(z)=\omega^{\mathrm{T}}\varphi(z)+d$. 则原问题转化为如下优化问题:

$$\min_{\omega,d,e}\frac{1}{2}\omega^{\mathrm{T}}\omega+\frac{\gamma}{2}\mathrm{e}^{\mathrm{T}}e$$

s. t. $\omega^{\mathrm{T}}[a(z_D^i)\varphi_t(z_D^i)+b(z_D^i)\varphi(z_D^i)-c(z_D^i)\varphi_{xx}(z_D^i)-l(z_D^i)\varphi_{yy}(z_D^i)]+b(z_D^i)d=f(z_D^i)+e_i,i=1,\cdots,|z_D|$

$$\omega^{\mathrm{T}}\varphi(z_C^i)+d=p(x_i,y_i),i=1,\cdots,|z_C|$$

$$\omega^{\mathrm{T}}\varphi(z_{B_1}^i)+d=g_0(y_i,t_i),i=1,\cdots,|z_{B_1}|$$

$$\omega^{\mathrm{T}}\varphi(z_{B_2}^i)+d=g_1(y_i,t_i),i=1,\cdots,|z_{B_2}|$$

$$\omega^{\mathrm{T}}\varphi(z_{B_3}^i)+d=h_1(x_i,t_i),i=1,\cdots,|z_{B_3}|$$

$$\omega^{\mathrm{T}}\varphi(z_{B_4}^i)+d=h_2(x_i,t_i),i=1,\cdots,|z_{B_4}|$$

通过将最小二乘支持向量机的成本函数与近似解 $\dot{u}(z)=\omega^{\mathrm{T}}\varphi(z)+d$ 构造的约束相结合,得到上述问题的表达式,满足给定的微分方程及在配置点处的初始和边界条件.

然后,构造优化问题的拉格朗日函数如下:

$$L(\omega, d, e_i, \alpha_i, \beta_i^1, \beta_i^2, \beta_i^3, \beta_i^4, \beta_i^5)$$

$$= \frac{1}{2}\omega^{\mathrm{T}}\omega + \frac{\gamma}{2}\mathrm{e}^{\mathrm{T}}e - \sum_{i=1}^{|z_D|}\alpha_i\Big\{\omega^{\mathrm{T}}[a(z_D^i)\varphi_t(z_D^i) + b(z_D^i)\varphi(z_D^i) -$$

$$c(z_D^i)\varphi_{xx}(z_D^i) - l(z_D^i)\varphi_{yy}(z_D^i)] + b(z_D^i)d - f(z_D^i) - e_i\Big\} -$$

$$\sum_{i=1}^{|z_C|}\beta_i^1[\omega^{\mathrm{T}}\varphi(z_C^i) + d - p(x_i, y_i)] -$$

$$\sum_{i=1}^{|z_{B_1}|}\beta_i^2[\omega^{\mathrm{T}}\varphi(z_{B_1}^i) + d - g_0(y_i, t_i)] -$$

$$\sum_{i=1}^{|z_{B_2}|}\beta_i^3[\omega^{\mathrm{T}}\varphi(z_{B_2}^i) + d - g_1(y_i, t_i)] -$$

$$\sum_{i=1}^{|z_{B_3}|}\beta_i^4[\omega^{\mathrm{T}}\varphi(z_{B_3}^i) + d - h_1(x_i, t_i)] -$$

$$\sum_{i=1}^{|z_{B_4}|}\beta_i^5[\omega^{\mathrm{T}}\varphi(z_{B_4}^i) + d - h_2(x_i, t_i)]$$

式中，$\{\alpha_i\}_{i=1}^{|z_D|}$，$\{\beta_i^1\}_{i=1}^{|z_C|}$，$\{\beta_i^2\}_{i=1}^{|z_{B_1}|}$，$\{\beta_i^3\}_{i=1}^{|z_{B_2}|}$，$\{\beta_i^4\}_{i=1}^{|z_{B_3}|}$，$\{\beta_i^5\}_{i=1}^{|z_{B_4}|}$ 均为拉格朗日乘子. 对函数中的未知变量分别求偏导, 得到的 KKT 条件如下:

$$\frac{\partial L}{\partial \omega} = 0 \Rightarrow \omega - \sum_{i=1}^{|z_D|}\alpha_i[a(z_D^i)\varphi_t(z_D^i) + b(z_D^i)\varphi(z_D^i) - c(z_D^i)\varphi_{xx}(z_D^i) +$$

$$l(z_D^i)\varphi_{yy}(z_D^i)] - \sum_{i=1}^{|z_C|}\beta_i^1\varphi(z_C^i) - \sum_{i=1}^{|z_{B_1}|}\beta_i^2\varphi(z_{B_1}^i) -$$

$$\sum_{i=1}^{|z_{B_2}|}\beta_i^3\varphi(z_{B_2}^i) - \sum_{i=1}^{|z_{B_3}|}\beta_i^4\varphi(z_{B_3}^i) - \sum_{i=1}^{|z_{B_4}|}\beta_i^5\varphi(z_{B_4}^i) = 0$$

$$\frac{\partial L}{\partial d} = 0 \Rightarrow \sum_{i=1}^{|z_D|}\alpha_i b(z_D^i) + \sum_{i=1}^{|z_C|}\beta_i^1 + \sum_{i=1}^{|z_{B_1}|}\beta_i^2 + \sum_{i=1}^{|z_{B_2}|}\beta_i^3 + \sum_{i=1}^{|z_{B_3}|}\beta_i^4 + \sum_{i=1}^{|z_{B_4}|}\beta_i^5 = 0$$

$$\frac{\partial L}{\partial e_i} = 0 \Rightarrow \gamma e_i + \alpha_i = 0, i = 1, \cdots, |z_D|$$

$$\frac{\partial L}{\partial \alpha_i} = 0 \Rightarrow \omega^{\mathrm{T}}[a(z_D^i)\varphi_t(z_D^i) + b(z_D^i)\varphi(z_D^i) - c(z_D^i)\varphi_{xx}(z_D^i) -$$

$$l(z_D^i)\varphi_{yy}(z_D^i)] + b(z_D^i)d - f(z_D^i) - e_i = 0, i = 1, \cdots, |z_D|$$

$$\frac{\partial L}{\partial \beta_i^1} = 0 \Rightarrow \omega^{\mathrm{T}}\varphi(z_C^i) + d = p(x_i, y_i), i = 1, \cdots, |z_C|$$

$$\frac{\partial L}{\partial \beta_i^2} = 0 \Rightarrow \omega^{\mathrm{T}}\varphi(z_{B_1}^i) + d = g_0(y_i, t_i), i = 1, \cdots, |z_{B_1}|$$

$$\frac{\partial L}{\partial \beta_i^3} = 0 \Rightarrow \omega^{\mathrm{T}}\varphi(z_{B_2}^i) + d = g_1(y_i, t_i), i = 1, \cdots, |z_{B_2}|$$

$$\frac{\partial L}{\partial \beta_i^4} = 0 \Rightarrow \omega^{\mathrm{T}} \varphi(z_{B_3}^i) + d = h_1(x_i, t_i), i = 1, \cdots, |z_{B_3}|$$

$$\frac{\partial L}{\partial \beta_i^5} = 0 \Rightarrow \omega^{\mathrm{T}} \varphi(z_{B_4}^i) + d = h_2(x_i, t_i), i = 1, \cdots, |z_{B_4}|$$

从上述 KKT 条件中消去 ω、e，整理得

$$
\begin{aligned}
f(z_D^i) = &\sum_{j=1}^{|z_D|} \alpha_j \{ D_a [\Omega_{t_1, t_2}]^{z_D} D_a + D_b [\Omega_{t_1, 0}]^{z_D} D_a - D_c [\Omega_{t_1, x_2^{(2)}}]^{z_D} D_a - \\
&D_l [\Omega_{t_1, y_2^{(2)}}]^{z_D} D_a + D_a [\Omega_{0, t_2}]^{z_D} D_b + D_b [\Omega]^{z_D} D_b - D_c [\Omega_{0, x_2^{(2)}}]^{z_D} D_b - \\
&D_l [\Omega_{0, y_2^{(2)}}]^{z_D} D_b - D_a [\Omega_{x_1^{(2)}, t_2}]^{z_D} D_c - D_b [\Omega_{x_1^{(2)}, 0}]^{z_D} D_c + \\
&D_c [\Omega_{x_1^{(2)}, x_2^{(2)}}]^{z_D} D_c + D_l [\Omega_{x_1^{(2)}, y_2^{(2)}}]^{z_D} D_c - D_a [\Omega_{y_1^{(2)}, t_2}]^{z_D} D_l - \\
&D_b [\Omega_{y_1^{(2)}, 0}]^{z_D} D_l + D_c [\Omega_{y_1^{(2)}, x_2^{(2)}}]^{z_D} D_l + D_p [\Omega_{y_1^{(2)}, y_2^{(2)}}]^{z_D} D_l \} + \\
&\sum_{j=1}^{|z_C|} \beta_j^1 \{ D_a [\Omega_{0, t_2}]^{z_C, z_D} + D_b [\Omega]^{z_C, z_D} - D_c [\Omega_{0, x_2^{(2)}}]^{z_C, z_D} - D_l [\Omega_{0, y_2^{(2)}}]^{z_C, z_D} \} + \\
&\sum_{j=1}^{|z_{B_1}|} \beta_j^2 \{ D_a [\Omega_{0, t_2}]^{z_{B_1}, z_D} + D_b [\Omega]^{z_{B_1}, z_D} - D_c [\Omega_{0, x_2^{(2)}}]^{z_{B_1}, z_D} - D_l [\Omega_{0, y_2^{(2)}}]^{z_{B_1}, z_D} \} + \\
&\sum_{j=1}^{|z_{B_2}|} \beta_j^3 \{ D_a [\Omega_{0, t_2}]^{z_{B_2}, z_D} + D_b [\Omega]^{z_{B_2}, z_D} - D_c [\Omega_{0, x_2^{(2)}}]^{z_{B_2}, z_D} - D_l [\Omega_{0, y_2^{(2)}}]^{z_{B_2}, z_D} \} + \\
&\sum_{j=1}^{|z_{B_3}|} \beta_j^4 \{ D_a [\Omega_{0, t_2}]^{z_{B_3}, z_D} + D_b [\Omega]^{z_{B_3}, z_D} - D_c [\Omega_{0, x_2^{(2)}}]^{z_{B_3}, z_D} - D_l [\Omega_{0, y_2^{(2)}}]^{z_{B_3}, z_D} \} + \\
&\sum_{j=1}^{|z_{B_4}|} \beta_j^5 \{ D_a [\Omega_{0, t_2}]^{z_{B_4}, z_D} + D_b [\Omega]^{z_{B_4}, z_D} - D_c [\Omega_{0, x_2^{(2)}}]^{z_{B_4}, z_D} - D_l [\Omega_{0, y_2^{(2)}}]^{z_{B_4}, z_D} \} + \\
&b(z_D^i)d + \frac{\alpha_i}{\gamma}
\end{aligned}
$$

$$
\begin{aligned}
p(x_i, y_i) = &\sum_{j=1}^{|z_D|} \alpha_j \{ [\Omega_{t_1, 0}]^{z_D, z_C} D_a + [\Omega]^{z_D, z_C} D_b - [\Omega_{x_1^{(2)}, 0}]^{z_D, z_C} D_c - [\Omega_{y_1^{(2)}, 0}]^{z_D, z_C} D_l \} + \\
&\sum_{j=1}^{|z_C|} \beta_j^1 [\Omega] z_c + \sum_{j=1}^{|z_{B_1}|} \beta_j^2 [\Omega]^{z_{B_1}, z_c} + \sum_{j=1}^{|z_{B_2}|} \beta_j^3 [\Omega]^{z_{B_2}, z_c} + \\
&\sum_{j=1}^{|z_{B_3}|} \beta_j^4 [\Omega]^{z_{B_3}, z_c} + \sum_{j=1}^{|z_{B_4}|} \beta_j^5 [\Omega]^{z_{B_4}, z_c} + d
\end{aligned}
$$

$$
\begin{aligned}
g_0(y_i, t_i) = &\sum_{j=1}^{|z_D|} \alpha_j \left\{ [\Omega_{t_1, 0}]^{z_D, z_{B_1}} D_a + [\Omega]^{z_D, z_{B_1}} D_b - [\Omega_{x_1^{(2)}, 0}]^{z_D, z_{B_1}} D_c - [\Omega_{y_1^{(2)}, 0}]^{z_D, z_{B_1}} D_l \right\} + \\
&\sum_{j=1}^{|z_C|} \beta_j^1 [\Omega]^{z_C, z_{B_1}} + \sum_{j=1}^{|z_{B_1}|} \beta_j^2 [\Omega]^{z_{B_1}} + \sum_{j=1}^{|z_{B_2}|} \beta_j^3 [\Omega]^{z_{B_2}, z_{B_1}} + \\
&\sum_{j=1}^{|z_{B_3}|} \beta_j^4 [\Omega]^{z_{B_3}, z_{B_1}} + \sum_{j=1}^{|z_{B_4}|} \beta_j^5 [\Omega]^{z_{B_4}, z_{B_1}} + d, i = 1, \cdots, |z_{B_1}|
\end{aligned}
$$

$$
g_1(y_i, t_i) = \sum_{j=1}^{|z_D|} \alpha_j \left\{ [\Omega_{t_1, 0}]^{z_D, z_{B_2}} D_a + [\Omega]^{z_D, z_{B_2}} D_b - [\Omega_{x_1^{(2)}, 0}]^{z_D, z_{B_2}} D_c - [\Omega_{y_1^{(2)}, 0}]^{z_D, z_{B_2}} D_l \right\} +
$$

$$\sum_{j=1}^{|z_C|}\beta_j^1[\Omega]^{z_C,z_{B_2}} + \sum_{j=1}^{|z_{B_1}|}\beta_j^2[\Omega]^{z_{B_1},z_{B_2}} + \sum_{j=1}^{|z_{B_2}|}\beta_j^3[\Omega]^{z_{B_2}} +$$

$$\sum_{j=1}^{|z_{B_3}|}\beta_j^4[\Omega]^{z_{B_3},z_{B_2}} + \sum_{j=1}^{|z_{B_4}|}\beta_j^5[\Omega]^{z_{B_4},z_{B_2}} + d\,,i=1,\cdots,|z_{B_2}|$$

$$h_1(x_i,t_i)=\sum_{j=1}^{|z_D|}\alpha_j\Big\{[\Omega_{t_1,0}]^{z_D,z_{B_3}}D_a+[\Omega]^{z_D,z_{B_3}}D_b-[\Omega_{x_1^{(2)},0}]^{z_D,z_{B_3}}D_c-[\Omega_{y_1^{(2)},0}]^{z_D,z_{B_3}}D_l\Big\}+$$

$$\sum_{j=1}^{|z_C|}\beta_j^1[\Omega]^{z_C,z_{B_3}} + \sum_{j=1}^{|z_{B_1}|}\beta_j^2[\Omega]^{z_{B_1},z_{B_3}} + \sum_{j=1}^{|z_{B_2}|}\beta_j^3[\Omega]^{z_{B_2},z_{B_3}} +$$

$$\sum_{j=1}^{|z_{B_3}|}\beta_j^4[\Omega]^{z_{B_3}} + \sum_{j=1}^{|z_{B_4}|}\beta_j^5[\Omega]^{z_{B_4},z_{B_3}} + d\,,i=1,\cdots,|z_{B_3}|$$

$$h_2(x_i,t_i)=\sum_{j=1}^{|z_D|}\alpha_j\Big\{[\Omega_{t_1,0}]^{z_D,z_{B_4}}D_a+[\Omega]^{z_D,z_{B_4}}D_b-[\Omega_{x_1^{(2)},0}]^{z_D,z_{B_4}}D_c-[\Omega_{y_1^{(2)},0}]^{z_D,z_{B_4}}D_l\Big\}+$$

$$\sum_{j=1}^{|z_C|}\beta_j^1[\Omega]^{z_C,z_{B_4}} + \sum_{j=1}^{|z_{B_1}|}\beta_j^2[\Omega]^{z_{B_1},z_{B_4}} + \sum_{j=1}^{|z_{B_2}|}\beta_j^3[\Omega]^{z_{B_2},z_{B_4}} +$$

$$\sum_{j=1}^{|z_{B_3}|}\beta_j^4[\Omega]^{z_{B_3},z_{B_4}} + \sum_{j=1}^{|z_{B_4}|}\beta_j^5[\Omega]^{z_{B_4}} + d\,,i=1,\cdots,|z_{B_4}|$$

$$\sum_{j=1}^{|z_D|}\alpha_j b(z_D^j) + \sum_{j=1}^{|z_C|}\beta_j^1 + \sum_{j=1}^{|z_{B_1}|}\beta_j^2 + \sum_{j=1}^{|z_{B_2}|}\beta_j^3 + \sum_{j=1}^{|z_{B_3}|}\beta_j^4 + \sum_{j=1}^{|z_{B_4}|}\beta_j^5 = 0$$

最终,整理成如下线性系统:

$$\begin{bmatrix} K+I_N/\gamma & S & b \\ S^T & \Delta & I_M \\ b^T & 1_M^T & 0 \end{bmatrix}\begin{bmatrix} \alpha \\ \beta \\ d \end{bmatrix}=\begin{bmatrix} f \\ v \\ 0 \end{bmatrix} \tag{4.3.6}$$

式中,

$$K=D_a[\Omega_{t_1,t_2}]^{z_D}D_a + D_b[\Omega_{t_1,0}]^{z_D}D_a - D_c[\Omega_{t_1,x_2^{(2)}}]^{z_D}D_a - D_l[\Omega_{t_1,y_2^{(2)}}]^{z_D}D_a +$$

$$D_a[\Omega_{0,t_2}]^{z_D}D_b + D_b[\Omega]^{z_D}D_b - D_c[\Omega_{0,x_2^{(2)}}]^{z_D}D_b - D_l[\Omega_{0,y_2^{(2)}}]^{z_D}D_b -$$

$$D_a[\Omega_{x_1^{(2)},t_2}]^{z_D}D_c - D_b[\Omega_{x_1^{(2)},0}]^{z_D}D_c + D_c[\Omega_{x_1^{(2)},x_2^{(2)}}]^{z_D}D_c +$$

$$D_l[\Omega_{x_1^{(2)},y_2^{(2)}}]^{z_D}D_c - D_a[\Omega_{y_1^{(2)},t_2}]^{z_D}D_l - D_b[\Omega_{y_1^{(2)},0}]^{z_D}D_l +$$

$$D_c[\Omega_{y_1^{(2)},x_2^{(2)}}]^{z_D}D_l + D_l[\Omega_{y_1^{(2)},y_2^{(2)}}]^{z_D}D_l ;$$

I_N 为单位矩阵; $S=[S_C,S_{B_1},S_{B_2},S_{B_3},S_{B_4}]\in \mathbf{R}^{N\times M}$,

$$S_C=D_a[\Omega_{0,t_2}]^{z_C,z_D} + D_b[\Omega]^{z_C,z_D} - D_c[\Omega_{0,x_2^{(2)}}]^{z_C,z_D} - D_l[\Omega_{0,y_2^{(2)}}]^{z_C,z_D},$$

$$S_{B_1}=D_a[\Omega_{0,t_2}]^{z_{B_1},z_D} + D_b[\Omega]^{z_{B_1},z_D} - D_c[\Omega_{0,x_2^{(2)}}]^{z_{B_1},z_D} - D_l[\Omega_{0,y_2^{(2)}}]^{z_{B_1},z_D},$$

$$S_{B_2}=D_a[\Omega_{0,t_2}]^{z_{B_2},z_D} + D_b[\Omega]^{z_{B_2},z_D} - D_c[\Omega_{0,x_2^{(2)}}]^{z_{B_2},z_D} - D_l[\Omega_{0,y_2^{(2)}}]^{z_{B_2},z_D},$$

$$S_{B_3}=D_a[\Omega_{0,t_2}]^{z_{B_3},z_D} + D_b[\Omega]^{z_{B_3},z_D} - D_c[\Omega_{0,x_2^{(2)}}]^{z_{B_3},z_D} - D_l[\Omega_{0,y_2^{(2)}}]^{z_{B_3},z_D},$$

$$S_{B_4}=D_a[\Omega_{0,t_2}]^{z_{B_4},z_D} + D_b[\Omega]^{z_{B_4},z_D} - D_c[\Omega_{0,x_2^{(2)}}]^{z_{B_4},z_D} - D_l[\Omega_{0,y_2^{(2)}}]^{z_{B_4},z_D},$$

$$D_a=\mathrm{diag}[a(z_D^1),\cdots,a(z_D^N)],D_b=\mathrm{diag}[b(z_D^1),\cdots,b(z_D^N)],$$

$$D_c = \mathrm{diag}[c(z_D^1), \cdots, c(z_D^N)], D_l = \mathrm{diag}[l(z_D^1), \cdots, l(z_D^N)],$$

$$b = [b(z_D^1), \cdots, b(z_D^N)]^{\mathrm{T}}; \alpha = [\alpha_1, \cdots, \alpha_N]^{\mathrm{T}}; \beta = [\beta^1, \beta^2, \beta^3, \beta^4, \beta^5]^{\mathrm{T}} \in \mathbf{R}^M,$$

$$\beta^1 = [\beta_1^1, \beta_2^1, \cdots, \beta_{M_1}^1], \beta^2 = [\beta_1^2, \beta_2^2, \cdots, \beta_{M_2}^2], \beta^3 = [\beta_1^3, \beta_2^3, \cdots, \beta_{M_3}^3],$$

$$\beta^4 = [\beta_1^4, \beta_2^4, \cdots, \beta_{M_4}^4], \beta^5 = [\beta_1^5, \beta_2^5, \cdots, \beta_{M_5}^5]; f = [f(z_D^1), \cdots, f(z_D^N)]^{\mathrm{T}};$$

$$v = [P, G_0, G_1, H_1, H_2] \in \mathbf{R}^M, P = [p(z_C^1), \cdots, p(z_C^{M_1})]^{\mathrm{T}} \in \mathbf{R}^{M_1},$$

$$G_0 = [g_0(z_{B_1}^1), \cdots, g_0(z_{B_1}^{M_2})]^{\mathrm{T}} \in \mathbf{R}^{M_2}, G_1 = [g_1(z_{B_2}^1), \cdots, g_0(z_{B_2}^{M_3})]^{\mathrm{T}} \in \mathbf{R}^{M_3},$$

$$H_1 = [h_1(z_{B_3}^1), \cdots, h_1(z_{B_3}^{M_4})]^{\mathrm{T}} \in \mathbf{R}^{M_4}, H_2 = [h_2(z_{B_4}^1), \cdots, h_2(z_{B_4}^{M_5})]^{\mathrm{T}} \in \mathbf{R}^{M_5};$$

$$\Delta = \begin{bmatrix} \Delta_{11} & \Delta_{12} & \Delta_{13} & \Delta_{14} & \Delta_{15} \\ \Delta_{12}^{\mathrm{T}} & \Delta_{22} & \Delta_{23} & \Delta_{24} & \Delta_{25} \\ \Delta_{13}^{\mathrm{T}} & \Delta_{23}^{\mathrm{T}} & \Delta_{33} & \Delta_{34} & \Delta_{35} \\ \Delta_{14}^{\mathrm{T}} & \Delta_{24}^{\mathrm{T}} & \Delta_{34}^{\mathrm{T}} & \Delta_{44} & \Delta_{45} \\ \Delta_{15}^{\mathrm{T}} & \Delta_{25}^{\mathrm{T}} & \Delta_{35}^{\mathrm{T}} & \Delta_{45}^{\mathrm{T}} & \Delta_{55} \end{bmatrix},$$

$$\Delta_{11} = [\Omega]^{z_C}, \Delta_{12} = [\Omega]^{z_{B_1}, z_C}, \Delta_{13} = [\Omega]^{z_{B_2}, z_C}, \Delta_{14} = [\Omega]^{z_{B_3}, z_C}, \Delta_{15} = [\Omega]^{z_{B_4}, z_C},$$

$$\Delta_{22} = [\Omega]^{z_{B_1}}, \Delta_{23} = [\Omega]^{z_{B_2}, z_{B_1}}, \Delta_{24} = [\Omega]^{z_{B_3}, z_{B_1}}, \Delta_{25} = [\Omega]^{z_{B_4}, z_{B_1}}, \Delta_{33} = [\Omega]^{z_{B_2}}$$

$$\Delta_{34} = [\Omega]^{z_{B_3}, z_{B_2}}, \Delta_{35} = [\Omega]^{z_{B_4}, z_{B_2}}, \Delta_{44} = [\Omega]^{z_{B_3}}, \Delta_{45} = [\Omega]^{z_{B_4}, z_{B_3}}, \Delta_{55} = [\Omega]^{z_{B_4}}.$$

通过求解线性系统式(4.3.6),可得近似解 $\hat{u}(z)$ [307].

$$\hat{u}(z) = \omega^{\mathrm{T}} \varphi(z) + d$$

$$= \sum_{i=1}^{|z_D|} \alpha_i \Big\{ a(z_D^i)[\nabla_{t,0}K](z_D^i, z) + b(z_D^i)[\nabla_{0,0}K](z_D^i, z) -$$

$$c(z_D^i)[\nabla_{x_1^{(2)},0}K](z_D^i, z) - l(z_D^i)[\nabla_{y_1^{(2)},0}K](z_D^i, z) \Big\} +$$

$$\sum_{i=1}^{|z_C|} \beta_i^1 [\nabla_{0,0}K](z_C^i, z) + \sum_{i=1}^{|z_{B_1}|} \beta_i^2 [\nabla_{0,0}K](z_{B_1}^i, z) +$$

$$\sum_{i=1}^{|z_{B_2}|} \beta_i^3 [\nabla_{0,0}K](z_{B_2}^i, z) + \sum_{i=1}^{|z_{B_3}|} \beta_i^4 [\nabla_{0,0}K](z_{B_3}^i, z) +$$

$$\sum_{i=1}^{|z_{B_4}|} \beta_i^5 [\nabla_{0,0}K](z_{B_4}^i, z) + d$$

4.3.4 不规则区域上的二维偏微分方程求解

前面研究了规则区域上的二维偏微分方程的求解,本节将研究一般的不规则区域上的二维偏微分方程的求解. 在 LS-SVM 框架下,将偏微分方程问题转化为优化问题,利用拉格朗日乘子法结合最优性条件以及核函数可导的性质,得到方程组. 对不规则区域进行离散的方式不同,最终得到的线性系统的形式也不同.

考虑偏微分方程式(4.3.2),条件为 $u(z) = g(z), \forall z \in \partial\sum$ 时的求解问题. 为求得原问题的解 $\hat{u}(z)$,首先设近似解 $\hat{u}(z) = \omega^{\mathrm{T}}\varphi(z) + d$. 则原问题转化为如下优化问题:

$$\min_{w,d,e} \frac{1}{2}\omega^{\mathrm{T}}\omega + \frac{\gamma}{2}e^{\mathrm{T}}e$$

$$\text{s. t. } \omega^{\mathrm{T}}[a(z_D^i)\varphi_t(z_D^i) + b(z_D^i)\varphi(z_D^i) - c(z_D^i)\varphi_{xx}(z_D^i) - l(z_D^i)\varphi_{yy}(z_D^i)] +$$
$$b(z_D^i)d = f(z_D^i) + e_i, i = 1, \cdots, |z_D|$$
$$\omega^{\mathrm{T}}\varphi(z_B^i) + d = g(z_B^i), i = 1, \cdots, |z_B|$$

式中，e_i 为偏差项. 然后，构造优化问题的拉格朗日函数：

$$L(\omega, d, e_i, \alpha_i, \beta_i) = \frac{1}{2}\omega^{\mathrm{T}}\omega + \frac{\gamma}{2}e^{\mathrm{T}}e - \sum_{i=1}^{|z_D|}\alpha_i\Big\{\omega^{\mathrm{T}}[a(z_D^i)\varphi_t(z_D^i) + b(z_D^i)\varphi(z_D^i) -$$
$$c(z_D^i)\varphi_{xx}(z_D^i) - l(z_D^i)\varphi_{yy}(z_D^i)] + b(z_D^i)d -$$
$$f(z_D^i) - e_i\Big\} - \sum_{i=1}^{|z_B|}\beta_i[\omega^{\mathrm{T}}\varphi(z_B^i) + d - g(z_B^i)]$$

式中，$\{\alpha_i\}_{i=1}^{|z_D|}$，$\{\beta_i\}_{i=1}^{|z_B|}$ 均为拉格朗日乘子.

对函数中的未知变量分别求偏导，得到 KKT 条件如下：

$$\frac{\partial L}{\partial \omega} = 0 \Rightarrow$$

$$\omega = \sum_{i=1}^{|z_D|}\alpha_i[a(z_D^i)\varphi_t(z_D^i) + b(z_D^i)\varphi(z_D^i) - c(z_D^i)\varphi_{xx}(z_D^i) - l(z_D^i)\varphi_{yy}(z_D^i)] +$$
$$\sum_{i=1}^{|z_B|}\beta_i\varphi(z_B^i)$$

$$\frac{\partial L}{\partial d} = 0 \Rightarrow \sum_{i=1}^{|z_D|}\alpha_i b(z_D^i) + \sum_{i=1}^{|z_B|}\beta_i = 0$$

$$\frac{\partial L}{\partial e_i} = 0 \Rightarrow \gamma e_i + \alpha_i = 0, i = 1, \cdots, |z_D|$$

$$\frac{\partial L}{\partial \alpha_i} = 0 \Rightarrow \omega^{\mathrm{T}}[a(z_D^i)\varphi_t(z_D^i) + b(z_D^i)\varphi(z_D^i) - c(z_D^i)\varphi_{xx}(z_D^i) -$$
$$l(z_D^i)\varphi_{yy}(z_D^i)] + b(z_D^i)d - f(z_D^i) - e_i = 0, i = 1, \cdots, |z_D|$$

$$\frac{\partial L}{\partial \beta_i} = 0 \Rightarrow \omega^{\mathrm{T}}\varphi(z_B^i) + d = g(z_B^i), i = 1, \cdots, |z_B|$$

从上述 KKT 条件中消去 ω、e，得

$$f(z_D^i) = \sum_{j=1}^{|z_D|}\alpha_j(D_a[\Omega_{t_1,t_2}]^{z_D}D_a + D_a[\Omega_{0,t_2}]^{z_D}D_b - D_a[\Omega_{x_1^{(2)},t_2}]^{z_D}D_c -$$
$$D_a[\Omega_{y_1^{(2)},t_2}]^{z_D}D_l + D_b[\Omega_{t_1,0}]^{z_D}D_a + D_b[\Omega]^{z_D}D_b - D_b[\Omega_{x_1^{(2)},0}]^{z_D}D_c -$$
$$D_b[\Omega_{y_1^{(2)},0}]^{z_D}D_l - D_c[\Omega_{t_1,x_2^{(2)}}]^{z_D}D_a - D_c[\Omega_{0,x_2^{(2)}}]^{z_D}D_b +$$
$$D_c[\Omega_{x_1^{(2)},x_2^{(2)}}]^{z_D}D_c + D_c[\Omega_{y_1^{(2)},x_2^{(2)}}]^{z_D}D_l - D_l[\Omega_{t_1,y_2^{(2)}}]^{z_D}D_a -$$
$$D_l[\Omega_{0,y_2^{(2)}}]^{z_D}D_b + D_l[\Omega_{x_1^{(2)},y_2^{(2)}}]^{z_D}D_c + D_l[\Omega_{y_1^{(2)},y_2^{(2)}}]^{z_D}D_l) +$$
$$\sum_{j=1}^{|z_B|}\beta_j(D_a[\Omega_{0,t_2}]^{z_B,z_D} + D_b[\Omega]^{z_B,z_D} - D_c[\Omega_{0,x_2^{(2)}}]^{z_B,z_D} -$$

$$D_l\big[\Omega_{0,y_z^{(2)}}\big]^{z_c,z_D}\big) + b(z_D^i)d + \frac{\alpha_i}{\gamma} = f(z_D^i), i=1,\cdots,|z_D|$$

$$g(z_B^i) = \sum_{j=1}^{|z_D|} \alpha_j \left\{ [\Omega_{t_1,0}]^{z_D,z_B} D_a + [\Omega]^{z_D,z_B} D_b - [\Omega_{x_1^{(2)},0}]^{z_D,z_B} D_c - [\Omega_{y_1^{(2)},0}]^{z_D,z_B} D_l \right\} +$$

$$\sum_{j=1}^{|z_B|} \beta_j[\Omega]z_B + d, i=1,\cdots,|z_B|$$

$$\sum_{j=1}^{|z_D|} \alpha_j b(z_D^i) + \sum_{j=1}^{|z_B|} \beta_j = 0$$

最终整理成如下线性系统:

$$\begin{bmatrix} K+I_N/\gamma & S_B & b \\ S_B^T & \Delta_B & 1_M \\ b^T & 1_M^T & 0 \end{bmatrix} \begin{bmatrix} \alpha \\ \beta \\ d \end{bmatrix} = \begin{bmatrix} f \\ g \\ 0 \end{bmatrix} \tag{4.3.7}$$

式中,

$$S_B = D_a[\Omega_{0,t_z}]^{z_B,z_D} + D_b[\Omega]^{z_B,z_D} - D_c[\Omega_{0,x_z^{(2)}}]^{z_B,z_D} - D_l[\Omega_{0,y_z^{(2)}}]^{z_c,z_D},$$

$$D_a = \text{diag}[a(z_D^1),\cdots,a(z_D^N)], D_b = \text{diag}[b(z_D^1),\cdots,b(z_D^N)],$$

$$D_c = \text{diag}[c(z_D^1),\cdots,c(z_D^N)], D_l = \text{diag}[l(z_D^1),\cdots,l(z_D^N)];$$

$$b = [b(z_D^1),\cdots,b(z_D^N)]^T; \alpha = [\alpha_1,\cdots,\alpha_N]^T; \beta = [\beta_1,\cdots,\beta_M]^T \in \mathbf{R}^M;$$

$$f = [f(z_D^1),\cdots,f(z_D^N)]^T; g = [g(z_B^1),\cdots,g(z_B^M)]^T; \Delta_B = [\Omega]^{z_B}.$$

通过求解线性系统式(4.3.7),可得原问题的近似解 $\hat{u}(z)$.

$$\hat{u}(z) = \omega^T \varphi(z) + d$$

$$= \sum_{i=1}^{|z_D|} \alpha_i \big(a(z_D^i)[\nabla_{t_1,0}K](z_D^i,z) + b(z_D^i)[\nabla_{0,0}K](z_D^i,z) -$$

$$c(z_D^i)[\nabla_{x_1^{(2)},0}K](z_D^i,z) - l(z_D^i)[\nabla_{y_1^{(2)},0}K](z_D^i,z) \big) +$$

$$\sum_{i=1}^{|z_B|} \beta_i[\nabla_{0,0}K](z_B^i,z) + d$$

4.3.5 非线性二维偏微分方程求解

前面研究了二维线性偏微分方程问题的求解,现在介绍非线性二维偏微分方程的求解.

考虑如下形式的问题:

$$\begin{cases} \dfrac{\partial u}{\partial t} + \dfrac{\partial^2 u}{\partial x^2} + \dfrac{\partial^2 u}{\partial y^2} + f(u) = g(z), z \in \sum \subset \mathbf{R}^3 \\ u(z) = h(z), z \in \partial\sum \end{cases} \tag{4.3.8}$$

式中, f 为非线性函数.

设式(4.3.8)的近似解 $\hat{u}(z) = \omega^T \varphi(z) + d$. 注意到 f 是关于 x,y,t 的函数,则可得如下非线性优化问题[119]:

$$\min_{\omega,d,e,\xi,u} \frac{1}{2}\omega^{\mathrm{T}}\omega + \frac{\gamma}{2}e^{\mathrm{T}}e + \frac{\gamma}{2}\xi^{\mathrm{T}}\xi$$

$$\text{s. t. } \omega^{\mathrm{T}}[\varphi_t(z_D^i)+\varphi_{xx}(z_D^i)+\varphi_{yy}(z_D^i)]+f[u(z_D^i)]=g(z_D^i)+e_i, i=1,\cdots,|z|$$

$$\omega^{\mathrm{T}}\varphi(z_D^i)+d=u(z_D^i)+\xi_i, i=1,\cdots,|z_D|$$

$$\omega^{\mathrm{T}}\varphi(z_B^i)+d=h(z_B^i), i=1,\cdots,|z_B| \tag{4.3.9}$$

式中，e_i,ξ_i 为偏差项.

式(4.3.9)的拉格朗日函数为

$$L(\omega,d,e_i,\xi_i,u,\alpha_i,\beta_i^1,\beta_i^2)$$

$$=\frac{1}{2}\omega^{\mathrm{T}}\omega + \frac{\gamma}{2}e^{\mathrm{T}}e + \frac{\gamma}{2}\xi^{\mathrm{T}}\xi -$$

$$\sum_{i=1}^{|z_D|}\alpha_i\left\{\omega^{\mathrm{T}}[\varphi_t(z_D^i)+\varphi_{xx}(z_D^i)+\varphi_{yy}(z_D^i)]+f[u(z_D^i)]-g(z_D^i)-e_i\right\}-$$

$$\sum_{i=1}^{|z_D|}\beta_i^1[\omega^{\mathrm{T}}\varphi(z_D^i)+d-u(z_D^i)-\xi_i]-$$

$$\sum_{i=1}^{|z_B|}\beta_i^2[\omega^{\mathrm{T}}\varphi(z_B^i)+d-h(z_B^i)]$$

式中，$\{\alpha_i\}_{i=1}^{|z_D|}$，$\{\beta_i^1\}_{i=1}^{|z_D|}$，$\{\beta_i^2\}_{i=1}^{|z_B|}$ 均为拉格朗日乘子.

对函数中的未知变量分别求偏导，得到如下 KKT 条件：

$$\frac{\partial L}{\partial \omega}=0 \Rightarrow \omega = \sum_{i=1}^{|z_D|}\alpha_i[\varphi_t(z_D^i)+\varphi_{xx}(z_D^i)+\varphi_{yy}(z_D^i)]+\sum_{i=1}^{|z_D|}\beta_i^1\varphi(z_D^i)+\sum_{i=1}^{|z_B|}\beta_i^2\varphi(z_B^i)$$

$$\frac{\partial L}{\partial d}=0 \Rightarrow \sum_{i=1}^{|z_D|}\beta_i^1+\sum_{i=1}^{|z_B|}\beta_i^2=0$$

$$\frac{\partial L}{\partial e_i}=0 \Rightarrow e_i=-\frac{\alpha_i}{\gamma}, i=1,\cdots,|z_D|$$

$$\frac{\partial L}{\partial \alpha_i}=0 \Rightarrow \omega^{\mathrm{T}}(\varphi_t(z_D^i)+\varphi_{xx}(z_D^i)+\varphi_{yy}(z_D^i))+f(u(z_D^i))-e_i=g(z_D^i)$$

$$\frac{\partial L}{\partial \beta_i^1}=0 \Rightarrow \omega^{\mathrm{T}}\varphi(z_D^i)+d-u(z_D^i)-\xi_i=0$$

$$\frac{\partial L}{\partial \beta_i^2}=0 \Rightarrow \omega^{\mathrm{T}}\varphi(z_B^i)+d-h(z_B^i)=0$$

$$\frac{\partial L}{\partial \xi_i}=0 \Rightarrow \xi_i=-\frac{\beta_i^1}{\gamma}, i=1,\cdots,|z_D|$$

$$\frac{\partial L}{\partial u_i}=0 \Rightarrow \sum_{i=1}^{|z_D|}\alpha_i\frac{\mathrm{d}f(u(z_D^i))}{\mathrm{d}u_i}-\sum_{i=1}^{|z_D|}\beta_i^1=0$$

从上述 KKT 条件中消去 ω,e,ξ，得

$$g(z_D^i) = \sum_{j=1}^{|z_D|} \alpha_j \left\{ [\Omega_{t_1,t_2}]^{z_D} + [\Omega_{t_1,x_2^{(2)}}]^{z_D} + [\Omega_{t_1,y_2^{(2)}}]^{z_D} + [\Omega_{x_1^{(2)},t_2}]^{z_D} + [\Omega_{x_1^{(2)},x_2^{(2)}}]^{z_D} + \right.$$

$$\left. [\Omega_{x_1^{(2)},y_2^{(2)}}]^{z_D} + [\Omega_{y_1^{(2)},t_2}]^{z_D} + [\Omega_{y_1^{(2)},x_2^{(2)}}]^{z_D} + [\Omega_{y_1^{(2)},y_2^{(2)}}]^{z_D} \right\} +$$

$$\sum_{j=1}^{|z_D|} \beta_j^1 \left\{ [\Omega_{0,t_2}]^{z_D} + [\Omega_{0,x_2^{(2)}}]^{z_D} + [\Omega_{0,y_2^{(2)}}]^{z_D} \right\} + \sum_{j=1}^{|z_B|} \beta_j^2 \left\{ [\Omega_{0,t_2}]^{z_B,z_D} + \right.$$

$$\left. [\Omega_{0,x_2^{(2)}}]^{z_B,z_D} + [\Omega_{0,y_2^{(2)}}]^{z_B,z_D} \right\} + f[u(z_D^i)] + \frac{\alpha_i}{\gamma}, i = 1, \cdots, |z_D|$$

$$0 = \sum_{j=1}^{|z_D|} \alpha_j \left\{ [\Omega_{t_1,0}]^{z_D} + [\Omega_{x_1^{(2)},0}]^{z_D} + [\Omega_{y_1^{(2)},0}]^{z_D} \right\} + \sum_{j=1}^{|z_D|} \beta_j^1 [\Omega]^{z_D} +$$

$$\sum_{j=1}^{|z_B|} \beta_j^2 [\Omega]^{z_B,z_D} + d + \frac{\beta_i^1}{\gamma} - u(z_D^i)$$

$$h(z_B^i) = \sum_{j=1}^{|z_D|} \alpha_j \left\{ [\Omega_{t_1,0}]^{z_D,z_B} + [\Omega_{x_1^{(2)},0}]^{z_D,z_B} + [\Omega_{y_1^{(2)},0}]^{z_D,z_B} \right\} + \sum_{j=1}^{|z_D|} \beta_j^1 [\Omega]^{z_D,z_B} +$$

$$\sum_{j=1}^{|z_B|} \beta_j^2 [\Omega]^{z_B} + d, i = 1, \cdots, |z_B|$$

$$\sum_{j=1}^{|z_D|} \beta_j^1 + \sum_{j=1}^{|z_B|} \beta_j^2 = 0$$

$$\sum_{j=1}^{|z_D|} \alpha_j \frac{\mathrm{d}f\{u(z_D^j)\}}{\mathrm{d}u_j} - \sum_{j=1}^{|z_D|} \beta_j^1 = 0$$

最终整理成如下非线性方程组：

$$\begin{cases} K\alpha + S_1\beta^1 + S_2\beta^2 + f(u) = g \\ S_1^T\alpha + \Delta_{11}\beta^1 + \Delta_{12}\beta^2 + I_N d - I_N u = 0 \\ S_2^T\alpha + \Delta_{12}^T\beta^1 + \Delta_{22}\beta^2 + I_M d = h \\ I_N^T\beta^1 + I_M^T\beta^2 = 0 \\ \mathrm{diag}(f_u)\alpha - I_N^T\beta^1 = 0 \end{cases} \tag{4.3.10}$$

式中，

$$K = [\Omega_{t_1,t_2}]^{z_D} + [\Omega_{t_1,x_2^{(2)}}]^{z_D} + [\Omega_{t_1,y_2^{(2)}}]^{z_D} + [\Omega_{x_1^{(2)},t_2}]^{z_D} + [\Omega_{x_1^{(2)},x_2^{(2)}}]^{z_D} +$$

$$[\Omega_{x_1^{(2)},y_2^{(2)}}]^{z_D} + [\Omega_{y_1^{(2)},t_2}]^{z_D} + [\Omega_{y_1^{(2)},x_2^{(2)}}]^{z_D} + [\Omega_{y_1^{(2)},y_2^{(2)}}]^{z_D} + \frac{I_N}{\gamma};$$

$$S_1 = [\Omega_{0,t_2}]^{z_D} + [\Omega_{0,x_2^{(2)}}]^{z_D} + [\Omega_{0,y_2^{(2)}}]^{z_D};$$

$$S_2 = [\Omega_{0,t_2}]^{z_B,z_D} + [\Omega_{0,x_2^{(2)}}]^{z_B,z_D} + [\Omega_{0,y_2^{(2)}}]^{z_B,z_D};$$

$$f(u) = [f(u(z_D^1)), \cdots, f(u(z_D^N)];$$

$$\Delta_{11} = [\Omega]^{z_D} + \frac{I_N}{\gamma}, \Delta_{12} = [\Omega]^{z_B,z_D}; \Delta_{22} = [\Omega]^{z_B};$$

$$u = [u(z_D^1), \cdots, (u(z_D^N)]^T;$$

$$f_u = \left[\frac{\mathrm{d}}{\mathrm{d}u} f(u(z_D^1)), \cdots, \frac{\mathrm{d}}{\mathrm{d}u} f(u(z_D^N)) \right];$$

$$\alpha = [\alpha_1, \cdots, \alpha_N]^T; \beta^1 = [\beta_1^1, \cdots, \beta_N^1]^T; \beta^2 = [\beta_1^2, \cdots, \beta_M^2]^T;$$

$$g = [g(z_D^1), \cdots, g(z_D^N)]^T; h = [h(z_B^1), \cdots, h(z_B^M)]^T.$$

通过求解非线性方程组式(4.3.10),可得式(4.3.8)的近似解.式(4.3.10)的求解利用牛顿-迭代法实现.

问题式(4.3.8)的近似解为

$$\begin{aligned}
\mathring{u}(z) &= \omega^T \varphi(z) + d \\
&= \sum_{i=1}^{|z_D|} \alpha_i \left\{ [\nabla_{t_i,0} K](z_D^i, z) + [\nabla_{x_i^{(2)},0} K](z_D^i, z) + [\nabla_{y_i^{(2)},0} K](z_D^i, z) \right\} + \\
&\quad \sum_{i=1}^{|z_D|} \beta_i^1 [\nabla_{0,0} K](z_D^i, z) + \sum_{i=1}^{|z_B|} \beta_i^2 [\nabla_{0,0} K](z_B^i, z) + d
\end{aligned}$$

4.3.6　小结

已有文献[116]提出了一维发展型偏微分方程和二维椭圆型方程 LS-SVM 求解方法.本节进一步探讨了二维发展型偏微分方程的 LS-SVM 解法,分别针对规则区域、不规则区域及非线性情形进行了研究.尽管在区域离散的方法上存在差异,规则区域与不规则区域的求解过程在本质上相似,所得到的方程组有所不同.针对非线性问题,在 LS-SVM 框架下引入辅助未知变量,构建优化问题.结合拉格朗日乘子法、KKT 条件以及核函数可导性,最终得到方程组,并通过牛顿迭代法求解,获得原问题的近似解.

文献[116]表明,LS-SVM 方法在求解一维发展型偏微分方程和二维椭圆型方程时,仅需少量样本点即可实现高精度.同时,与有限差分方法[109]和遗传算法[132]相比,LS-SVM在求解二维偏微分方程时不仅精度更高,理论上其计算量也更小,且能够达到更优的精度表现.

4.4　三维偏微分方程
求解的最小二乘支持向量机方法

本节将研究三维偏微分方程的 LS-SVM 解法.

4.4.1　预备知识

为了研究基于 LS-SVM 的三维偏微分方程求解,这里首先给出相关定义.

定义 4.4.1　假定任意两个点 $V_1 = (x_1, y_1, z_1, t_1)^T, V_2 = (x_2, y_2, z_2, t_2)^T$,若 $\varphi(V_1)^T \varphi(V_2) = K(V_1, V_2)$,则

$$\left[\varphi_{x^{(n)}}(V_1)\right]^{\mathrm{T}}\varphi_{x^{(m)}}(V_2)=\nabla_{x_1^{(n)},x_2^{(m)}}\left[K(V_1,V_2)\right]=\frac{\partial^{n+m}K(V_1,V_2)}{\partial x_1^n\partial x_2^m}$$

$$\left[\varphi_{x^{(n)}}(V_1)\right]^{\mathrm{T}}\varphi_{y^{(m)}}(V_2)=\nabla_{x_1^{(n)},y_2^{(m)}}\left[K(V_1,V_2)\right]=\frac{\partial^{n+m}K(V_1,V_2)}{\partial x_1^n\partial y_2^m}$$

$$\left[\varphi_{x^{(n)}}(V_1)\right]^{\mathrm{T}}\varphi_{z^{(m)}}(V_2)=\nabla_{x_1^{(n)},z_2^{(m)}}\left[K(V_1,V_2)\right]=\frac{\partial^{n+m}K(V_1,V_2)}{\partial x_1^n\partial z_2^m}$$

$$\left[\varphi_{x^{(n)}}(V_1)\right]^{\mathrm{T}}\varphi_{t^{(m)}}(V_2)=\nabla_{x_1^{(n)},t_2^{(m)}}\left[K(V_1,V_2)\right]=\frac{\partial^{n+m}K(V_1,V_2)}{\partial x_1^n\partial t_2^m}$$

$$\left[\varphi_{y^{(n)}}(V_1)\right]^{\mathrm{T}}\varphi_{x^{(m)}}(V_2)=\nabla_{y_1^{(n)},x_2^{(m)}}\left[K(V_1,V_2)\right]=\frac{\partial^{n+m}K(V_1,V_2)}{\partial y_1^n\partial x_2^m}$$

$$\left[\varphi_{y^{(n)}}(V_1)\right]^{\mathrm{T}}\varphi_{y^{(m)}}(V_2)=\nabla_{y_1^{(n)},y_2^{(m)}}\left[K(V_1,V_2)\right]=\frac{\partial^{n+m}K(V_1,V_2)}{\partial y_1^n\partial y_2^m}$$

$$\left[\varphi_{y^{(n)}}(V_1)\right]^{\mathrm{T}}\varphi_{z^{(m)}}(V_2)=\nabla_{y_1^{(n)},z_2^{(m)}}\left[K(V_1,V_2)\right]=\frac{\partial^{n+m}K(V_1,V_2)}{\partial y_1^n\partial z_2^m}$$

$$\left[\varphi_{y^{(n)}}(V_1)\right]^{\mathrm{T}}\varphi_{t^{(m)}}(V_2)=\nabla_{y_1^{(n)},t_2^{(m)}}\left[K(V_1,V_2)\right]=\frac{\partial^{n+m}K(V_1,V_2)}{\partial y_1^n\partial t_2^m}$$

$$\left[\varphi_{z^{(n)}}(V_1)\right]^{\mathrm{T}}\varphi_{x^{(m)}}(V_2)=\nabla_{z_1^{(n)},x_2^{(m)}}\left[K(V_1,V_2)\right]=\frac{\partial^{n+m}K(V_1,V_2)}{\partial z_1^n\partial x_2^m}$$

$$\left[\varphi_{z^{(n)}}(V_1)\right]^{\mathrm{T}}\varphi_{y^{(m)}}(V_2)=\nabla_{z_1^{(n)},y_2^{(m)}}\left[K(V_1,V_2)\right]=\frac{\partial^{n+m}K(V_1,V_2)}{\partial z_1^n\partial y_2^m}$$

$$\left[\varphi_{z^{(n)}}(V_1)\right]^{\mathrm{T}}\varphi_{z^{(m)}}(V_2)=\nabla_{z_1^{(n)},z_2^{(m)}}\left[K(V_1,V_2)\right]=\frac{\partial^{n+m}K(V_1,V_2)}{\partial z_1^n\partial z_2^m}$$

$$\left[\varphi_{z^{(n)}}(V_1)\right]^{\mathrm{T}}\varphi_{t^{(m)}}(V_2)=\nabla_{z_1^{(n)},t_2^{(m)}}\left[K(V_1,V_2)\right]=\frac{\partial^{n+m}K(V_1,V_2)}{\partial z_1^n\partial t_2^m}$$

$$\left[\varphi_{t^{(n)}}(V_1)\right]^{\mathrm{T}}\varphi_{x^{(m)}}(V_2)=\nabla_{t_1^{(n)},x_2^{(m)}}\left[K(V_1,V_2)\right]=\frac{\partial^{n+m}K(V_1,V_2)}{\partial t_1^n\partial x_2^m}$$

$$\left[\varphi_{t^{(n)}}(V_1)\right]^{\mathrm{T}}\varphi_{y^{(m)}}(V_2)=\nabla_{t_1^{(n)},y_2^{(m)}}\left[K(V_1,V_2)\right]=\frac{\partial^{n+m}K(V_1,V_2)}{\partial t_1^n\partial y_2^m}$$

$$\left[\varphi_{t^{(n)}}(V_1)\right]^{\mathrm{T}}\varphi_{z^{(m)}}(V_2)=\nabla_{t_1^{(n)},z_2^{(m)}}\left[K(V_1,V_2)\right]=\frac{\partial^{n+m}K(V_1,V_2)}{\partial t_1^n\partial z_2^m}$$

$$\left[\varphi_{t^{(n)}}(V_1)\right]^{\mathrm{T}}\varphi_{t^{(m)}}(V_2)=\nabla_{t_1^{(n)},t_2^{(m)}}\left[K(V_1,V_2)\right]=\frac{\partial^{n+m}K(V_1,V_2)}{\partial t_1^n\partial t_2^m}$$

式中,$\varphi_{x^{(n)}}$,$\varphi_{y^{(n)}}$,$\varphi_{z^{(n)}}$,$\varphi_{t^{(n)}}$ 分别为特征空间对 x,y,z,t 的 n 阶导数. 若 m 或 n 为 0,则不需要对 x,y,z,t 求导.

本节选择高斯核函数，即 $K(V_1,V_2)=\mathrm{e}^{-\frac{\|V_1-V_2\|_2^2}{\sigma^2}}$. 则有下列关系：

$$[\varphi(V_1)]^{\mathrm{T}}\varphi_x(V_2)=\nabla_{0,x_2}[K(V_1,V_2)]=\frac{2(x_1-x_2)}{\sigma^2}K(V_1,V_2)$$

$$[\varphi(V_1)]^{\mathrm{T}}\varphi_y(V_2)=\nabla_{0,y_2}[K(V_1,V_2)]=\frac{2(y_1-y_2)}{\sigma^2}K(V_1,V_2)$$

$$[\varphi(V_1)]^{\mathrm{T}}\varphi_z(V_2)=\nabla_{0,z_2}[K(V_1,V_2)]=\frac{2(z_1-z_2)}{\sigma^2}K(V_1,V_2)$$

$$[\varphi(V_1)]^{\mathrm{T}}\varphi_t(V_2)=\nabla_{0,t_2}[K(V_1,V_2)]=\frac{2(t_1-t_2)}{\sigma^2}K(V_1,V_2)$$

4.4.2　三维偏微分方程的求解

考虑如下三维偏微分方程问题：

$$\begin{cases} C_x\dfrac{\partial T}{\partial t}=K_\lambda\left(\dfrac{\partial^2 T}{\partial x^2}+\dfrac{\partial^2 T}{\partial y^2}+\dfrac{\partial^2 T}{\partial z^2}\right)-d_x\dfrac{\partial T}{\partial x}-d_y\dfrac{\partial T}{\partial y}-d_z\dfrac{\partial T}{\partial z},(x,y,z,t)\in(0,1)^4 \\[2mm] T(0,y,z,t)=f_1(y,z,t),T(1,y,z,t)=f_2(y,z,t),(y,z,t)\in[0,1]^3 \\[2mm] T(x,0,z,t)=g_1(x,z,t),T(x,1,z,t)=g_2(x,z,t),(x,z,t)\in[0,1]^3 \quad (4.4.1) \\[2mm] T(x,y,0,t)=h_1(x,y,t),T(x,y,1,t)=h_2(x,y,t),(x,y,t)\in[0,1]^3 \\[2mm] T(x,y,z,0)=T_0(x,y,z),(x,y,z)\in[0,1]^3 \end{cases}$$

式中，$f_1(y,z,t),f_2(y,z,t),g_1(x,z,t),g_2(x,z,t),h_1(x,y,t),h_2(x,y,t),T_0(x,y,z)$ 均为已知函数，$C_x,K_\lambda,d_x,d_y,d_z$ 均为系数. 由问题式(4.4.1)，结合 LS-SVM 解法得到式(4.4.1)的近似解. 令

$$V=(x,y,z,t)$$
$$V_{B_1}=\{(0,y,z,t)\mid\forall(y,z,t)\in[0,1]^3\}$$
$$V_{B_2}=\{(1,y,z,t)\mid\forall(y,z,t)\in[0,1]^3\}$$
$$V_{B_3}=\{(x,0,z,t)\mid\forall(x,z,t)\in[0,1]^3\}$$
$$V_{B_4}=\{(x,1,z,t)\mid\forall(x,z,t)\in[0,1]^3\}$$
$$V_{B_5}=\{(x,y,0,t)\mid\forall(x,y,t)\in[0,1]^3\}$$
$$V_{B_6}=\{(x,y,1,t)\mid\forall(x,y,t)\in[0,1]^3\}$$
$$V_C=\{(x,y,z,0)\mid\forall(x,y,z)\in[0,1]^3\}$$
$$N=|V_D|$$
$$M=M_1+M_2+M_3+M_4+M_5+M_6+M_7$$
$$=|V_{B_1}|+|V_{B_2}|+|V_{B_3}|+|V_{B_4}|+|V_{B_5}|+|V_{B_6}|+|V_C|$$

假设方程有如下形式的近似解：

$$\hat{T}(V)=\omega^{\mathrm{T}}\varphi(V)+d \tag{4.4.2}$$

为了解得回归参数 ω、d ,首先将式(4.4.2)代入式(4.4.1),由最小二乘支持向量机原理,可将原问题式(4.4.1)转化为如下形式的二次优化问题:

$$\min_{\omega,b,e} \frac{1}{2}\omega^{\mathrm{T}}\omega + \frac{\gamma}{2}e^{\mathrm{T}}e$$

s. t.
$$C_x\omega^{\mathrm{T}}\varphi_t(V_D^i) + e_i = K_\lambda\omega^{\mathrm{T}}[\varphi_{xx}(V_D^i) + \varphi_{yy}(V_D^i) + \varphi_{zz}(V_D^i)] -$$
$$[d_x\omega^{\mathrm{T}}\varphi_x(V_D^i) + d_y\omega^{\mathrm{T}}\varphi_y(V_D^i) + d_z\omega^{\mathrm{T}}\varphi_z(V_D^i)],$$
$$i = 1,2,\cdots,|V_D|$$

$$\omega^{\mathrm{T}}\varphi(V_{B_1}^i) + d = f_1(y_i,z_i,t_i), i = 1,2,\cdots,|V_{B_1}|$$
$$\omega^{\mathrm{T}}\varphi(V_{B_2}^i) + d = f_2(y_i,z_i,t_i), i = 1,2,\cdots,|V_{B_2}|$$
$$\omega^{\mathrm{T}}\varphi(V_{B_3}^i) + d = g_1(x_i,z_i,t_i), i = 1,2,\cdots,|V_{B_3}|$$
$$\omega^{\mathrm{T}}\varphi(V_{B_4}^i) + d = g_2(x_i,z_i,t_i), i = 1,2,\cdots,|V_{B_4}|$$
$$\omega^{\mathrm{T}}\varphi(V_{B_5}^i) + d = h_1(x_i,y_i,t_i), i = 1,2,\cdots,|V_{B_5}|$$
$$\omega^{\mathrm{T}}\varphi(V_{B_6}^i) + d = h_2(x_i,y_i,t_i), i = 1,2,\cdots,|V_{B_6}|$$
$$\omega^{\mathrm{T}}\varphi(V_C^i) + d = T_0(x_i,y_i,z_i), i = 1,2,\cdots,|V_C|$$

式中,$\varphi_x = \frac{\partial\varphi}{\partial x}$,$\varphi_y = \frac{\partial\varphi}{\partial y}$,$\varphi_z = \frac{\partial\varphi}{\partial z}$,$\varphi_t = \frac{\partial\varphi}{\partial t}$,$\varphi_{xx} = \frac{\partial^2\varphi}{\partial x^2}$,$\varphi_{yy} = \frac{\partial^2\varphi}{\partial y^2}$,$\varphi_{zz} = \frac{\partial^2\varphi}{\partial z^2}$,$\gamma$,$e_i$ 分别为正则化参数与偏差项.

然后,构造上述优化问题的拉格朗日函数如下:

$$L(\omega,b,e,\alpha_i,\beta_i^1,\beta_i^2,\beta_i^3,\beta_i^4,\beta_i^5,\beta_i^6,\beta_i^7)$$
$$= \frac{1}{2}\omega^{\mathrm{T}}\omega + \frac{\gamma}{2}e^{\mathrm{T}}e - \sum_{i=1}^N\alpha_i\Big\{K_\lambda\omega^{\mathrm{T}}[\varphi_{xx}(V_D^i) + \varphi_{yy}(V_D^i) +$$
$$\varphi_{zz}(V_D^i)] - \Big[d_x\omega^{\mathrm{T}}\varphi_x(V_D^i) + d_y\omega^{\mathrm{T}}\varphi_y(V_D^i) +$$
$$d_z\omega^{\mathrm{T}}\varphi_z(V_D^i)\Big] - C_x\omega^{\mathrm{T}}\varphi_t(V_D^i) - e_i\Big\} -$$
$$\sum_{i=1}^{|z_{B_1}|}\beta_i^1[\omega^{\mathrm{T}}\varphi(V_{B_1}^i) + d - f_1(y_i,z_i,t_i)] -$$
$$\sum_{i=1}^{|z_{B_2}|}\beta_i^2[\omega^{\mathrm{T}}\varphi(V_{B_2}^i) + d - f_2(y_i,z_i,t_i)] -$$
$$\sum_{i=1}^{|z_{B_3}|}\beta_i^3[\omega^{\mathrm{T}}\varphi(V_{B_3}^i) + d - g_1(x_i,z_i,t_i)] -$$
$$\sum_{i=1}^{|z_{B_4}|}\beta_i^4[\omega^{\mathrm{T}}\varphi(V_{B_4}^i) + d - g_2(x_i,z_i,t_i)] -$$
$$\sum_{i=1}^{|z_{B_5}|}\beta_i^5[\omega^{\mathrm{T}}\varphi(V_{B_5}^i) + d - h_1(x_i,y_i,t_i)] -$$
$$\sum_{i=1}^{|z_{B_6}|}\beta_i^6[\omega^{\mathrm{T}}\varphi(V_{B_6}^i) + d - h_2(x_i,y_i,t_i)] -$$
$$\sum_{i=1}^{|z_C|}\beta_i^7[\omega^{\mathrm{T}}\varphi(V_C^i) + d - T_0(x_i,y_i,z_i)]$$

式中，$\alpha_i, \beta_i^1, \beta_i^2, \beta_i^3, \beta_i^4, \beta_i^5, \beta_i^6, \beta_i^7$ 均为拉格朗日乘子.

对函数中的未知变量分别求偏导，得到 KKT 条件如下：

$$\frac{\partial L}{\partial \omega} = 0 \Rightarrow \omega = \sum_{i=1}^{N} \alpha_i \Big\{ K_\lambda \big[\varphi_{xx}(V_D^i) + \varphi_{yy}(V_D^i) + \varphi_{zz}(V_D^i) \big] + \big[d_x \varphi_x(V_D^i) +$$

$$d_y \varphi_y(V_D^i) + d_z \varphi_z(V_D^i) \big] + C_x \varphi_t(V_D^i) \Big\} + \sum_{i=1}^{|z_{B_1}|} \beta_i^1 \varphi(V_{B_1}^i) +$$

$$\sum_{i=1}^{|z_{B_2}|} \beta_i^2 \varphi(V_{B_2}^i) + \sum_{i=1}^{|z_{B_3}|} \beta_i^3 \varphi(V_{B_3}^i) + \sum_{i=1}^{|z_{B_4}|} \beta_i^4 \varphi(V_{B_4}^i) + \sum_{i=1}^{|z_{B_5}|} \beta_i^5 \varphi(V_{B_5}^i) +$$

$$\sum_{i=1}^{|z_{B_6}|} \beta_i^6 \varphi(V_{B_6}^i) + \sum_{i=1}^{|z_{B_7}|} \beta_i^7 \varphi(V_C^i)$$

$$\frac{\partial L}{\partial d} = 0 \Rightarrow \sum_{i=1}^{|z_{B_1}|} \beta_i^1 + \sum_{i=1}^{|z_{B_2}|} \beta_i^2 + \sum_{i=1}^{|z_{B_3}|} \beta_i^3 + \sum_{i=1}^{|z_{B_4}|} \beta_i^4 + \sum_{i=1}^{|z_{B_5}|} \beta_i^5 + \sum_{i=1}^{|z_{B_6}|} \beta_i^6 + \sum_{i=1}^{|z_C|} \beta_i^7 = 0$$

$$\frac{\partial L}{\partial e_i} = 0 \Rightarrow e_i = -\frac{\alpha_i}{\gamma}, i = 1, \cdots, |V_D|$$

$$\frac{\partial L}{\partial \alpha_i} = 0 \Rightarrow \omega^T \Big\{ -K_\lambda \big[\varphi_{xx}(V_D^i) + \varphi_{yy}(V_D^i) + \varphi_{zz}(V_D^i) \big] + d_x \varphi_x(V_D^i) + d_y \varphi_y(V_D^i) +$$

$$d_z \varphi_z(V_D^i) + C_x \varphi_t(V_D^i) \Big\} + e_i = 0, i = 1, \cdots, |V_D|$$

$$\frac{\partial L}{\partial \beta_i^1} = 0 \Rightarrow \omega^T \varphi(V_{B_1}^i) + d - f_1(y_i, z_i, t_i) = 0$$

$$\frac{\partial L}{\partial \beta_i^2} = 0 \Rightarrow \omega^T \varphi(V_{B_2}^i) + d - f_2(y_i, z_i, t_i) = 0$$

$$\frac{\partial L}{\partial \beta_i^3} = 0 \Rightarrow \omega^T \varphi(V_{B_3}^i) + d - g_1(x_i, z_i, t_i) = 0$$

$$\frac{\partial L}{\partial \beta_i^4} = 0 \Rightarrow \omega^T \varphi(V_{B_4}^i) + d - g_2(x_i, z_i, t_i) = 0$$

$$\frac{\partial L}{\partial \beta_i^5} = 0 \Rightarrow \omega^T \varphi(V_{B_5}^i) + d - h_1(x_i, y_i, t_i) = 0$$

$$\frac{\partial L}{\partial \beta_i^6} = 0 \Rightarrow \omega^T \varphi(V_{B_6}^i) + d - h_2(x_i, y_i, t_i) = 0$$

$$\frac{\partial L}{\partial \beta_i^7} = 0 \Rightarrow \omega^T \varphi(V_C^i) + d - T_0(x_i, y_i, z_i) = 0$$

从上述 KKT 条件中消去 ω、e_i，整理得下列线性系统：

$$\begin{bmatrix} K + I_N/\gamma & S^T & 0_M \\ S & \Delta & 1_M \\ 0_M^T & 1_M^T & 0 \end{bmatrix} \begin{bmatrix} \alpha \\ \beta \\ d \end{bmatrix} = \begin{bmatrix} 0 \\ v \\ 0 \end{bmatrix} \qquad (4.4.3)$$

式中，

$$K = -K_\lambda^2 \Big\{ \big[\Omega_{x_1^{(2)}, x_2^{(2)}} \big]^{V_D} + \big[\Omega_{x_1^{(2)}, y_2^{(2)}} \big]^{V_D} + \big[\Omega_{x_1^{(2)}, z_2^{(2)}} \big]^{V_D} + \big[\Omega_{y_1^{(2)}, x_2^{(2)}} \big]^{V_D} +$$

$$[\Omega_{y_1^{(2)},y_2^{(2)}}]^{V_D} + [\Omega_{y_1^{(2)},z_2^{(2)}}]^{V_D} + [\Omega_{z_1^{(2)},x_2^{(2)}}]^{V_D} + [\Omega_{z_1^{(2)},y_2^{(2)}}]^{V_D} + [\Omega_{z_1^{(2)},z_2^{(2)}}]^{V_D} \Big\} +$$

$$K_\lambda d_x \Big\{ [\Omega_{x_1^{(2)},x_2}]^{V_D} + [\Omega_{y_1^{(2)},x_2}]^{V_D} + [\Omega_{z_1^{(2)},x_2}]^{V_D} \Big\} + K_\lambda d_y \Big\{ [\Omega_{x_1^{(2)},y_2}]^{V_D} +$$

$$[\Omega_{y_1^{(2)},y_2}]^{V_D} + [\Omega_{z_1^{(2)},y_2}]^{V_D} \Big\} + K_\lambda d_z \Big\{ [\Omega_{x_1^{(2)},z_2}]^{V_D} + [\Omega_{y_1^{(2)},z_2}]^{V_D} + [\Omega_{z_1^{(2)},z_2}]^{V_D} \Big\} +$$

$$K_\lambda C_x \Big\{ [\Omega_{x_1^{(2)},t_2}]^{V_D} + [\Omega_{y_1^{(2)},t_2}]^{V_D} + [\Omega_{z_1^{(2)},t_2}]^{V_D} \Big\} -$$

$$K_\lambda d_x \Big\{ [\Omega_{x_1,x_2^{(2)}}]^{V_D} + [\Omega_{x_1,y_2^{(2)}}]^{V_D} + [\Omega_{x_1,z_2^{(2)}}]^{V_D} \Big\} -$$

$$K_\lambda d_y \Big\{ [\Omega_{y_1,x_2^{(2)}}]^{V_D} + [\Omega_{y_1,y_2^{(2)}}]^{V_D} + [\Omega_{y_1,z_2^{(2)}}]^{V_D} \Big\} -$$

$$K_\lambda d_z \Big\{ [\Omega_{z_1,x_2^{(2)}}]^{V_D} + [\Omega_{z_1,y_2^{(2)}}]^{V_D} + [\Omega_{z_1,z_2^{(2)}}]^{V_D} \Big\} -$$

$$K_\lambda C_x \Big\{ [\Omega_{t_1,x_2^{(2)}}]^{V_D} + [\Omega_{t_1,y_2^{(2)}}]^{V_D} + [\Omega_{t_1,z_2^{(2)}}]^{V_D} \Big\} +$$

$$d_x [\Omega_{x_1,x_2}]^{V_D} d_x + d_x [\Omega_{x_1,y_2}]^{V_D} d_y + d_x [\Omega_{x_1,z_2}]^{V_D} d_z +$$

$$d_x [\Omega_{x_1,t_2}]^{V_D} C_x + d_y [\Omega_{y_1,x_2}]^{V_D} d_x + d_y [\Omega_{y_1,y_2}]^{V_D} d_y + d_y [\Omega_{y_1,z_2}]^{V_D} d_z +$$

$$d_y [\Omega_{y_1,t_2}]^{V_D} C_x + d_z [\Omega_{z_1,x_2}]^{V_D} d_x + d_z [\Omega_{z_1,y_2}]^{V_D} d_y +$$

$$d_z [\Omega_{z_1,z_2}]^{V_D} d_z + d_z [\Omega_{z_1,t_2}]^{V_D} C_x + C_x [\Omega_{t_1,x_2}]^{V_D} d_x +$$

$$C_x [\Omega_{t_1,y_2}]^{V_D} d_y + C_x [\Omega_{t_1,z_2}]^{V_D} d_z + C_x [\Omega_{t_1,t_2}]^{V_D} C_x;$$

$$S = [S_{B_1}, S_{B_2}, S_{B_3}, S_{B_4}, S_{B_5}, S_{B_6}, S_C] \in \mathbf{R}^{N \times M},$$

$$S_{B_1} = -K_\lambda \Big\{ [\Omega_{0,x_2^{(2)}}]^{V_{B_1},V_D} + [\Omega_{0,y_2^{(2)}}]^{V_{B_1},V_D} + [\Omega_{0,z_2^{(2)}}]^{V_{B_1},V_D} \Big\} +$$

$$[\Omega_{0,x_2}]^{V_{B_1},V_D} d_x + [\Omega_{0,y_2}]^{V_{B_1},V_D} d_y + [\Omega_{0,z_2}]^{V_{B_1},V_D} d_z + [\Omega_{0,x_2}]^{V_{B_1},V_D} C_x,$$

$$S_{B_2} = -K_\lambda \Big\{ [\Omega_{0,x_2^{(2)}}]^{V_{B_2},V_D} + [\Omega_{0,y_2^{(2)}}]^{V_{B_2},V_D} + [\Omega_{0,z_2^{(2)}}]^{V_{B_2},V_D} \Big\} +$$

$$[\Omega_{0,x_2}]^{V_{B_2},V_D} d_x + [\Omega_{0,y_2}]^{V_{B_2},V_D} d_y + [\Omega_{0,z_2}]^{V_{B_2},V_D} d_z + [\Omega_{0,x_2}]^{V_{B_2},V_D} C_x,$$

$$S_{B_3} = -K_\lambda \Big\{ [\Omega_{0,x_2^{(2)}}]^{V_{B_3},V_D} + [\Omega_{0,y_2^{(2)}}]^{V_{B_3},V_D} + [\Omega_{0,z_2^{(2)}}]^{V_{B_3},V_D} \Big\} +$$

$$[\Omega_{0,x_2}]^{V_{B_3},V_D} d_x + [\Omega_{0,y_2}]^{V_{B_3},V_D} d_y + [\Omega_{0,z_2}]^{V_{B_3},V_D} d_z + [\Omega_{0,x_2}]^{V_{B_3},V_D} C_x,$$

$$S_{B_4} = -K_\lambda \Big\{ [\Omega_{0,x_2^{(2)}}]^{V_{B_4},V_D} + [\Omega_{0,y_2^{(2)}}]^{V_{B_4},V_D} + [\Omega_{0,z_2^{(2)}}]^{V_{B_4},V_D} \Big\} +$$

$$[\Omega_{0,x_2}]^{V_{B_4},V_D} d_x + [\Omega_{0,y_2}]^{V_{B_4},V_D} d_y + [\Omega_{0,z_2}]^{V_{B_4},V_D} d_z + [\Omega_{0,x_2}]^{V_{B_4},V_D} C_x,$$

$$S_{B_5} = -K_\lambda \Big\{ [\Omega_{0,x_2^{(2)}}]^{V_{B_5},V_D} + [\Omega_{0,y_2^{(2)}}]^{V_{B_5},V_D} + [\Omega_{0,z_2^{(2)}}]^{V_{B_5},V_D} \Big\} +$$

$$[\Omega_{0,x_2}]^{V_{B_5},V_D} d_x + [\Omega_{0,y_2}]^{V_{B_5},V_D} d_y + [\Omega_{0,z_2}]^{V_{B_5},V_D} d_z + [\Omega_{0,x_2}]^{V_{B_5},V_D} C_x,$$

$$S_{B_6} = -K_\lambda \Big\{ [\Omega_{0,x_2^{(2)}}]^{V_{B_6},V_D} + [\Omega_{0,y_2^{(2)}}]^{V_{B_6},V_D} + [\Omega_{0,z_2^{(2)}}]^{V_{B_6},V_D} \Big\} +$$

$$\left[\Omega_{0,x_z}\right]^{V_{B_6},V_D}d_x+\left[\Omega_{0,y_z}\right]^{V_{B_6},V_D}d_y+\left[\Omega_{0,z_z}\right]^{V_{B_6},V_D}d_z+\left[\Omega_{0,x_z}\right]^{V_{B_6},V_D}C_x,$$

$$S_C=-K_\lambda\left\{\left[\Omega_{0,x_z^{(z)}}\right]^{V_C,V_D}+\left[\Omega_{0,y_z^{(z)}}\right]^{V_C,V_D}+\left[\Omega_{0,z_z^{(z)}}\right]^{V_C,V_D}\right\}+$$

$$\left[\Omega_{0,x_z}\right]^{V_C,V_D}d_x+\left[\Omega_{0,y_z}\right]^{V_C,V_D}d_y+\left[\Omega_{0,z_z}\right]^{V_C,V_D}d_z+\left[\Omega_{0,x_z}\right]^{V_C,V_D}C_x;$$

$$\Delta=\begin{bmatrix}\Delta_{11}&\Delta_{12}&\Delta_{13}&\Delta_{14}&\Delta_{15}&\Delta_{16}&\Delta_{17}\\\Delta_{12}^T&\Delta_{22}&\Delta_{23}&\Delta_{24}&\Delta_{25}&\Delta_{26}&\Delta_{27}\\\Delta_{13}^T&\Delta_{23}^T&\Delta_{33}&\Delta_{34}&\Delta_{35}&\Delta_{36}&\Delta_{37}\\\Delta_{14}^T&\Delta_{24}^T&\Delta_{34}^T&\Delta_{44}&\Delta_{45}&\Delta_{46}&\Delta_{47}\\\Delta_{15}^T&\Delta_{25}^T&\Delta_{35}^T&\Delta_{45}^T&\Delta_{55}&\Delta_{56}&\Delta_{57}\\\Delta_{16}^T&\Delta_{26}^T&\Delta_{36}^T&\Delta_{46}^T&\Delta_{56}^T&\Delta_{66}&\Delta_{67}\\\Delta_{17}^T&\Delta_{27}^T&\Delta_{37}^T&\Delta_{47}^T&\Delta_{57}^T&\Delta_{67}^T&\Delta_{77}\end{bmatrix}\in\mathbf{R}^{M\times M},$$

$$\Delta_{11}=\left[\Omega\right]^{V_{B_1}},\Delta_{12}=\left[\Omega\right]^{V_{B_2},V_{B_1}},\Delta_{13}=\left[\Omega\right]^{V_{B_3},V_{B_1}},\Delta_{14}=\left[\Omega\right]^{V_{B_4},V_{B_1}},$$

$$\Delta_{15}=\left[\Omega\right]^{V_{B_5},V_{B_1}},\Delta_{16}=\left[\Omega\right]^{V_{B_6},V_{B_1}},\Delta_{17}=\left[\Omega\right]^{V_C,V_{B_1}},\Delta_{22}=\left[\Omega\right]^{V_{B_2}},$$

$$\Delta_{23}=\left[\Omega\right]^{V_{B_3},V_{B_2}},\Delta_{24}=\left[\Omega\right]^{V_{B_4},V_{B_2}},\Delta_{25}=\left[\Omega\right]^{V_{B_5},V_{B_2}},\Delta_{26}=\left[\Omega\right]^{V_{B_6},V_{B_2}},$$

$$\Delta_{27}=\left[\Omega\right]^{V_C,V_{B_2}},\Delta_{33}=\left[\Omega\right]^{V_{B_3}},\Delta_{34}=\left[\Omega\right]^{V_{B_4},V_{B_3}},\Delta_{35}=\left[\Omega\right]^{V_{B_5},V_{B_3}},$$

$$\Delta_{36}=\left[\Omega\right]^{V_{B_6},V_{B_3}},\Delta_{37}=\left[\Omega\right]^{V_C,V_{B_3}},\Delta_{44}=\left[\Omega\right]^{V_{B_4}},\Delta_{45}=\left[\Omega\right]^{V_{B_5},V_{B_4}},$$

$$\Delta_{46}=\left[\Omega\right]^{V_{B_6},V_{B_4}},\Delta_{47}=\left[\Omega\right]^{V_C,V_{B_4}},\Delta_{55}=\left[\Omega\right]^{V_{B_5}},\Delta_{56}=\left[\Omega\right]^{V_{B_6},V_{B_5}},$$

$$\Delta_{57}=\left[\Omega\right]^{V_{B_7},V_{B_5}},\Delta_{66}=\left[\Omega\right]^{V_{B_6}},\Delta_{67}=\left[\Omega\right]^{V_{B_7},V_{B_6}},\Delta_{77}=\left[\Omega\right]^{V_{B_7}};$$

$$v=\left[f_1,f_2,g_1,g_2,h_1,h_2,T_0\right]\in\mathbf{R}^M;$$

$$f_1=\left[f_1(z_{B_1}^1),f_1(z_{B_1}^2),\cdots,f_1(z_{B_1}^{M_1})\right]^T\in\mathbf{R}^{M_1};$$

$$f_2=\left[f_2(z_{B_2}^1),f_2(z_{B_2}^2),\cdots,f_2(z_{B_2}^{M_2})\right]^T\in\mathbf{R}^{M_2};$$

$$g_1=\left[g_1(z_{B_3}^1),g_1(z_{B_3}^2),\cdots,g_1(z_{B_3}^{M_3})\right]^T\in\mathbf{R}^{M_3};$$

$$g_2=\left[g_2(z_{B_4}^1),g_2(z_{B_4}^2),\cdots,g_2(z_{B_4}^{M_4})\right]^T\in\mathbf{R}^{M_4};$$

$$h_1=\left[h_1(z_{B_5}^1),h_1(z_{B_5}^2),\cdots,h_1(z_{B_5}^{M_5})\right]^T\in\mathbf{R}^{M_5};$$

$$h_2=\left[h_2(z_{B_6}^1),h_2(z_{B_6}^2),\cdots,h_2(z_{B_6}^{M_6})\right]^T\in\mathbf{R}^{M_6};$$

$$T_0=\left[T_0(z_C^1),T_0(z_C^2),\cdots,T_0(z_C^{M_7})\right]^T\in\mathbf{R}^{M_7};$$

$$\alpha=\left[\alpha_1,\alpha_2,\cdots,\alpha_N\right]^T;$$

$$\beta=\left[\beta^1,\beta^2,\beta^3,\beta^4,\beta^5,\beta^6,\beta^7\right]^T\in\mathbf{R}^M;$$

$$\beta^1=\left[\beta_1^1,\beta_2^1,\cdots,\beta_{M_1}^1\right];$$

$$\beta^2=\left[\beta_1^2,\beta_2^2,\cdots,\beta_{M_2}^2\right];$$

$$\beta^3 = [\beta_1^3, \beta_2^3, \cdots, \beta_{M_3}^3];$$

$$\beta^4 = [\beta_1^4, \beta_2^4, \cdots, \beta_{M_4}^4];$$

$$\beta^5 = [\beta_1^5, \beta_2^5, \cdots, \beta_{M_5}^5];$$

$$\beta^6 = [\beta_1^6, \beta_2^6, \cdots, \beta_{M_6}^6];$$

$$\beta^7 = [\beta_1^7, \beta_2^7, \cdots, \beta_{M_7}^7].$$

通过求解线性系统式(4.4.3),可得原式(4.4.1)的近似解.线性系统的求解通过牛顿—迭代法实现.原式(4.4.1)的近似解为

$$\hat{T} = \omega^{\mathrm{T}} \varphi(V) + d$$

$$
\begin{aligned}
= \sum_{i=1}^{|z_D|} \alpha_i \Big(& K_\lambda \big\{ [\nabla_{x_1^{(2)},0} K](V_D^i, V) + [\nabla_{y_1^{(2)},0} K](V_D^i, V) + [\nabla_{z_1^{(2)},0} K](V_D^i, V) \big\} + \\
& d_x [\nabla_{x_1,0} K](V_D^i, V) + d_y [\nabla_{y_1,0} K](V_D^i, V) + d_z [\nabla_{x_1,0} K](V_D^i, V) + \\
& c_x [\nabla_{t_1,0} K](V_D^i, V) \Big) + \sum_{i=1}^{|z_{B_1}|} \beta_i^1 [\nabla_{0,0} K](V_{B_1}^i, V) + \sum_{i=1}^{|z_{B_2}|} \beta_i^2 [\nabla_{0,0} K](V_{B_2}^i, V) + \\
& \sum_{i=1}^{|z_{B_3}|} \beta_i^3 [\nabla_{0,0} K](V_{B_3}^i, V) + \sum_{i=1}^{|z_{B_4}|} \beta_i^4 [\nabla_{0,0} K](V_{B_4}^i, V) + \\
& \sum_{i=1}^{|z_{B_5}|} \beta_i^5 [\nabla_{0,0} K](V_{B_5}^i, V) + \sum_{i=1}^{|z_{B_6}|} \beta_i^6 [\nabla_{0,0} K](V_{B_6}^i, V) + \\
& \sum_{i=1}^{|z_{B_7}|} \beta_i^7 [\nabla_{0,0} K](V_C^i, V) + d
\end{aligned}
$$

4.4.3 小结

本节主要研究三维偏微分方程的 LS-SVM 解法.与低维微分方程的求解方法不同,三维偏微分方程在离散时产生的样本点数量显著增加,优化问题及其对应的 KKT 条件表达形式也更加复杂.随着维数的提升,微分方程的 LS-SVM 数值格式推导难度进一步加大.此外,样本点数量的增多导致所得到的方程组规模急剧扩大,求解难度显著增加.LS-SVM 的求解结果依赖于训练数据的质量和数量,如果训练数据不充分或存在噪声,可能会影响求解的精度.此外,对于一些具有高度非线性和强耦合性的 PDE,LS-SVM 可能需要大量的训练数据和复杂的模型结构才能取得较好的效果,这会增加计算成本和模型训练的难度.传统的方程组解法已难以满足实际需求,因此,对于三维偏微分方程的 LS-SVM 解法所得到的方程组,可采用牛顿迭代法或其他迭代方法进行有效求解.

与有限差分方法相比,三维问题的 LS-SVM 解法在计算量上更具比较优势,同时能够达到更高的求解精度.此外,对于三维问题,LS-SVM 方法同样能够通过较少的样本点实现高精度的解算.本节所研究的方法不仅适用于求解规则区域和不规则区域的高维偏微分方程,还可扩展应用于非线性问题以及其他类型的高维偏微分方程的求解.

4.5　二维热传导反问题求解的最小二乘支持向量机方法

本节研究基于 LS-SVM 的二维热传导方程反问题的数值解法.

4.5.1　二维热传导方程初始条件反演的 LS-SVM 解法

考虑如下问题[267]：

$$
\begin{cases}
u_t = u_{xx} + u_{yy}, (x,y) \in (0,1) \times (0,1), t \in (0,1) \\
u(0,y,t) = f_1(y,t), u(1,y,t) = f_2(y,t), y \in [0,1], t \in [0,1] \\
u(x,0,t) = g_1(x,t), u(x,1,t) = g_2(x,t), x \in [0,1], t \in [0,1] \\
u(x,y,1) = g(x,y), (x,y) \in [0,1] \times [0,1]
\end{cases}
\tag{4.5.1}
$$

式中，$f_1(y,t), f_2(y,t), g_1(x,t), g_2(x,t), g(x,y)$ 均为已知函数. 本节由式(4.5.1)反演初始条件 $f(x,y)$，并得到式(4.5.1)的近似解 $\hat{u}(x,y,t)$.

由式(4.5.1)可得相容性条件：

$$g(0,y) = f_1(y,1), g(1,y) = f_2(y,1)$$

$$f_1(0,t) = g_1(0,t), f_2(0,t) = g_1(1,t)$$

$$g_1(x,1) = g(x,0), f_1(1,t) = g_2(0,t)$$

$$f_2(1,t) = g_2(1,t), g_2(x,1) = g(x,1)$$

对于问题式(4.5.1)，为了反演初始条件 $f(x,y)$，首先对区域进行离散化以得到样本点，对空间域各方向上进行 M 等分，步长为 h；其次对时间域进行 N 等分，步长为 τ，则训练点个数 $P = M^2 \times N$. 为了方便起见，记 $V = (x,y,t)$，将样本点从左往右、从下到上依次排列：

$$V = [V_1, \cdots, V_P], V_i = (x_i, y_i, t_i), i = 1, \cdots, P$$

假设式(4.5.1)有如下形式的近似解[267]：

$$
\hat{u}(V) = A(V) + B(V) \left[\sum_{j=1}^{P} \alpha_j G(V, V_j) + d \right]
\tag{4.5.2}
$$

式中，$G(V, V_j)$ 为高斯核函数，$G(V, V_j) = \mathrm{e}^{-\frac{\|V - V_j\|_2^2}{\sigma^2}}$，$\sigma$ 为核函数宽度参数；α, d 为待定模型参数；$A(V), B(V)$ 为已知函数，且 $A(V)$ 满足终值条件和边界条件，$B(V)$ 在终止时刻和边界上取值为 0. 将 $A(V), B(V)$ 取为如下形式：

$$A(V) = A_1(x,y,t) + A_2(x,y,t)$$

$$B(V) = (1-t)(x - x^2)(y - y^2)$$

$$A_1(x,y,t) = (1-x)f_1(y,t) + xf_2(y,t) +$$

$$(1-y)[g_1(x,t)-(1-x)g_1(0,t)-xg_1(1,t)]+$$
$$y[g_2(x,t)-(1-x)g_2(0,t)-xg_2(1,t)]$$

$$A_2(x,y,t)=t[g(x,y)-A_1(x,y,1)]$$

将近似解代入原式(4.5.1),整理得

$$\sum_{j=1}^{P}\alpha_j\bar{G}(V,V_j)+F(V)d+H(V)\approx 0 \qquad (4.5.3)$$

式中,

$$\bar{G}(V,V_j)=G_1(V,V_j)+G_2(V,V_j)+G_3(V,V_j),$$
$$G_1(V,V_j)=F(V)G(V,V_j),$$
$$G_2(V,V_j)=-2[B_x(V)G_x(V,V_j)+B_y(V)G_y(V,V_j)]+B(V)G_t(V,V_j),$$
$$G_3(V,V_j)=-B(V)[G_{xx}(V,V_j)+G_{yy}(V,V_j)];$$
$$F(V)=B_t(V)-B_{xx}(V)-B_{yy}(V);$$
$$H(V)=A_t(V)-A_{xx}(V)-A_{yy}(V).$$

为求解回归参数 α,d,将样本点代入式(4.5.3). 在 LS-SVM 框架下,原问题式(4.5.1)转化为求解如下优化问题:

$$\min\frac{1}{2}\alpha^{\mathrm{T}}\alpha+\frac{\gamma}{2}e^{\mathrm{T}}e$$

$$\text{s. t.}\sum_{j=1}^{P}\alpha_j\bar{G}(V_i,V_j)+F(V_i)d+H(V_i)+e_i=0,i=1,\cdots,P \qquad (4.5.4)$$

式中,正则化参数 $\gamma\in R^+$,e_i 为偏差项.

优化问题式(4.5.4)的拉格朗日函数为

$$L(\alpha,d,e,\beta)=\frac{1}{2}\alpha^{\mathrm{T}}\alpha+\frac{\gamma}{2}e^{\mathrm{T}}e-$$

$$\sum_{i=1}^{P}\beta_i\Big[\sum_{j=1}^{P}\alpha_j\bar{G}(V_i,V_j)+F(V_i)d+H(V_i)+e_i\Big] \qquad (4.5.5)$$

式中,$\{\beta_i\}_{i=1}^{P}$ 为拉格朗日乘子. 由最优性条件,可得

$$\begin{cases} \dfrac{\partial L}{\partial\alpha_i}=0\Rightarrow\alpha_i-\sum_{j=1}^{P}\beta_j\bar{G}(V_j,V_i)=0,i=1,\cdots,P \\[2mm] \dfrac{\partial L}{\partial e_i}=0\Rightarrow e_i=\dfrac{\beta_i}{\gamma},i=1,\cdots,P \\[2mm] \dfrac{\partial L}{\partial\beta_i}=0\Rightarrow\sum_{j=1}^{P}\alpha_j\bar{G}(V_i,V_j)+F(V_i)d+H(V_i)+e_i=0,i=1,\cdots,P \\[2mm] \dfrac{\partial L}{\partial d}=0\Rightarrow-\sum_{j=1}^{P}\beta_jF(V_j)=0 \end{cases} \qquad (4.5.6)$$

消去 e_i,整理得如下线性系统:

$$\begin{bmatrix} -I_P & R^{\mathrm{T}} & 0_P \\ R & I_P/\gamma & Q \\ 0_P^{\mathrm{T}} & Q^{\mathrm{T}} & 0 \end{bmatrix} \begin{bmatrix} \alpha \\ \beta \\ d \end{bmatrix} = \begin{bmatrix} 0 \\ \hat{H} \\ 0 \end{bmatrix} \tag{4.5.7}$$

式中，I_P 为 P 阶单位矩阵.

$$R = \left[\overline{G}(V_i, V_j)\right]_{P \times P}, 0_P = (0, \cdots, 0)^{\mathrm{T}}$$

$$Q = \left[F(V_1), \cdots, F(V_P)\right]^{\mathrm{T}}$$

$$\hat{H} = \left[-H(V_1), \cdots, -H(V_P)\right]^{\mathrm{T}}$$

由线性系统式(4.5.7)中解出 α, d，即可得问题的近似解. 式(4.5.7)为 $2P+1$ 阶线性方程组，可较容易解得参数 α, d，将解得的 α, d 代入式(4.5.2)，即得问题式(4.5.1)的近似解，初始条件 $f(x, y) \approx \hat{u}(x, y, 0)$.

4.5.2　参数调节及稳定性分析

线性系统式(4.5.7)含有两个待调节的参数：正则化参数 γ 与核宽度参数 σ. 本节取正则化参数 $\gamma = 10^8$，核宽度参数 σ 待调节. 给定 σ 的值即可求得问题式(4.5.1)的近似解.

本节借助 Crank-Nicolson 差分方法对参数进行优化[269]，记空间步长为 h，时间步长为 τ，记 $u_{i,j}^k = u(ih, jh, k\tau)$，则

$$\min \|E_{i,j}^k\|_\infty$$

$$E_{i,j}^k = \frac{u_{i,j}^{k+1} - u_{i,j}^k}{\tau} - \frac{u_{i+1,j}^{k+1} - 2u_{i,j}^{k+1} + u_{i-1,j}^{k+1}}{2h^2} - \frac{u_{i+1,j}^k - 2u_{i,j}^k + u_{i-1,j}^k}{2h^2} -$$

$$\frac{u_{i,j+1}^{k+1} - 2u_{i,j}^{k+1} + u_{i,j-1}^{k+1}}{2h^2} - \frac{u_{i,j+1}^k - 2u_{i,j}^k + u_{i,j-1}^k}{2h^2} \tag{4.5.8}$$

由 Crank-Nicolson 差分方法理论，可得 $\|E_{i,j}^k\|_\infty = O(h^2 + \tau^2)$，因此核宽度参数 σ 可用 $\|E_{i,j}^k\|_\infty$ 优化调节.

将近似解 $\hat{u}$ 代入原式(4.5.1)，整理可得

$$Lu(V) = \sum_{j=1}^P \alpha_j \overline{G}(V, V_j) + F(V)d + H(V) \tag{4.5.9}$$

用 $\|Lu(V)\|_\infty$ 衡量解的稳定性和精度，由于 $Lu(V)$ 一致连续可微，在边界上的取值为 0，因此 $\|Lu(V)\|_\infty$ 可在内部取得. 令

$$\|Lu(V)\|_\infty = |Lu(x^*, y^*, t^*)|, (x^*, y^*, t^*) \in (0, 1)^3$$

假设样本点 $V^* = (x_{i0}, y_{i0}, t_{i0})$ 距离点 (x^*, y^*, t^*) 最近，则

$$\|Lu(V)\|_\infty = |Lu(x^*, y^*, t^*) - Lu(x_{i0}, y_{i0}, t_{i0}) + Lu(x_{i0}, y_{i0}, t_{i0})|$$

$$\leqslant |Lu(x^*, y^*, t^*) - Lu(x_{i0}, y_{i0}, t_{i0})| + |Lu(x_{i0}, y_{i0}, t_{i0})|$$

$$\leqslant h(P_x + P_y) + \tau P_t + \|e\|_\infty \tag{4.5.10}$$

式中，$P_x = \|Lu_x(V)\|_\infty$，$P_y = \|Lu_y(V)\|_\infty$，$P_t = \|Lu_t(V)\|_\infty$. 由式(4.5.10)可知，LS-SVM 算法收敛且稳定.

4.5.3 数值算例

下面讨论数值算例.

例 4.5.1 考虑如下问题：

$$\begin{cases} u_t = u_{xx} + u_{yy}, (x,y) \in (0,1) \times (0,1), t \in (0,1) \\ u(0,y,t) = 0, u(1,y,t) = e^{-2t} \sin(1) \sin y, y \in [0,1], t \in [0,1] \\ u(x,0,t) = 0, u(x,1,t) = e^{-2t} \sin x \sin(1), x \in [0,1], t \in [0,1] \\ u(x,y,1) = e^{-2} \sin x \sin y, x \in [0,1], y \in [0,1] \end{cases} \quad (4.5.11)$$

已知初始条件

$$u(x,y,0) = \sin x \sin y, (x,y) \in [0,1]^2$$

利用 LS-SVM 方法可求得数值解，式(4.5.11)的解析解为

$$u(x,y,t) = e^{-2t} \sin x \sin y$$

取空间步长 $h = 0.1$，时间步长 $\tau = 0.05$，则样本点的个数 $P = 1\,539$. 考虑问题式(4.5.11)，已知终止时刻条件

$$u(x,y,1) = e^{-2} \sin x \sin y, (x,y) \in [0,1]^2$$

反演初始条件 $g(x,y)$

例 4.5.2 考虑如下逆问题：

$$\begin{cases} u_t = u_{xx} + u_{yy}, (x,y) \in (0,1) \times (0,1), t \in (0,1) \\ u(0,y,t) = e^{-2\pi^2 t} \cos \pi y, u(1,y,t) = -e^{-2\pi^2 t} \cos \pi y, y \in [0,1], t \in [0,1] \\ u(x,0,t) = e^{-2\pi^2 t} \cos \pi x, u(x,1,t) = -e^{-2\pi^2 t} \cos \pi x, x \in [0,1], t \in [0,1] \\ u(x,y,1) = e^{-2\pi^2} \cos \pi x \cos \pi y, x \in [0,1], y \in [0,1] \end{cases} \quad (4.5.12)$$

已知初始条件

$$u(x,y,0) = \cos \pi x \cos \pi y, (x,y) \in [0,1]^2$$

利用 LS-SVM 解法可得数值解，问题式(4.5.12)的解析解为

$$u(x,y,t) = e^{-2\pi^2 t} \cos \pi x \cos \pi y$$

取空间步长 $h = 0.1$，时间步长 $\tau = 0.1$，则样本点的个数 $P = 729$. 考虑式(4.5.12)，已知终止时刻条件为

$$u(x,y,1) = e^{-2\pi^2} \cos \pi x \cos \pi y, (x,y) \in [0,1]^2$$

反演初始条件 $g(x,y)$.

对给定的终止时刻观测值加扰动，表达式如下：

$$\varphi^* = \varphi + \varepsilon \{2\text{rand}[\text{size}(\varphi)] - 1\} \cdot \varphi \quad (4.5.13)$$

式中，ε 为常数；$\varphi = g(x,y) = e^{-2} \sin x \sin y$.

本节通过以下方式来检验方法的有效性，具体公式如下：

$$\delta_s = \frac{\sum\limits_{i=1}^{P}(u(V_i) - \mathring{u}(V_i))}{P} \quad (4.5.14)$$

$$\delta_c = \frac{\max|u(V_i) - \mathring{u}(V_i)|}{\max|u(V_i)|} \quad (4.5.15)$$

式中，$u(V_i)$，$\dot{u}(V_i)$ 分别表示问题的解析解与数值解，$i=1,\cdots,P$.

由式(4.5.14)、式(4.5.15)计算得平均误差和最大相对误差，结果见表 4.5.1.

表 4.5.1　初值反演结果误差

算例	h	τ	ε	δ_s	δ_c
例 4.5.1	0.1	0.05	0	3.7×10^{-3}	1.23×10^{-2}
	0.1	0.05	0.01	-0.74×10^{-2}	2.68×10^{-2}
	0.1	0.05	0.02	-0.74×10^{-2}	2.68×10^{-2}
例 4.5.2	0.1	0.1	0	$1.765\,2\times10^{-18}$	4.83×10^{-2}
	0.1	0.1	0.01	$1.129\,4\times10^{-12}$	4.83×10^{-2}
	0.1	0.1	0.02	$4.215\,4\times10^{-12}$	4.83×10^{-2}

由表 4.5.1 可知，初值反演效果较好，加上噪声后，计算精度仍然比较理想.

4.5.4　小结

本节主要研究了基于 LS-SVM 的二维热传导方程初值问题的反演计算方法，通过理论推导给出了初始条件的表达式.研究表明，该方法具有较高的精度，且具有稳定性且收敛性.所讨论的内容拓宽了 LS-SVM 的应用，验证了 LS-SVM 方法不仅适用于复杂的偏微分方程反演问题，还可以扩展到高维偏微分方程的初始条件或源项反演问题的求解.

4.6　本章小结

本章主要研究了 LS-SVM 方法在微分方程求解中的应用.首先介绍了 LS-SVM 的基本原理，并通过拉格朗日乘子法、KKT 条件以及核函数可导性质，推导出微分方程问题的数值解法.

本章涵盖了对多类微分方程的求解，包括：m 阶线性常微分方程、一阶非线性常微分方程、二维发展型偏微分方程在规则区域、非规则区域及非线性情况下的求解，以及三维发展型偏微分方程的求解.

此外，针对二维热传导方程的初始条件反演问题，本章给出了基于 LS-SVM 的求解方法.通过构造未知函数的近似解并转化为优化问题，得到了离散方程组，并求解得出反问题的近似解.对初始条件的数值解进行了分析，并对参数选择、算法稳定性和收敛性进行了探讨.数值算例的误差分析表明该方法具有较高的精度.

本章的研究丰富了 LS-SVM 在微分方程求解中的应用.未来可以进一步探讨 LS-SVM 在高阶耦合微分方程正反问题中的应用.

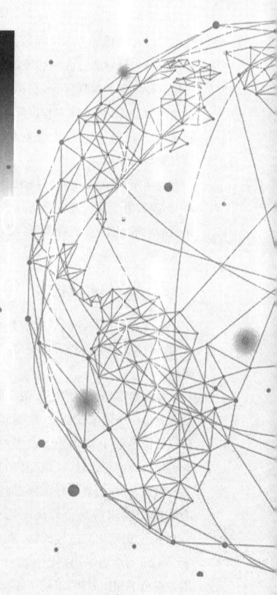

第 5 章

一类热传导反演问题的神经网络方法

5.1 绪 论

5.1.1 背景及意义

偏微分方程反问题是一个应用广泛且发展迅速的研究领域,众多文献都有所涉及[57,196,222].热传导方程反问题是偏微分方程反问题的重要组成部分,通过测量部分边界或内部特定位置的温度与热流,进而确定求解区域的温度、热流、热物性参数以及源项等问题具备广泛的物理背景,在医学成像[2,49]、地质勘探[171,226]、气象预报等诸多领域均有应用[222].然而,热传导方程反问题通常是不适定的,观测数据发生极其微小的变动,都可能导致计算结果产生巨大误差,这使得反问题的求解难度较大.该类问题数值解的研究具有重要的理论意义.

近年来,伴随深度学习技术的蓬勃发展,借助神经网络求解偏微分方程已成为热门研究方向.由于深度神经网络具备强大的表征能力,神经网络方法被广泛应用于各类反问题的求解当中.在此背景下,探索如何运用神经网络求解热传导方程反问题,成了科学研究的重要领域[232].

5.1.2 研究现状

在研究利用神经网络求解热传导方程反问题时,由于问题背景、观测条件、求解区域、物体性质等方面不同,求解方法有所区别.本章主要研究稳态热传导边界条件识别反问题.

稳态热传导方程的边界识别问题,旨在通过获取部分边界信息或内部信息,来推导出边界条件中的未知信息.这类问题具有深厚的物理背景[288].边界条件识别问题,指的是部分边界条件未知,求解过程中需要克服反问题的不适定性,因此需要借助各种方法来确保求解的稳定性,其中经典的求解方法是正则化方法[222].

当前,针对边界条件识别反问题的研究文献颇为丰富.例如,TTM Onyango 等运用边界元方法,求解热传导反问题中的未知边界信息与热传导系数[99,100];Zhou 等基于 Tikhonov 正则化与边界元法,利用部分边界条件及内点信息,解决位势边界条件反问题[82];Jin 等学者采用共轭梯度法,求解了稳态热传导方程的 Robin 系数反问题[68].刘唐伟等提出 HSIR 方法,求解了矩形域上的侧边值问题[227].热传导边界识别反问题可归为柯西问题,前面章节已经述及,针对柯西问题的研究已有诸多成果.然而,大部分传统方法处理复杂边界情况难度较大,对于高维问题求解困难.所以,探寻更有效的数值算法具有重要意义.大多数传统数值方法(如有限差分法、有限元方法等)通常需要在求解后进行插值,才能得到在整个定义域上的解. 与之相比,人工神经网络方法在实现上相对方便,但在求解过程中容易出现多个局部极小值,且隐含层数量的选择也相对复杂. 此外,传统人工神经网络需要求解非线性优化问题,计算成本较高.

Hinton 基于大量训练数据提出了深度学习概念[59],在众多领域获得显著成就[77]. 基于深度神经网络的万能逼近定理[105],运用神经网络求解偏微分方程成为机器学习领域的一个新方向. 1943 年,Pitts 和 McCulloch 率先提出人工神经网络. 随后,Lee[78]、Wang[156]、Yentis[175] 以及 Lagaris[76] 等将其应用于偏微分方程的求解. 其核心思路是把损失函数拆分为两部分:一部分用于契合边界条件与初始条件,另一部分则用于构建人工神经网络以满足偏微分方程,此举有效解决了以往神经网络求解过程中难以同时兼顾多类条件的难题. He 等从逼近论的角度,证明了神经网络方法求解偏微分方程的可行性,并指出在求解微分方程时,神经网络方法与有限元方法具有类似效果[57].

早期,神经网络的发展受限于计算机硬件算力与软件支持. 然而,随着科技的不断进步,以及深度学习在各个领域的迅猛发展,利用神经网络方法求解偏微分方程逐渐演化为三大类别:数据驱动、物理约束和物理驱动[191]. 数据驱动方法需要预先获取偏微分方程的精确解作为标签数据,进而对标签数据进行逼近. 例如,Long[88] 和 Zha[179] 通过约束卷积核来逼近微分算子,同时利用神经网络近似右端项,提出了基于数据驱动的卷积神经网络(convolutional neural network). 针对高维偏微分方程问题,Weinan 等基于方程的离散格式,提出一种借助深度学习逼近梯度算子的求解方法[56]. 物理驱动方法则是运用控制方程实施约束,但该方法仅适用于求解较为简单的偏微分方程. Cai 等提出了针对椭圆方程的无监督深度学习数值计算方法[14]. 物理约束方法处于数据驱动和物理驱动两者之间,它在损失函数中增添控制方程等物理约束条件,从而降低了神经网络对标签数据的依赖程度. Sirignano 等利用 Galerkin 方法计算微分算子,提出了物理约束下的神经网络[131]. Raissi 等提出了内嵌物理机理神经网络(physics-informed neural networks,PINNs),并运用该方法求解了部分微分方程的正问题与反问题[111]. PINNs 的核心思想是构建一个神经网络,利用自动微分技术将 PDE 嵌入到损失函数中,结合初边值条件以及其它观测数据,最小化 PDE 的残差,通过调整网络参数,使得神经网络能够逼近 PDE 的真实解. Gorbachenko 等也提出了一类有效求解偏微分方程反问题的方法[53].

此后,PINNs 方法历经诸多改进,例如 cPINNs[65]、gPINNs[177]、fPINNs 等[102]. Meng 等[93] 提出了 PPINN 方法,该方法基于 PINNs,将长时间问题分解为几个相互独立的短时间问题,以此提升求解效率. Lu 等对神经网络方法进行了总结,并推出 Deepxde[89]. Jagtap 等提出自适应激活函数,有效提高了 PINNs 的求解效率[64]. Lu 还提出一种自适应细化残差的方法,以增强 PINNs 的训练效率[89]. PINNs 的训练过程比较复杂,需要调整大量的参数,容易出现过拟合或欠拟合的问题. 对于一些高度非线性和强耦合的 PDE,PINNs 可能需要大量的数据和计算资源才能取得较好的结果. 此外,PINNs

的理论基础还不够完善,对于其收敛性、稳定性等方面的研究还在不断深入中. 在理论层面,Shin 等证明了利用 PINNs 获得的椭圆型与抛物型方程近似解的一致收敛性[130].

5.1.3 主要研究内容

本章主要研究基于内嵌物理机理的神经网络(PINNs)方法,讨论几类稳态热传导边界识别反问题.

5.2 预 备 知 识

本节简要介绍深度学习与神经网络,主要包括神经网络的逼近定理、自动微分和一些常见的优化算法.

5.2.1 神经网络

1. 神经元

1943 年,McCulloch 和 Pitts 模仿生物神经元,提出人工神经元概念. 人工神经元的模型如图 5.2.1 所示.

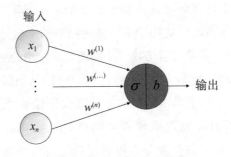

图 5.2.1 人工神经元模型

其中,$x=(x_1,x_2,\cdots,x_n)^{\mathrm{T}}$ 为神经元接收的 n 个输入;$w=(w^{(1)},w^{(2)},\cdots,w^{(n)})^{\mathrm{T}}$ 表示 n 维的权重向量;b 表示偏置. 节点称为人工神经元节点,净输入表示每个神经元节点获得的输入信息的加权和,表示为

$$z=\sum_{i=1}^{n}w_i x_i +b=w^{\mathrm{T}}x+b \tag{5.2.1}$$

给神经元增加一个非线性变换 σ,又称激活函数,使其获得表示非线性关系的能力. 净输入 z 经过激活函数 σ 作用,得到的就是神经元的输出:

$$f_{\mathrm{output}}=\sigma(z) \tag{5.2.2}$$

2. 激活函数

激活函数使神经元模型可以用来解决非线性问题. 激活函数有多种类型,如 ReLU、

Sigmoid、Tanh、Swish 等. 常用的几种激活函数介绍如下[317].

(1)ReLU 激活函数.

$$\text{ReLU}(x) = \max(0, x) \tag{5.2.3}$$

ReLU 激活函数本质上为分段线性函数. ReLU 激活函数的特点：当 $x > 0$ 时，导数为 1，可在一定程度上解决梯度消失问题，可以加速梯度下降的收敛速度；ReLU 激活函数具有稀疏性，能缓解过拟合问题；ReLU 激活函数是一种线性关系，因此计算速度快，效率高. ReLU 激活函数的缺点：当损失函数中存在高阶微分算子时无作用；输出不以零为中心；当 $x > 0$ 时，函数失效，在反向传播过程中，梯度完全为 0，权重无法更新，会造成神经元坏死.

(2)Sigmoid 激活函数.

$$\text{Sigmoid}(x) = \frac{1}{1 + e^{-x}} \tag{5.2.4}$$

Sigmoid 激活函数将输入映射到 $(0, 1)$ 区间上. Sigmoid 激活函数的优点：具有指数形式，函数严格单调，且处处可导，梯度平滑，方便求解梯度和对输出进行归一处理. Sigmoid 激活函数的缺点：Sigmoid 激活函数在 0 和 1 附近梯度消失，在反向传播时，当输出趋近 0 和 1 时，梯度很小，此时神经元的权值更新缓慢；另外，指数函数计算量较大，计算成本高，且输出不是零均值，影响网络的训练效率.

(3)Tanh 激活函数.

$$\text{Tanh}(x) = \frac{\sinh x}{\cosh x} = \frac{e^x - e^{-x}}{e^x + e^{-x}} \tag{5.2.5}$$

Tanh 激活函数又称为双曲正切激活函数，可以看作放大且平移的 Sigmoid 函数. Tanh 激活函数使用的优先性更高，可将输入压缩映射到 $(-1, 1)$ 区间上，输出均值为 0，其收敛速度要比 Sigmoid 激活函数快，Tanh 激活函数的输出和输入都是非线性关系，比较符合神经网络的梯度求解且具有良好的容错性.

(4)Swish 激活函数.

$$\text{Swish}(x) = x \times \text{Sigmoid}(x) = \frac{x}{1 + e^{-x}} \tag{5.2.6}$$

Swish 激活函数又称作自门控激活函数，可以看作线性函数与 ReLU 激活函数之间的非线性插值函数. Swish 激活函数的优点：Swish 激活函数无上界有下界，非单调但是光滑. Swish 激活函数的缺点：Swish 激活函数不单调，意味着输入值增加，函数的值可能会减小. 常用的激活函数图像，如图 5.2.2 所示.

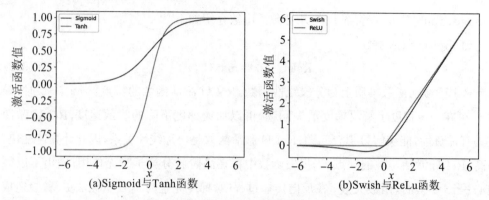

图 5.2.2　常用激活函数

3. 前馈神经网络

多个神经元根据一定的拓扑结构连接,形成了人工神经网络,不同的神经网络模型,网络连接的结构不一样,本节应用最常用的全连接前馈神经网络,网络结构如图 5.2.3 所示[318].

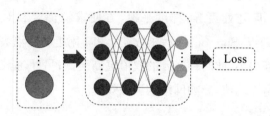

图 5.2.3　全连接前馈神经网络结构

全连接前馈神经网络的特点为各神经元分层排列,每个神经元接收前一层神经元的输出,再输出给下一层神经元,层内神经元没有反馈[310]. 第 0 层称为输入层,最后一层为输出层,其余层统称为隐藏层,隐藏层数量以及层内神经元个数不等. 实际上就是利用线性函数和非线性激活函数的组合来近似函数.

前馈神经网络中传输公式如下:

$$z^0 = x \tag{5.2.7}$$

$$z^l = \sum_k^{N_{l-1}} w_{jk}^l \sigma_{l-1}(z_k^{l-1}) + b_j^l \tag{5.2.8}$$

$$N(x,\theta) = z^{L-1} w^L + b^L \tag{5.2.9}$$

其中,神经网络符号含义见表 5.2.1.

表 5.2.1　神经网络符号含义表

符号	含义
x	输入 $(x_1, x_2, \cdots, x_n)$
N_{l-1}	$l-1$ 层的神经元个数
L	神经网络层数

符号	含义
z^l	第 l 层网络输出向量
w_{jk}^l	第 l 层的第 j 个和第 $l-1$ 层的第 k 个神经元之间的权重
w^l	第 l 层的权重向量
σ_{l-1}	第 $l-1$ 层的激活函数
z_k^{l-1}	第 $l-1$ 层的第 k 个神经元
b_j^l	第 l 层的第 j 个神经元的偏差
b^l	第 l 层的偏差向量
θ	网络所有参数的集合
$N(x,\theta)$	神经网络最终输出

除了全连接前馈神经网络外,根据不同的结构,还有卷积神经网络、循环神经网络和深度神经网络等.

5.2.2　自动微分

计算函数微分常见的方法有手动微分、符号微分、数值微分和自动微分[9]. 对于手动微分和符号微分,需要知道确切的函数表达式,求解效率低且容易出错. 数值微分会有一定的舍入误差和截断误差,不适用于机器学习. 自动微分是一种融合符号微分和数值微分的方法,以链式法则为基础,求解出各种复杂函数的导数.

自动微分依赖于表达式追踪技术,将复杂表达式分解成基本运算,记录每一次计算过程的中间变量,再利用链式法则来自动计算导数.

以复合函数 $f(x_1, x_2)$ 为例:

$$f(x_1, x_2) = x_1 \cdot x_2 - \sin x_1 + \mathrm{e}^{x_2} \tag{5.2.10}$$

将复合函数分解计算,可以得到如图 5.2.4 所示的计算图.

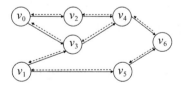

图 5.2.4　计算无环图

自动微分有前向模式和反向模式,如图 5.2.5 所示. 两种模式实际上是两种链式法则的梯度累积方式,前向模式计算导数顺序如图 5.2.4 所示的实线部分,反向模式为虚线部分.

正向运算	正向求导	反向求导
$v_0 = x_1$	$v_0' = x_1' = 1$	$x_1' = v_0'$
$v_1 = x_2$	$v_1' = x_2' = 1$	$x_2' = v_1'$
$v_2 = \sin v_0$	$v_2' = \cos v_0$	$v_0' = v_0' + v_2'\dfrac{\partial v_2}{\partial v_0}$
$v_3 = v_0 \times v_1$	$v_3' = v_0' \times v_1 + v_0 \times v_1'$	
$v_4 = -v_2 + v_3$	$v_4' = -v_2' + v_3'$	$v_0' = v_3'\dfrac{\partial v_3}{\partial v_0}$
$v_5 = e^{v_1}$	$v_5' = v_1' \times e^{v_1}$	
$v_6 = v_4 + v_5$	$v_6' = v_4' + v_5'$	$v_1' = v_1' + v_3'\dfrac{\partial v_3}{\partial v_1}$
		$v_2' = v_4'\dfrac{\partial v_4}{\partial v_2}$
		$v_3' = v_4'\dfrac{\partial v_4}{\partial v_3}$
		$v_1' = v_5'\dfrac{\partial v_5}{\partial v_1}$
		$v_4' = v_6'\dfrac{\partial v_6}{\partial v_4}$
		$v_5' = v_6'\dfrac{\partial v_6}{\partial v_5}$
$f(x_1,x_2)=v_6$	$f'(x_1,x_2)=v_6'$	$v_6'=f'(x_1,x_2)=1$

图 5.2.5 正、反向模式计算图

对于一般函数,前向模式需要对每一个输入求导,反向模式需要对每一个输出求导,因此输入大于输出时,使用反向模式更高效. 在全连接前馈神经网络学习中,一般输出为标量,因此采用反向模式. 值得注意的是,反向模式实际上和反向传播计算梯度的方式相同.

5.2.3 优化算法

物理信息神经网络解 PDE 问题的核心是通过调整参数实现非线性拟合,从而找到近似解. 因此,如何对神经网络参数进行迭代更新是关键. 通过利用优化算法,可以找到最优网络参数.

损失函数可以帮助评估近似解与真解之间的差异. 通过训练和调整参数,优化算法可以使得损失函数不断变小,从而找到最优解. 神经网络训练中最早使用的优化算法是随机梯度下降法,但是在处理非凸问题时有一定概率会陷入局部最优,后续出现了很多改进优化算法,表 5.2.2 为常见优化算法.

表 5.2.2　常见优化算法

约束优化算法	无约束优化算法	复合优化算法
罚函数法	梯度下降法	随机梯度下降法
增广拉格朗日函数法	共轭梯度法	AdaGrad 算法
	L-BFGS 算法	AdaDelta 算法
		Adam 算法
		RMSProp 算法

下面对一些常用的优化算法进行介绍.

1. 梯度下降算法

梯度下降算法[221]又称最速下降法,是一种迭代的算法. 选取任意的初值参数 θ_0,不断对这组参数更新迭代,使得新的参数的损失函数更小. 基于梯度进行更新迭代.

梯度下降算法

Step1　初始化参数 W_0,$t=0$.

Step2　$t=t+1$(步数递进).

Step3　计算梯度 $g_{t-1}=\dfrac{\partial \mathrm{Loss}}{\partial W_{t-1}}$.

Step4　更新参数 $W_t=W_{t-1}-\eta g_{t-1}$.

Step5　判断是否满足停机准则,是则输出 W_t,否则转到 Step2.

基于梯度下降的距离衰减方法,该方法比较容易陷入局部最小值陷阱以及鞍点陷阱.

2. Adam 算法

Adam(adaptive moment estimation,自适应矩估计算法)属于自适应学习率优化方法,可以根据训练数据不断调整神经网络参数,直至达到最优解. Adam 算法[221]引入一阶动量和二阶动量,使学习率自适应地变化,极大提高了学习效率.

Adam 算法

Step1　更新迭代步数 $t \leftarrow t+1$.

Step2　得到损失函数在第 t 步的梯度 $g_t \leftarrow \nabla_\theta L_t(\theta_{t-1})$.

Step3　更新有偏差的一阶矩估计 $m_t \leftarrow \beta_1 * m_{t-1}+(1-\beta_1)*g_t$.

Step4　更新有偏差的二阶矩估计 $v_t \leftarrow \beta_2 * v_{t-1}+(1-\beta_2)*g_t^2$.

Step5 计算偏差修正的一阶矩估计 $\hat{m}_t \leftarrow m_t/(1-\beta_1^t)$.

Step6 计算偏差修正的二阶矩估计 $\hat{v}_t \leftarrow v_t/(1-\beta_2^t)$.

Step7 更新参数 $\theta_t \leftarrow \theta_{t-1} - \alpha * \hat{m}_t/(\sqrt{\hat{v}_t} + \epsilon)$.

其中, g_t 为损失函数 $L_t(\theta)$ 对参数 θ 的梯度; m_t 为对梯度的一阶矩估计; v_t 为对梯度的二阶矩估计; $\hat{m}_t, \hat{v}_t$ 分别为 m_t 和 v_t 偏差纠正后的矩估计.

Adam 方法处理非凸优化问题的优势:无须存储全局梯度,计算高效,适用于处理大量数据以及参数;自动更新学习率,对初始学习率 α 鲁棒性好;适用于不适定函数、梯度稀疏和数据存在噪声等情况. 因此,Adam 算法已经广泛应用于深度学习领域.

3. L-BFGS 算法

L-BFGS 算法[221]是一种二阶优化算法,属于拟牛顿算法的变种,其计算核心就是如何快速计算海森矩阵的近似. 深度学习通常是数据量很大的问题,因此海森矩阵很复杂. 但是,L-BFGS 算法仅需存储最新的 m 步向量,因此它能够降低存储,加快收敛速度,是机器学习中常见的优化算法.

L-BFGS 算法

Step1 选初始点 θ_0 ,误差 $\varepsilon \ll 1$,存储最近 m 次数据.

Step2 $k=0, H_0=I, r=\nabla f(\theta_0)$.

Step3 如果 $|\nabla f(\theta_{k+1})| \leqslant \varepsilon$,则返回最优解 θ ,否则转入下一步.

Step4 计算本次迭代方向 $p_k = -r_k$.

Step5 计算步长 $\alpha_k \geqslant 0$,对 $f(\theta_k + \alpha_k p_k) = \min f(\theta_k + \alpha p_k)$ 寻优.

Step6 更新权重 $\theta:\theta_{k+1} = \theta_k + \alpha_k p_k$.

Step7 如果 $k \geqslant m$,保留最近 m 次向量对,剔除 (s_{k-m}, t_{k-m}) .

Step8 计算 $s_k = \theta_{k+1} - \theta_k, t_k = \nabla f(\theta_{k+1}) - \nabla f(\theta_k)$.

Step9 计算 $r_k = B_k \nabla f(\theta_k)$.

Step10 $k = k+1$,并转到 Step3.

5.2.4 万能逼近定理

万能逼近定理是神经网络求解偏微分方程的理论依据之一.

定理 5.2.1(逼近定理[105]) 令 $m^i \in Z_+^d, i=1,\cdots,s; m=\max\limits_{i=1,\cdots,s}(m_1^i+\cdots+m_d^i)$,假设 $\sigma \in C^m(\mathbf{R})$,并且 σ 不是多项式,则多隐藏层的神经网络空间为

$$M(\sigma) := \mathrm{span}\{\sigma(wx+b): w \in \mathbf{R}^d, b \in \mathbf{R}\}$$

在 $C^{m^1,\cdots,m^s}(\mathbf{R}^d) := \bigcap_{i=1}^{s} C^{m^i}(\mathbf{R}^d)$ 中是稠密的.

万能逼近定理说明,对于任意函数 $f(x)$,总能找到神经网络 $\hat{f}(x)$,对于任何输入 x,$\hat{f}(x)$ 以任意精度近似 $f(x)$. 对于多输入函数 $f(x_1,x_2,\cdots,x_n)$,万能逼近定理也是成立的.

但是要注意,即使神经网络足够大,内部的神经元数量足够多,神经网络也仅是在一定精度范围内逼近某个特定函数或者其 m 阶导函数. 当然,通过增加隐藏层层数以及神经元个数等可以提升近似的精度,但同时也会导致计算困难.

5.3　一类稳态热传导边界识别反问题求解的神经网络方法

本节首先介绍稳态热传导边界识别反问题,转化为非线性优化问题;再介绍如何基于 PINNs 方法利用两类观测数据求解反问题,设计了求解区域分别为矩形域、圆域以及环形域的三个数值算例.

5.3.1　问题描述

假设研究区域为 $\Omega \subset \mathbf{R}^2$,具有分段光滑边界 $\partial\Omega$,$\partial\Omega = \bigcup \Gamma_i (i=1,2)$,具体示意图如图 5.3.1 所示. 设二维平面区域 Ω 上控制方程为

$$\Delta u = f(x,y), (x,y) \in \Omega \tag{5.3.1}$$

Dirichlet 边界条件为

$$u|_\Gamma = g \tag{5.3.2}$$

Neumann 边界条件为

$$\left.\frac{\partial u}{\partial n}\right|_\Gamma = q \tag{5.3.3}$$

式中,n 为边界 $\partial\Omega$ 的单位外法方向,且 $\Gamma = \Gamma_1 \bigcup \Gamma_2$,$\Gamma_1 \bigcap \Gamma_2 = \varnothing$（图 5.3.1）. 在边界 Γ_1 上,温度边界条件 g_1 已知,边界 Γ_2 上两种边界条件 g_2,q_2 都未知. 在此条件下,为了求解边界条件识别反问题,可以考虑两种附加条件. 根据附加数据的不同,讨论下列两种情形[206].

情形 1:附加条件为边界 Γ_1 上的 Neumann 边界条件 q_1,如图 5.3.1(a)所示.

$$\left.\frac{\partial u}{\partial n}\right|_{\Gamma_1} = q_1 \tag{5.3.4}$$

此时，相应问题称为稳态热传导 Cauchy 边界条件识别反问题. 由式(5.3.2)可知，对于每一个 g_2 都有一个解 u 与之对应，即 g_2 和 u 之间存在一个算子 C_1，使得 $C_1g_2=u$. 同理，由式(5.3.3)可知，u 和 q_1 之间存在一个算子 C_2，使得 $C_2u=q_1$. 稳态热传导 Cauchy 边界条件识别反问题就转化为求解以下非线性算子方程：

$$C(g_2)=C_2C_1(g_2)=q_1 \tag{5.3.5}$$

因此，可以把稳态热传导方程边界条件识别反问题转化成以下的非线性优化问题[310]：

$$\min_{g_2}\|C(g_2)-q_1\|_{L_2(\Gamma_1)}^2 \tag{5.3.6}$$

情形 2：附加条件为 Ω 内部区域 D 上测量值 u_D，如图 5.3.1(b)所示.

$$u\big|_D=u_D,D\subset\Omega \tag{5.3.7}$$

此时，相应问题称为内部信息识别边界反问题. 由于 u_D 为 u 在区域 D 内的真解，稳态热传导方程内部信息识别边界反问题就转化为以下非线性优化问题：

$$\min_{g_2}\|C_1(g_2)-u_D\|_{L_2(D)}^2 \tag{5.3.8}$$

通过求解非线性优化问题，得到边界上的未知物理量.

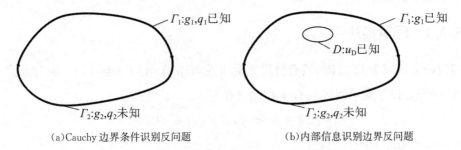

(a)Cauchy 边界条件识别反问题　　　(b)内部信息识别边界反问题

图 5.3.1　二维平面区域及边界条件示意图

5.3.2　稳态热传导方程边界识别反问题的 PINNs 算法

考虑稳态热传导方程边界识别反问题，根据神经网络的万能逼近定理，先建立深度神经网络，让 $\hat{u}(x,y;\theta)$ 去逼近真解 $u(x,y)$，设神经网络的输入层含 2 个变量，输出层 1 个，隐藏层 d 层，每个隐藏层里面神经元 n 个，如图 5.3.2 所示.

定义边界条件残差 $L_{u_b}(\theta)$、偏微分方程残差 $L_f(\theta)$ 分别为

$$L_f(\theta)=\frac{1}{N_f}\|\Delta\hat{u}(x,y;\theta)-f\|_{L^2(\Omega)}^2 \tag{5.3.9}$$

$$L_{u_b}(\theta)=\frac{1}{N_b}\|\hat{u}(x,y;\theta)-g_1\|_{L^2(\Gamma_1)}^2 \tag{5.3.10}$$

两种观测数据残差 $L_{data}^{\Gamma_1}(\theta),L_{data}^D(\theta)$ 分别为

178

$$L_{\mathrm{data}}^{\Gamma_1}(\theta) = \frac{1}{N_{\mathrm{data}}} \left\| \frac{\partial \hat{u}(x,y;\theta)}{\partial n} - q_1 \right\|_{L^2(\Gamma_1)}^2 \tag{5.3.11}$$

$$L_{\mathrm{data}}^{D}(\theta) = \frac{1}{N_{\mathrm{data}}} \left\| \hat{u}(x,y;\theta) - u_D \right\|_{L^2(D)}^2 \tag{5.3.12}$$

式中，$N_f, N_b, N_{\mathrm{data}}$ 分别为方程配置点数据集、边界点，以及观测数据样本集大小. 偏导数由自动微分得到.

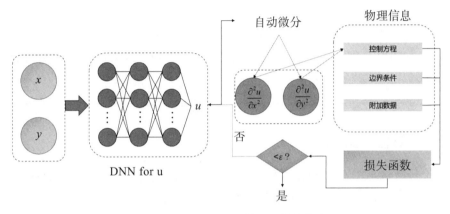

图 5.3.2　边界反问题神经网络结构图

定义两种问题相应的损失函数分别为

$$L(\theta)_{\Gamma_1} = \omega_1 L_{u_b}(\theta) + \omega_2 L_f(\theta) + \omega_3 L_{\mathrm{data}}^{\Gamma_1}(\theta) \tag{5.3.13}$$

$$L(\theta)_{D} = \omega_1 L_{u_b}(\theta) + \omega_2 L_f(\theta) + \omega_3 L_{\mathrm{data}}^{D}(\theta) \tag{5.3.14}$$

式中，$\omega_i (i=1,2,3)$ 为权重且 $\omega_i > 0$. 损失函数包含三部分，分别为边界条件、偏微分方程残差和观测条件. 其中，配置点的选取方式为类网格点选取方式或伪随机离散取点方式，如图 5.3.3 所示. 本章数值实验时采用伪随机离散点选取方式.

损失函数通常都是非线性或者非凸的，利用优化算法（如 Adam 算法等）来求解最小化损失函数得到近似解.

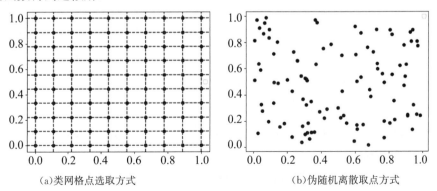

（a）类网格点选取方式　　　　　　　　（b）伪随机离散取点方式

图 5.3.3　配置点的选取方式

边界反演问题的神经网络解法算法如下.

PINNS 解边界识别反问题算法

Step1 取边界采样点 N_b ,方程配置点 N_f 和观测采样点 N_{data} 作为训练集.

Step2 构造有多个神经元的网络结构.

Step3 初始化参数 θ ,即神经网络的权 w 和偏差 b .

Step4 利用自动微分技术得到物理约束 $L_f(\theta)$ 、边界残差 $L_{u_b}(\theta)$.

Step5 利用边界观测残差 $L_{\text{data}}^{\Gamma_1}(\theta), L_{\text{data}}^D(\theta)$ 构造损失函数 $L(\theta)_{\Gamma_1}, L(\theta)_D$.

Step6 利用优化算法对神经网络参数 θ 更新,最小化损失函数 $L(\theta)_{\Gamma_1}, L(\theta)_D$.

Step7 如损失函数 $L(\theta)_{\Gamma_1}, L(\theta)_D$ 达到一定数量级或者最大训练步数,停止计算,得到近似解 $\hat{u}(x,y,\theta)$ 和边界条件 g_2 .

5.3.3 数值实验

本节设计算例 1、算例 2 和算例 3 三个数值算例,两类边界识别反问题的求解区域分别为矩形域、圆域、环形域.添加随机误差的观测数据模拟计算,表达式为

$$u_i^{\delta} = u_i \times (1 + \delta \times r), i = 1, \cdots, N \tag{5.3.15}$$

式中,δ 为噪声水平,r 为 $[-1,1]$ 区间上的随机数.

计算精度由相对误差来判断,计算公式为

$$E_r(u) = \frac{\| u - \hat{u} \|_2}{\| u \|_2} \tag{5.3.16}$$

本节数值算例程序代码开发环境为 Pycharm,依托 TensorFlow1.15.0 框架运行.

算例 1 矩形区域边界反问题数值实验

$$\begin{cases} \Delta u = 2y + 2x, (x,y) \in \Omega \\ u \mid_{\Gamma_0} = u(x,0) = 5, x \in [0,a] \\ u \mid_{\Gamma_1} = u(x,b) = h(x), x \in [0,a] \\ u \mid_{\Gamma_2} = u(0,y) = y + 5, y \in [0,b] \\ u \mid_{\Gamma_3} = u(a,y) = y^2 + 2y + 5, y \in [0,b] \end{cases} \tag{5.3.17}$$

式中,区域 Ω 为矩形域 $(0,1) \times (0,1)$.

二维矩形域示意图,如图 5.3.4 所示.

考虑稳态热传导 Cauchy 边界条件识别反问题[227],给定观测数据为 $u_y(x,0) = x^2 + 1$. 方程式(5.3.17)的精确解为

$$u(x,y) = x^2 y + xy^2 + y + 5$$

对于边界识别反问题,需要求解 $h(x)$.精确解设为

$$h(x) = x^2 + x + 6$$

文献[227]利用 HSIR 方法计算 Cauchy 反问题，u 的相对误差的数量级为 10^{-3}. 文献[186]利用边界元方法计算矩形域 Cauchy 反问题，u 的相对误差的数量级为 10^{-2}，边界值的相对误差数量级为 10^{-1}.

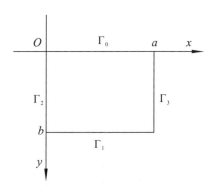

图 5.3.4　二维矩形域示意图

建立包含 30 个神经元的 3 个隐藏层的神经网络，并且取 Tanh 作为激活函数. 共选取 1 000 个点的训练数据：$N_b = 200 \times 3$，$N_f = 200$，$N_{\text{data}} = 200$. 损失函数为式(5.3.13)，其中边界条件残差 $L_{u_b}(\theta)$、偏微分方程残差 $L_f(\theta)$ 以及观测数据残差 $L_{\text{data}}^{\Gamma_1}(\theta)$ 分别为

$$
L_{u_b}(\theta) = \frac{1}{N_b} \sum_{i=1}^{N_b} |\hat{u}(a, y_i; \theta) - u(a, y_i)|^2 + \frac{1}{N_b} \sum_{i=1}^{N_b} |\hat{u}(0, y_i; \theta) - u(0, y_i)|^2 +
$$
$$
\frac{1}{N_b} \sum_{i=1}^{N_b} |\hat{u}(x_i, 0; \theta) - u(x_i, 0)|^2
$$
$$
L_f(\theta) = \frac{1}{N_f} \sum_{i=1}^{N_f} \left| \left[\frac{\partial^2 \hat{u}(x_i, y_i; \theta)}{\partial x_i^2} + \frac{\partial^2 \hat{u}(x_i, y_i; \theta)}{\partial y_i^2} \right] - f(x_i, y_i) \right|^2
$$
$$
L_{\text{data}}^{\Gamma_1}(\theta) = \frac{1}{N_{\text{data}}} \sum_{i=1}^{N_{\text{data}}} \left| \frac{\partial \hat{u}(x_i, 0; \theta)}{\partial y} - \frac{\partial u(x_i, 0)}{\partial y} \right|^2
$$

损失函数的权重选取为 $\omega_1 = 9$，$\omega_2 = 1$，$\omega_3 = 1$. 损失函数权重如何选取也是一个值得考虑的问题，虽然多任务似然损失平衡方法具有较好的数学基础和理论依据[64]，但是会出现数值不稳定. 因此，考虑用经验选取损失函数的权重. 使用 Adam 优化算法对构造的神经网络进行训练，寻找在物理约束下最逼近训练数据集的神经网络模型，再使用训练好的神经网络模型去计算边界信息和方程的解.

为了体现该方法的抗噪性，在给定神经网络和物理约束的初始参数的同时，将不同噪声水平的附加条件加入训练，得出损失函数的变化，如图 5.3.5 所示.

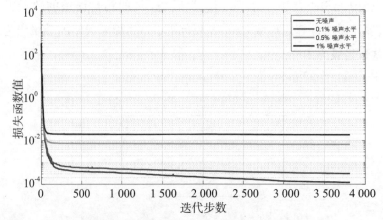

图 5.3.5　矩形域 Cauchy 问题的损失函数

给定不同噪声水平的附加条件的数值实验结果,说明 PINNs 方法通过迭代都可以收敛.从图 5.3.5 可以看出,经过大约 500 次迭代以后,损失函数可以收敛到一定数量级,且测量数据的噪声水平和损失函数收敛的数量级负相关.

利用上述算法训练好的神经网络模型,可以得到 u 的近似解 $\hat{u}$,图 5.3.6 为矩形域上利用不同水平噪声边界观测数据得到的近似解的对比图.

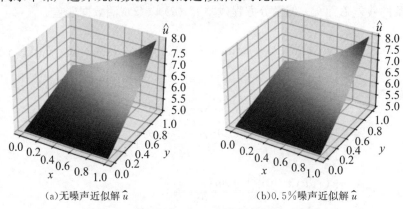

(a)无噪声近似解 $\hat{u}$　　　　(b)0.5%噪声近似解 $\hat{u}$

图 5.3.6　矩形域 Cauchy 问题近似解的对比图

图 5.3.7 为矩形域上利用不同水平噪声边界观测数据得到的近似解和精确解的误差对比图.

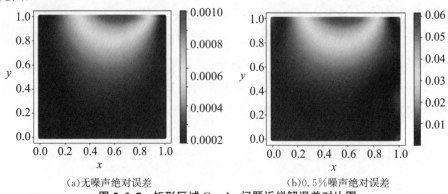

(a)无噪声绝对误差　　　　(b)0.5%噪声绝对误差

图 5.3.7　矩形区域 Cauchy 问题近似解误差对比图

由图 5.3.7 可知,反演出的近似解在无噪声时绝对误差精度只有 10^{-3},而带噪声时绝对误差精度为 10^{-2}. 图 5.3.8 为边界 Γ_1 上的精确解与带噪声所求近似解的对比图,其中图 a 为边界温度值,图 b 为温度梯度值.

由图 5.3.8 可知,矩形域稳态热传导 Cauchy 边界条件识别反问题利用 PINNs 方法求解,效果较好,收敛精度较高.

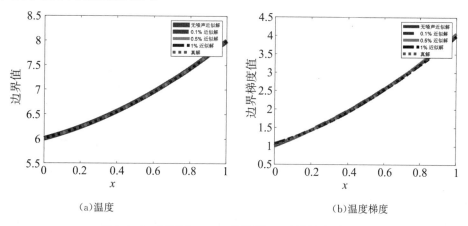

(a)温度　　　　　　　　　　　　　　(b)温度梯度

图 5.3.8　矩形域 Cauchy 问题的 Γ_1 边界信息对比图

若问题为稳态热传导方程内部信息识别边界反问题,设给定附加条件为

$$u\left(\frac{1}{2},y\right)=\frac{1}{2}y^2+\frac{5}{4}y+5,\ y\in\left[0,\frac{1}{2}\right] \tag{5.3.18}$$

建立包含 30 个神经元的 3 个隐藏层的神经网络,并且取 Tanh 作为激活函数. 共选取 1 000 个点的训练数据:$N_b=200\times3,N_f=200,N_{\text{data}}=200$. 损失函数为式(5.3.14),其中边界条件残差 $L_{u_b}(\theta)$、偏微分方程残差 $L_f(\theta)$ 以及观测数据残差 $L_{\text{data}}^D(\theta)$ 分别为

$$L_{u_b}(\theta)=\frac{1}{N_b}\sum_{i=1}^{N_b}|\hat{u}(a,y_i;\theta)-u(a,y_i)|^2+\frac{1}{N_b}\sum_{i=1}^{N_b}|\hat{u}(0,y_i;\theta)-u(0,y_i)|^2+$$

$$\frac{1}{N_b}\sum_{i=1}^{N_b}|\hat{u}(x_i,0;\theta)-u(x_i,0)|^2$$

$$L_f(\theta)=\frac{1}{N_f}\sum_{i=1}^{N_f}\left|\left[\frac{\partial^2\hat{u}(x_i,y_i;\theta)}{\partial x_i^2}+\frac{\partial^2\hat{u}(x_i,y_i;\theta)}{\partial y_i^2}\right]-f(x_i,y_i)\right|^2$$

$$L_{\text{data}}^D(\theta)=\frac{1}{N_{\text{data}}}\sum_{i=1}^{N_{\text{data}}}\left|\hat{u}\left(\frac{1}{2},y_i;\theta\right)-u\left(\frac{1}{2},y_i\right)\right|^2$$

损失函数的权重选取为 $\omega_1=9,\omega_2=1,\omega_3=1$. 使用 Adam 优化算法对构造的神经网络进行训练. 同样选取不同噪声水平观测数据实验,得出损失函数值的变化,如图 5.3.9 所示.

从图 5.3.9 可以看出,大约经过 600 次迭代以后,损失函数都可以降到一定范围内,噪声越大,越快到达阈值,主要是配置点 N_f 的取样太少以及噪声数据的不连续性造成. 噪声数据可能使得梯度计算波动,导致更快收敛.

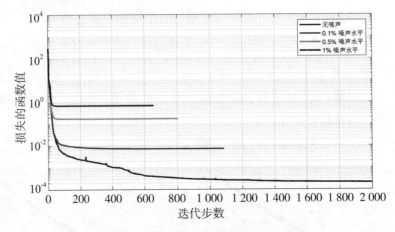

图 5.3.9　矩形域边界反问题的损失函数

利用训练好的神经网络模型可以得到 u 的近似解 $\hat{u}$，图 5.3.10 为矩形域上利用带噪声的内部观测数据得到的近似解 $\hat{u}$ 的对比图，图 5.3.11 为矩形域上利用带噪声内部观测数据得到的近似解 $\hat{u}$ 和真解 u 的误差对比图.

由图 5.3.11 可知，反演出的 $\hat{u}$ 在无噪声时的绝对误差精度只有 10^{-3}，而带噪声时精度稳定在 10^{-2}.

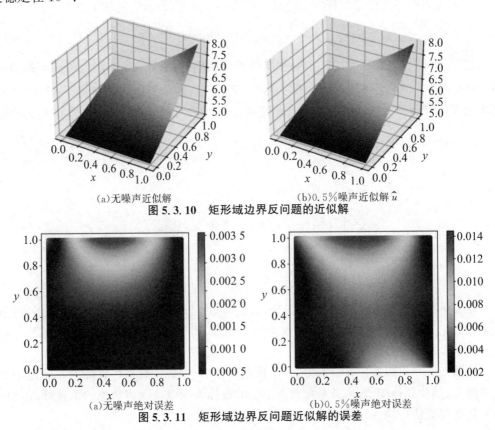

（a）无噪声近似解　　　　　　　（b）0.5% 噪声近似解 $\hat{u}$

图 5.3.10　矩形域边界反问题的近似解

（a）无噪声绝对误差　　　　　　（b）0.5% 噪声绝对误差

图 5.3.11　矩形域边界反问题近似解的误差

图 5.3.12 为边界 Γ_1 上的精确解与不同噪声水平下的近似解的对比图.其中,图 a 为边界温度值,图 b 为温度梯度值.

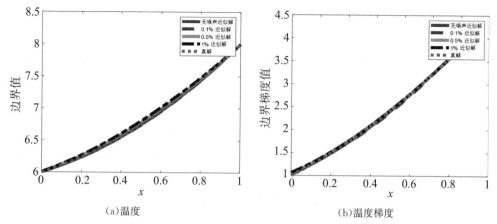

(a)温度　　　　　　　　　　　　　　(b)温度梯度

图 5.3.12　矩形域边界反问题的 Γ_1 边界信息对比图

由图 5.3.12 可知,矩形域稳态热传导内部信息识别边界条件反问题,利用 PINNs 方法求解,效果较好.随后计算了两类边界识别反问题的近似解的相对误差,见表 5.3.1.

表 5.3.1　矩形域边界条件识别问题结果的相对误差

	Cauchy 边界条件识别反问题误差			内部信息识别边界条件反问题误差		
	$\hat{u}$	边界温度值	边界温度梯度	$\hat{u}$	边界温度值	边界温度梯度
无噪声	8.36E−5	1.96E−4	1.74E−3	6.64E−5	1.79E−4	4.35E−3
0.1％噪声	2.23E−4	4.78E−4	3.66E−3	1.99E−4	2.30E−4	5.01E−3
0.5％噪声	2.60E−4	6.11E−4	6.16E−3	9.01E−4	7.49E−4	5.17E−3
1％噪声	1.28E−3	2.74E−3	2.36E−2	1.91E−3	1.43E−3	8.77E−3

由表 5.3.1 可知,对于矩形域上两类边界识别问题近似解,在无噪声时的相对误差数量级只有 10^{-5},带 0.1％ 和 0.5％ 噪声时误差数量级为 10^{-4},带 1％ 噪声时误差数量级为 10^{-3}.而反演出的边界温度值相对误差数量级有 10^{-4},带 1％ 噪声时的相对误差数量级都在 10^{-3}.边界温度梯度值相对误差数量级为 10^{-3},利用带 1％ 噪声的边界观测反演的相对误差数量级为 10^{-2}.

算例 2　圆形域边界反问题数值实验

考虑圆形域 $\Omega=\{(x,y)\,|\,x^2+y^2<4\}$ 的稳态温度场问题[266].如图 5.3.13(a) 所示,其边界分成 Γ_1 和 Γ_2 两部分.其中,$\Gamma_1=\{(x,y)\,|\,x^2+y^2=4,y\geqslant0\}$,在此边界上温度已知,为 $u=x+y$;$\Gamma_2=\{(x,y)\,|\,x^2+y^2=4,y<0\}$,此边界上的温度以及温度梯度未知.附加条件为 Γ_1 边界上的温度梯度值 $\dfrac{\partial u}{\partial n}=1$.内部区域以及边界 Γ_2 上的温度也满足 $u=x+y$.文献[266]利用 Tikhonov 方法得到的边界温度误差数量级为 10^{-2}.

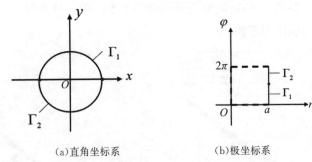

（a）直角坐标系　　　　　　　　（b）极坐标系

图 5.3.13　不同坐标系下圆域的表示

对于圆形域的稳态热传导边界识别反问题,通常可以从直角坐标转换到极坐标来求解相应问题(图 5.3.13),即进行坐标变换:

$$(x,y) \to (r,\varphi): x = r\cos\varphi, y = r\sin\varphi$$

首先讨论自变量 r 以及 φ 的取值范围,由于 φ 仅以 $\cos\varphi$ 和 $\sin\varphi$ 的形式出现,都是周期为 2π 的周期函数,不妨取一个周期即 $[0,2\pi]$;由于包含坐标原点,因此 r 的取值范围为 $[0,a]$.

建立包含 30 个神经元的 3 个隐藏层的神经网络,并且取 Tanh 作为激活函数. 取 1 000 个点的训练数据:$N_b = 100, N_f = 700, N_{\text{data}} = 200$. 损失函数为式(5.3.13),其中边界条件残差 $L_{u_b}(\theta)$、偏微分方程残差 $L_f(\theta)$ 以及观测数据残差 $L_{\text{data}}^{\Gamma_1}(\theta)$ 分别为

$$L_{u_b}(\theta) = \frac{1}{N_b} \sum_{i=1}^{N_b} |\hat{u}(2\cos\varphi_i, 2\sin\varphi_i; \theta) - u(2\cos\varphi_i, 2\sin\varphi_i)|^2$$

$$L_f(\theta) = \frac{1}{N_f} \sum_{i=1}^{N_f} \left| \left[\frac{\partial^2 \hat{u}(x_i, y_i; \theta)}{\partial x_i^2} + \frac{\partial^2 \hat{u}(x_i, y_i; \theta)}{\partial y_i^2} \right] - f(x_i, y_i) \right|^2$$

$$L_{\text{data}}^{\Gamma_1}(\theta) = \frac{1}{N_{\text{data}}} \sum_{i=1}^{N_{\text{data}}} \left| \frac{\partial \hat{u}(2\cos\varphi_i, 2\sin\varphi_i; \theta)}{\partial x_i} - \frac{\partial u(2\cos\varphi_i, 2\sin\varphi_i)}{\partial x_i} \right|^2 +$$

$$\frac{1}{N_{\text{data}}} \sum_{i=1}^{N_{\text{data}}} \left| \frac{\partial \hat{u}(2\cos\varphi_i, 2\sin\varphi_i; \theta)}{\partial y_i} - \frac{\partial u(2\cos\varphi_i, 2\sin\varphi_i)}{\partial y_i} \right|^2$$

式中,$\varphi_i \in [0,\pi]$. 损失函数的权重选取为 $\omega_1 = 1, \omega_2 = 1, \omega_3 = 1$. 使用 L-BFGS 优化算法对构造的神经网络进行训练. 选取不同噪声水平观测数据进行实验,损失函数的变化如图 5.3.14 所示.

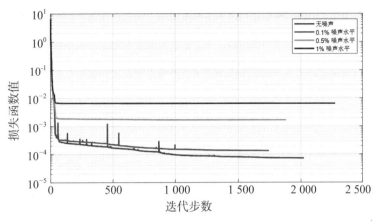

图 5.3.14　圆形域 Cauchy 问题的损失函数

由图 5.3.14 可知,经过大约 1 000 次迭代以后,损失函数值都可以降到一定的范围内.

利用训练好的神经网络模型可以得到 u 的近似解 $\hat{u}$,图 5.3.15 为圆形域上利用带噪声边界观测数据得到近似解 $\hat{u}$ 的对比图.图 5.3.16 为圆形域利用带噪声边界观测数据得到的近似解 $\hat{u}$ 的绝对误差对比图.

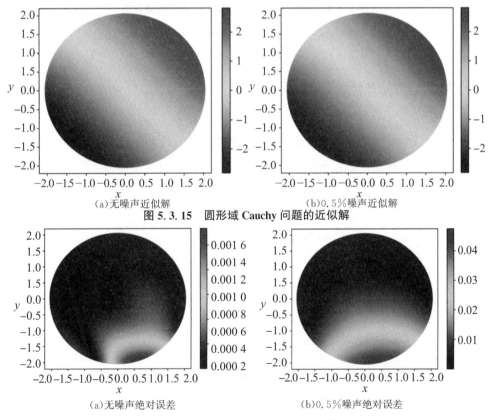

（a）无噪声近似解　　　　　　　　　　（b）0.5%噪声近似解

图 5.3.15　圆形域 Cauchy 问题的近似解

（a）无噪声绝对误差　　　　　　　　　　（b）0.5％噪声绝对误差

图 5.3.16　圆形域 Cauchy 问题近似解的误差

由图 5.3.16 可得圆形域 Cauchy 反问题反演出的 u 在无噪声时的绝对误差精度只有 10^{-3} 而带噪声时精度在 10^{-2} 左右.

图 5.3.17 为边界 Γ_2 上的精确解与不同噪声水平下的近似解的对比图.

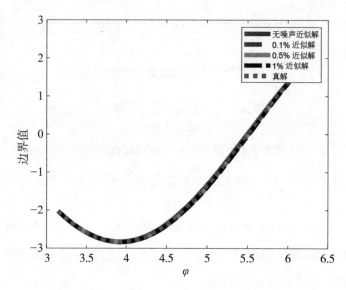

图 5.3.17　圆形域 Cauchy 问题 Γ_2 边界的温度值

由图 5.3.17 可知,圆形域稳态热传导 Cauchy 边界条件识别反问题,利用 PINNs 方法求解效果较好.

在 Ω 区域中加入部分温度信息,即附加条件为

$$u(0,y)=y, y \in [0,1] \tag{5.3.19}$$

建立包含 30 个神经元的 3 个隐藏层的神经网络,并且取 Tanh 作为激活函数. 取 1 000 个点的训练数据: $N_b=200, N_f=600, N_{\text{data}}=200$. 损失函数为式(5.3.14),其中边界条件残差 $L_{u_b}(\theta)$、偏微分方程残差 $L_f(\theta)$ 以及观测数据残差 $L_{\text{data}}^D(\theta)$ 分别为

$$L_{u_b}(\theta)=\frac{1}{N_b}\sum_{i=1}^{N_b}\left|\hat{u}(2\cos\varphi_i,2\sin\varphi_i;\theta)-u(2\cos\varphi_i,2\sin\varphi_i)\right|^2$$

$$L_f(\theta)=\frac{1}{N_f}\sum_{i=1}^{N_f}\left|\left[\frac{\partial^2\hat{u}(x_i,y_i;\theta)}{\partial x_i^2}+\frac{\partial^2\hat{u}(x_i,y_i;\theta)}{\partial y_i^2}\right]-f(x_i,y_i)\right|^2$$

$$L_{\text{data}}^D(\theta)=\frac{1}{N_{\text{data}}}\sum_{i=1}^{N_{\text{data}}}\left|\hat{u}\left(0,r_i\sin\frac{\pi}{2};\theta\right)-u\left(0,r_i\sin\frac{\pi}{2}\right)\right|^2$$

式中, $\varphi_i \in [0,\pi], r_i \in [0,a]$. 选取不同噪声水平观测数据实验,利用 L-BFGS 算法训练,损失函数的变化如图 5.3.18 所示.

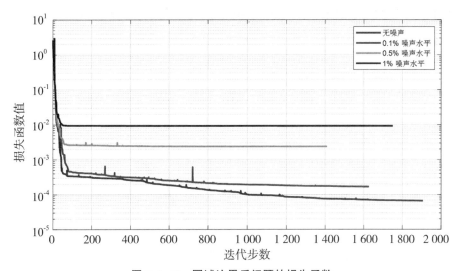

图 5.3.18　圆域边界反问题的损失函数

由图 5.3.18 可知,经过大约 1 000 次迭代以后,损失函数值都可以降到一定范围内.

利用训练好的神经网络模型可以得到 u 的近似解 $\hat{u}$,图 5.3.19 为圆形域上利用带噪声内部观测数据得到的近似解 $\hat{u}$ 的对比图.图 5.3.20 为圆形域上利用带噪声内部观测数据得到的近似解 $\hat{u}$ 和精确解 u 的误差对比图.

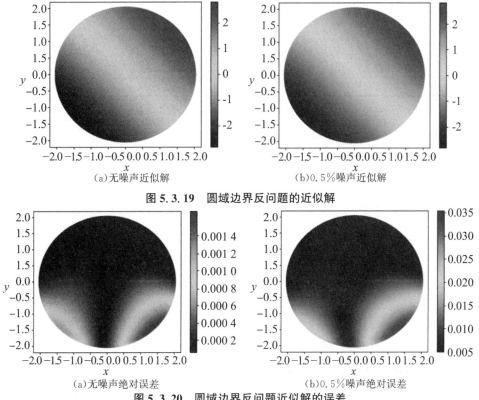

（a）无噪声近似解　　　　　　　　（b）0.5%噪声近似解

图 5.3.19　圆域边界反问题的近似解

（a）无噪声绝对误差　　　　　　　　（b）0.5%噪声绝对误差

图 5.3.20　圆域边界反问题近似解的误差

189

由图 5.3.20 可知,反演出的 u 在无噪声时的绝对误差数量级只有 10^{-3},而带噪声时也能稳定在 10^{-2}.同时反演了在不同噪声时 Γ_2 上的边界温度值.图 5.3.21 为边界 Γ_2 的温度值精确解与不同噪声水平下的近似解的对比图.

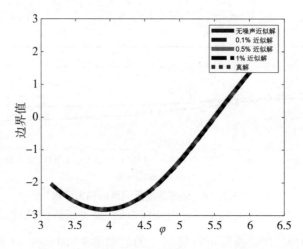

图 5.3.21　圆形域边界反问题 Γ_2 边界的温度值

由图 5.3.21 可知,圆形域稳态热传导内部信息识别边界条件反问题,利用 PINNs 方法求解效果较好.

利用 PINNs 方法求解圆形域两类边界识别反问题的近似解的相对误差,见表 5.3.2.

表 5.3.2　边界条件识别结果相对误差

	Cauchy 边界条件识别反问题误差		内部信息识别边界条件反问题误差	
	$\hat{u}$	边界值	$\hat{u}$	边界值
无噪声	1.84E−4	2.63E−4	8.98E−4	1.46E−3
0.1% 噪声	2.32E−3	2.75E−3	4.71E−3	7.48E−3
0.5% 噪声	1.16E−2	1.39E−2	5.48E−3	8.68E−3
1% 噪声	1.43E−2	1.71E−2	6.89E−3	9.93E−3

由表 5.3.2 可知,对于圆形域两类边界识别问题,反演得到的 u 在无噪声时的相对误差数量级只有 10^{-4},而带噪声时也能稳定在 10^{-2}.利用无噪声的边界观测反演得到的边界温度值相对误差数量级为 10^{-4},带噪声时精度为 10^{-2};利用内部观测数据反演得到的边界温度值的相对误差数量级稳定在 10^{-3}.

算例 3　环形域边界反问题数值实验

考虑环形域稳态温度场的边界识别反问题[266],其内、外边界分别是 $\Gamma_2 = \{(x, y) \mid x^2$

$+y^2=1\}$ 和 $\Gamma_1=\{(x,y)\mid x^2+y^2=4\}$,如图 5.3.22(a)所示.$\Gamma_2$ 边界上的温度以及温度梯度都未知.Cauchy 边界条件识别反问题为:已知 Γ_1 边界上的温度以及温度梯度.这里

$$u=x^2-y^2+2xy-6x+7y+5$$

$$\nabla u=(2x+2y-6,2x-2y+7)$$

文献[266]利用 Tikhonov 方法求解该算例得到边界信息,精度为 10^{-2}.文献[186]利用边界元方法计算环形域 Cauchy 反问题,边界信息的相对误差数量级为 10^{-2}.

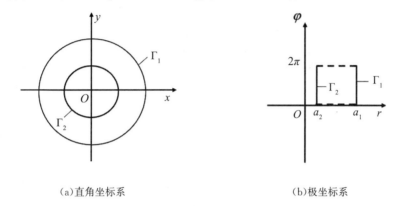

(a)直角坐标系　　　　　　　　　　　　(b)极坐标系

图 5.3.22　不同坐标系下环形域的表示

如图 5.3.22 所示,自变量 r 以及 φ 的取值范围分别为 $[1,2]$ 和 $[0,2\pi]$.建立包含 30 个神经元的 3 个隐藏层的神经网络,并且取 Tanh 作为激活函数.利用坐标变换,取 1 000 个点的训练数据:$N_b=200,N_f=600,N_{\text{data}}=200$.损失函数为式(5.3.14),其中边界条件残差 $L_{u_b}(\theta)$、偏微分方程残差 $L_f(\theta)$ 以及观测数据残差 $L_{\text{data}}^{\Gamma_1}(\theta)$ 分别为

$$L_{u_b}(\theta)=\frac{1}{N_b}\sum_{i=1}^{N_b}\left|\hat{u}(2\cos\varphi_i,2\sin\varphi_i;\theta)-u(2\cos\varphi_i,2\sin\varphi_i)\right|^2$$

$$L_f(\theta)=\frac{1}{N_f}\sum_{i=1}^{N_f}\left|\left[\frac{\partial^2\hat{u}(x_i,y_i;\theta)}{\partial x_i^2}+\frac{\partial^2\hat{u}(x_i,y_i;\theta)}{\partial y_i^2}\right]-f(x_i,y_i)\right|^2$$

$$L_{\text{data}}^{\Gamma_1}(\theta)=\frac{1}{N_{\text{data}}}\sum_{i=1}^{N_{\text{data}}}\left|\frac{\partial\hat{u}(2\cos\varphi_i,2\sin\varphi_i;\theta)}{\partial x_i}-\frac{\partial u(2\cos\varphi_i,2\sin\varphi_i)}{\partial x_i}\right|^2+$$

$$\frac{1}{N_{\text{data}}}\sum_{i=1}^{N_{\text{data}}}\left|\frac{\partial\hat{u}(2\cos\varphi_i,2\sin\varphi_i;\theta)}{\partial y_i}-\frac{\partial u(2\cos\varphi_i,2\sin\varphi_i)}{\partial y_i}\right|^2$$

式中,$\varphi_i\in[0,2\pi]$.损失函数的权重选取为 $\omega_1=1,\omega_2=1,\omega_3=1$.选取不同噪声水平观测数据进行实验,使用 L-BFGS 优化算法训练,损失函数的变化如图 5.3.23 所示.

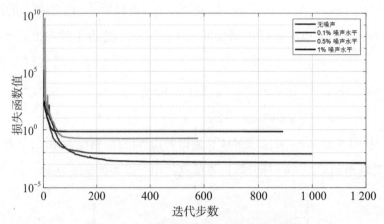

图 5.3.23　环形域 Cauchy 问题的损失函数

由图 5.3.23 可知,经过大约 200 次迭代以后,损失函数值都可以降到一定的范围内.

利用训练好的神经网络模型,可以得到 u 的近似解 $\hat{u}$,图 5.3.24 为环形域上利用带噪声边界观测,得到的近似解的对比图.图 5.3.25 为环形域上利用带噪声边界观测得到的近似解的绝对误差对比图.

由图 5.3.25 可知,利用 PINNs 求解圆环域稳态热传导 Cauchy 边界条件识别反问题,在无噪声时的绝对误差精度为 10^{-3},而带噪声时精度为 10^{-1} 左右.

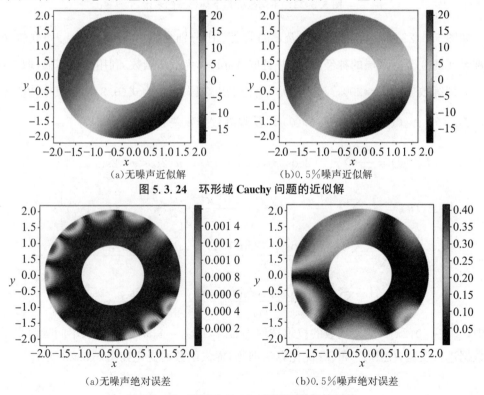

(a)无噪声近似解　　　　　(b)0.5%噪声近似解

图 5.3.24　环形域 Cauchy 问题的近似解

(a)无噪声绝对误差　　　　　(b)0.5%噪声绝对误差

图 5.3.25　环形域 Cauchy 问题近似解的误差

图 5.3.26 为边界 Γ_2 上的温度值精确解与不同噪声水平下的近似解的对比图.

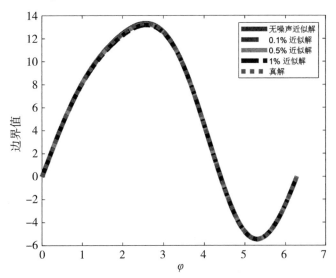

图 5.3.26　环形域 Cauchy 问题 Γ_2 边界的温度值

由图 5.3.26 可知,利用 PINNs 方法求解圆环域稳态热传导 Cauchy 边界条件识别反问题的效果较好,精度较高.

考虑环形域内部信息识别边界条件问题,在求解区域内加入部分温度信息,即附加条件为

$$u(0,y) = y^2 + 7y + 5, y \in [1,2] \tag{5.3.20}$$

建立包含 30 个神经元的 3 个隐藏层的神经网络,并且取 Tanh 作为激活函数. 利用坐标变换,取 1 000 个点的训练数据:$N_b = 200, N_f = 600, N_{data} = 200$. 损失函数为式(5. 3.14),其中边界条件残差 $L_{u_b}(\theta)$、偏微分方程残差 $L_f(\theta)$ 以及观测数据残差 $L_{data}^D(\theta)$ 分别为

$$L_{u_b}(\theta) = \frac{1}{N_b} \sum_{i=1}^{N_b} \left| \hat{u}(2\cos \varphi_i, 2\sin \varphi_i; \theta) - u(2\cos \varphi_i, 2\sin \varphi_i) \right|^2$$

$$L_f(\theta) = \frac{1}{N_f} \sum_{i=1}^{N_f} \left| \left[\frac{\partial^2 \hat{u}(x_i, y_i; \theta)}{\partial x_i^2} + \frac{\partial^2 \hat{u}(x_i, y_i; \theta)}{\partial y_i^2} \right] - f(x_i, y_i) \right|^2$$

$$L_{data}^D(\theta) = \frac{1}{N_{data}} \sum_{i=1}^{N_{data}} \left| \hat{u}\left(0, r_i \sin \frac{\pi}{2}; \theta\right) - u\left(0, r_i \sin \frac{\pi}{2}\right) \right|^2$$

式中,$\varphi_i \in [0, 2\pi], r_i \in [1,2]$. 选取不同噪声水平观测数据进行实验,使用 L-BFGS 优化算法训练后得出的损失函数的变化如图 5.3.27 所示.

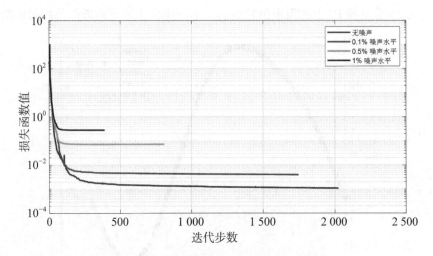

图 5.3.27　环形域边界反问题的损失函数

由图 5.3.27 可知,经过大约 400 次迭代以后,损失函数值都可以降到一定范围内.

利用训练好的神经网络模型可以得到 u 的近似解 $\hat{u}$,图 5.3.28 为环形域上利用带噪声内部观测得到近似解的对比图.图 5.3.29 为环形域上利用带噪声内部观测得到近似解和精确解的误差对比图.

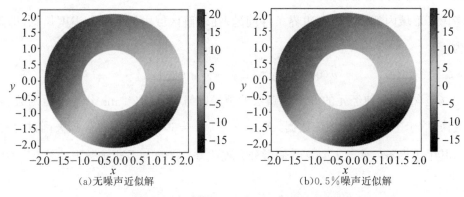

(a)无噪声近似解　　　　　　　　　　(b)0.5%噪声近似解

图 5.3.28　环形域边界反问题的近似解

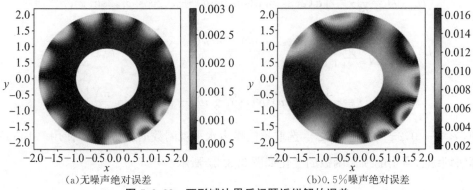

（a)无噪声绝对误差　　　　　　　　　　(b)0.5%噪声绝对误差

图 5.3.29　环形域边界反问题近似解的误差

由图 5.3.29 可知,利用 PINNs 求解基于内部信息识别环形域稳态热传导边界条件反问题,在无噪声时的绝对误差精度为 10^{-3},而带噪声时绝对误差精度为 10^{-2}. 同时反演了在不同噪声时 Γ_2 的边界信息,图 5.3.30 为边界 Γ_2 上的温度值精确解与不同噪声水平下的近似解的对比图.

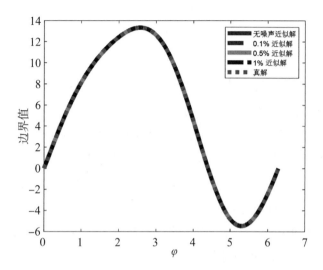

图 5.3.30　环形域边界反问题 Γ_2 边界的温度值

由图 5.3.30 可知,利用 PINNs 方法求解基于环形域稳态热传导内部信息识别边界条件反问题的效果较好.

基于 PINNs 方法,利用两类观测数据求解环形域边界识别反问题的近似解的相对误差,见表 5.3.3.

表 5.3.3　环形域边界条件识别相对误差结果

	Cauchy 边界条件识别反问题误差		内部信息识别边界条件反问题误差	
	$\hat{u}$	边界值	$\hat{u}$	边界值
无噪声	2.50E−4	1.45E−4	6.71E−5	2.30E−5
0.5%噪声	6.32E−3	4.79E−3	2.45E−4	2.67E−4

由表 5.3.3 可知,对于环形域两类边界识别问题,利用边界观测数据得到的相对误差数量级,在无噪声时只有 10^{-4},带噪声时也能稳定在 10^{-3};而反演得到的边界温度值,在无噪声时相对误差数量级是 10^{-4},带噪声时为 10^{-3}. 利用内部观测数据得到的 u 的相对误差数量级,在无噪声时仅有 10^{-5},而带噪声也能稳定在 10^{-4};且反演得到的边界温度值,相对误差数量级在无噪声时为 10^{-5},带噪声时为 10^{-4}. 综上所述,利用 PINNs 方法求解环形域稳态热传导两类边界识别反问题效果较好.

5.4 本 章 小 结

本章综述了几类稳态热传导反问题的神经网络求解方法,介绍了全连接前馈神经网络、自动微分技术和优化算法,阐述了神经网络求解偏微分方程的理论依据—万能逼近原理.

本章利用 PINNs 求解稳态热传导边界识别反问题,针对两种附加条件的稳态热传导边界识别反问题,介绍了相应的神经网络求解算法,分别对求解区域为矩形域、圆形域以及环形域等情形下的边界反演问题进行了数值实验. 数值算例表明,基于 PINNs 算法,即便利用带噪声的两种观测数据求解稳态热传导边界识别反问题,都可以有效克服反问题的不适定性,体现出良好计算精度,较好地反演计算出边界条件. PINNs 方法求解此类边界反问题具有良好的稳定性.

后续可以考虑将 PINNs 方法应用于非稳态高维热传导方程的求解,及多层介质热传导参数和源项识别反问题的探索.

参 考 文 献

[1] ABUSHAMA A A, BIAIECKI B. Modified nodal cubic spline collocation for Poisson's equation[J]. SIAM Journal on Numerical Analysis,2008,46(1):397-418.

[2] ALESSANDRINI G. Stable determination of a crack from boundary measurements[J]. Proceedings of the Royal Society of Edinburgh Section A:Mathematics,1993,123 (3):497-516.

[3] AMIRI DELOUEI A,EMAMIAN A,SAJJADI H,et al. A comprehensive review on multi-dimensional heat conduction of multi-layer and composite structures: Analytical Solutions[J]. Journal of Thermal Science,2021,30(6):1875-1907.

[4] AMMARI K,CHOULLI M,TRIKI F. A unified approach to solving some inverse problems for evolution equations by using observability inequalities[J]. CSIAM Transactions on Applied Mathematics,2020,1(2):207-239.

[5] BADIA A E. A one-phase inverse Stefan problem [J]. Inverse Problems,1999,15 (6):1507-1522.

[6] BAI B,HE Y,HU S,et al. An analytical method for determining the convection heat transfer coefficient between flowing fluid and rock fracture walls [J]. Rock Mechanics and Rock Engineering,2017,50(7):1787-1799.

[7] BAI B,HE Y,LI X,et al. Experimental and analytical study of the overall heat transfer coefficient of water flowing through a single fracture in a granite core[J]. Applied Thermal Engineering,2017,116:79-90.

[8] BAI B, HE Y, LI X, et al. Local heat transfer characteristics of water flowing through a single fracture within a cylindrical granite specimen[J]. Environmental Earth Sciences,2016,75(22):1460.

[9] BAYDIN A G,PEARLMUTTER B A,RADUl A A,et al. Automatic differentiation in machine learning:a survey[J]. Journal of Machine Learning Research,2018,18 (153):1-43.

[10] BERNTSSON F, ElDÉN L. Numerical solution of a Cauchy problem for the Laplace equation[J]. Inverse Problems,2001,17(4):839.

[11] BOGLAEV I. Monotone iterative ADI method for solving coupled systems of

nonlinear parabolic equations[J]. Applied Numerical Mathematics, 2016, 108: 204-222.

[12] BORWEIN J M, LEWIS A S. On the convergence of moment problems[J]. Transactions of the American Mathematical Society, 1991, 325(1): 249-271.

[13] LI C Y, FANG Y K, LIU F X, et al. A thermal protective clothing-air-skin heat conduction model and its analytical solution[J]. Applied Mathematics and Mechanics, 2021, 42(2): 162-169.

[14] CAI Z, CHEN J, LIU M, et al. Deep least-squares methods: An unsupervised learning-based numerical method for solving elliptic PDEs[J]. Journal of Computational Physics, 2020, 420: 109707.

[15] CANNON J R, DOUGLAS, JR J. The Cauchy problem for the heat equation[J]. SIAM Journal on Numerical Analysis, 1967, 4(3): 317-336.

[16] CANNON J R, LIN Y, WANG S. Determination of source parameter in parabolic equations[J]. Meccanica, 1992, 27(2): 85-94.

[17] CANNON J R, LIN Y, XU S. Numerical procedures for the determination of an unknown coefficient in semi-linear parabolic differential equations[J]. Inverse Problems, 1994, 10(2): 227-243.

[18] CANNON J R, LIN Y. An inverse problem of finding a parameter in a semi—linear heat equation[J]. Journal of Mathematical Analysis and Applications, 1990, 145(2): 470-484.

[19] CANNON J R, YIN H M. Numerical solutions of some parabolic inverse problems[J]. Numerical Methods for Partial Differential Equations, 1990, 6(2): 177-191.

[20] CANNON J R, YIN H M. On a class of non-classical parabolic problems[J]. Journal of Differential Equations. 1989, 79(2): 266-288.

[21] CANNON J R, YIN H M. On a class of nonlinear parabolic equations with nonlinear trace type functionals[J]. Inverse Problems, 1991, 7(1): 149-161.

[22] CANNON J R. A Cauchy problem for the heat equation[J]. Annali di Matematica Pura ed Applicata, 1964, 66(1): 155-165.

[23] CANNON J R. A priori estimate for continuation of the solution of the heat equation in the space variable[J]. Annali di Matematica Pura ed Applicata, 1964, 65(1): 377-387.

[24] CANNON J R. The one-dimensional heat equation[M]. Cambridge: Cambridge University Press, 1984.

[25] CARASSO A S,HSU N N. L$^{\infty}$ error bounds in partial deconvolution of the inverse Gaussian pulse [J]. SIAM Journal on Applied Mathematics，1985，45（6）：1029-1038.

[26] CARASSO A S, HSU N N. Probe waveforms and deconvolution in the experimental determination of elastic Green's functions[J]. SIAM Journal on Applied Mathematics,1985,45(3):369-382.

[27] CARASSO A S. Determining surface temperatures from interior observations[J]. SIAM Journal on Applied Mathematics,1982,42(3):558-574.

[28] INTROINI C, BAROLI D, LORENZI S,et al. A mass conservative Kalman filter algorithm for computational thermo-fluid dynamics [J]. Materials, 2018, 11 (11):2222.

[29] CHEN D H, JIANG D, YOUSEPT I, et al. Variational source conditions for inverse Robin and flux problems by partial measurements[J]. Inverse Problems and Imaging,2022,16(2):283-304.

[30] CHEN Y,ZHAO Z. Heat transfer in a 3D rough rock fracture with heterogeneous apertures[J]. International Journal of Rock Mechanics and Mining Sciences,2020, 134:104445.

[31] CHENG J, LIU J J. A quasi Tikhonov regularization for a two-dimensional backward heat problem by a fundamental solution[J]. Inverse Problems,2008,24 (6):065012.

[32] COLLI-FRANZONE P,GUERRI L,TENTONI S,et al. A mathematical procedure for solving the inverse potential problem of electrocardiography. Analysis of the time-space accuracy from in vitro experimental data [J]. Mathematical Biosciences,1985,77(1-2):353-396.

[33] DAOUD D S,SUBASI D. A splitting up algorithm for the determination of the control parameter in multi dimensional parabolic problem [J]. Applied Mathematics and Computation,2005,166(3):584-595.

[34] DEHGHAN M,GHESMATI A. Application of the dual reciprocity boundary integral equation technique to solve the nonlinear Klein-Gordon equation[J]. Computer Physics Communications,2010,181(8):1410-1418.

[35] DEHGHAN M. An inverse problem of finding a source parameter in a semilinear parabolic equation[J]. Applied Mathematical Modelling,2001,25(9):743-754.

[36] DEHGHAN M. Crank-Nicolson finite difference method for two-dimensional

diffusion with an integral condition[J]. Applied Mathematics and Computation, 2001,124(1):17-27.

[37] DEHGHAN M. Determination of a control parameter in the two-dimensional diffusion equation[J]. Applied Numerical Mathematics,2001,37(4):489-502.

[38] DEHGHAN M. Finding a control parameter in one-dimensional parabolic equations[J]. Applied Mathematics and Computation,2003,135(2):491-503.

[39] DEHGHAN M. Fourth-order techniques for identifying a control parameter in the parabolic equations[J]. International Journal of Engineering Science,2002,40(4): 433-447.

[40] DEHGHAN M. Parameter determination in a partial differential equation from the overspecified data [J]. Mathematical and Computer Modeling, 2005, 41 (2): 196-213.

[41] DOSTERT P,EFENDIEV Y,MOHANTY B. Efficient uncertainty quantification techniques in inverse problems for Richards' equation using coarse-scale simulation models[J]. Advances in Water Resources,2009,32(3):329-339.

[42] ELDÉN L. Approximations for a Cauchy problem for the heat equation[J]. Inverse Problems,1987,3(2):263-275.

[43] ELDEN L. Hyperbolic approximations for a Cauchy problem for the heat equation[J]. Inverse Problems,1988,4(1):59-70.

[44] ENGL H W,HANKE M,NEUBAUER A. Regularization of inverse problems [M]. Berlin: Springer Science & Business Media,1996.

[45] ENGL H W. Discrepancy principles for Tikhonov regularization of ill-posed problems leading to optimal convergence rates[J]. Journal of Optimization Theory and Applications,1987,52:209-215.

[46] MONTE F D. An analytic approach to the unsteady heat conduction processes in one-dimensional composite media [J]. International Journal of Heat and Mass Transfer,2002,45(6):1333-1345.

[47] SHAKERI F,DEHAGHAN M. A finite volume spectral element method for solving magnetohydrodynamic (MHD) equations [J]. Applied Numerical Mathematics,2011,61(1):1-23.

[48] FERNÁNDEZ-CARA E,LIMACO J,MENEZES S B D. Null controllability for a parabolic-elliptic coupled system [J]. Bulletin of the Brazilian Mathematical Society,New Series,2013,44(2):285-308.

［49］ FIGUEIREDO I. Physiologic parameter estimation using inverse problems［J］. SIAM Journal on Applied Mathematics,2013,73(3):1164-1182.

［50］ FREDMAN P T. A boundary identification method for an inverse heat conduction problem with an application in ironmaking［J］. Heat and Mass Transfer,2004,41 (2):95-103.

［51］ LI F L,ZHANG H Q. Determination of temperature distribution and control parameter in a two-dimensional parabolic inverse problem with overspecified data ［J］. Chinese Physics B,2011,20(10):100201.

［52］ GABRIELE M,MATTEO R,DAMIANO P,et al. An iterative particle filter approach for coupled hydro-geophysical inversion of a controlled infiltration experiment［J］. Journal of Computational Physics,2015,283:37-51.

［53］ GORBACHENKO V I,ZHUKOV M V,LAZOVSKAYA T V,et al. Neural network technique in some inverse problems of mathematical physics［J］. Lecture Notes in Computer Science,2016,9719:310-316.

［54］ YAZDI H S,PAKDAMAN M,MODAGHEGH H. Unsupervised kernel least mean square algorithm for solving ordinary differential equations ［J］. Neurocomputing,2011,74(12-13):2062-2071.

［55］ HADAMARD J. Lectures on Cauchy's problem in linear partial differential equations［M］. Massachusetts:Courier Corporation,2014.

［56］ E W N,HAN J,JENTZEN A. Deep learning-based numerical methods for high-dimensional parabolic partial differential equations and backward stochastic differential equations［J］. Communications in Mathematics and Statistics,2017,5 (4):349-380.

［57］ HE J,LI L,XU J,et al. Relu deep neural networks and linear finite elements［J］. Journal of Computational Mathematics,2020,38(3):502-527.

［58］ HE Y,BAI B,CUI Y,et al. 3D numerical modeling of water-rock coupling heat transfer within a single fracture［J］. International Journal of Thermophysics,2020,41:1-22.

［59］ HINTON G E,OSINDERO S,TEH Y W. A fast learning algorithm for deep belief nets［J］. Neural Computation,2006,18(7):1527-1554.

［60］ QI H,NIU C Y,GONG S,et al. Application of the hybrid particle swarm optimization algorithms for simultaneous estimation of multi-parameters in a transient conduction-radiation problem［J］. International Journal of Heat and Mass

Transfer,2015,83:428-440.

[61] HUANG C H,YEH C Y,ORlANDE H R B. A nonlinear inverse problem in simultaneously estimating the heat and mass production rates for a chemically reacting fluid[J]. Chemical Engineering Science,2003,58(16):3741-3752.

[62] HUSSEIN M S,LESNIC D,IVANCHOV M I. Simultaneous determination of time —dependent coefficients in the heat equation[J]. Computers & Mathematics with Applications,2014,67(5):1065-1091.

[63] KELLER J B. Inverse problems[J]. Ameriean Mathematies Monthly,1976,83: 107-118.

[64] JAGTAP A D,KAWAGUCHI K,KARNIADAKIS G E. Adaptive activation functions accelerate convergence in deep and physics—informed neural networks [J]. Journal of Computational Physics,2020,404:109136.

[65] JAGTAP A D,KHARAZMI E,KARNIADAKIS G E. Conservative physics-informed neural networks on discrete domains for conservation laws:Applications to forward and inverse problems[J]. Computer Methods in Applied Mechanics and Engineering,2020,365:113028.

[66] JAVANDEL I,DOUGHTY C,TSANG C F. Groundwater transport:handbook of mathematical models [R]. American Geophysical Union,Washington, D. C. : American Geophysical Union,1984.

[67] JIANG Y,YAO H,CUI Y,et al. Evaluative analysis of formulas of heat transfer coefficient of rock fracture[J]. International Journal of Thermophysics,2020,41 (8):1-20.

[68] JIN B. Conjugate gradient method for the Robin inverse problem associated with the Laplace equation [J]. International Journal for Numerical Methods in Engineering,2007,71(4):433-453.

[69] KARNER G,PERKTOLD K,ZEHENTNER H P,et al. Mass transport in large arteries and through the artery wall[J]. Advances in Fluid Mechanics,2000,23: 209-247.

[70] KIRSCH A. An introduction to the mathematical theory of inverse problems[M]. New York:Springer,2011.

[71] KLIBANOV M V,SANTOSA F. A computational quasi-reversibility method for Cauchy problems for Laplace's equation [J]. SIAM Journal on Applied Mathematics,1991,51(6):1653-1675.

[72] KNOPOFF D A, FERNANDEZ D R, TORRES G A, et al. Adjoint method for a tumor growth PDE-constrained optimization problem [J]. Computers & Mathematics with Applications, 2013, 66(6): 1104-1119.

[73] KOZONO H, MIURA M, SUGIYAMA Y. Existence and uniqueness theorem on mild solutions to the Keller-Segel system coupled with the Navier-Stokes fluid [J]. Journal of Functional Analysis, 2016, 270(5): 1663-1683.

[74] KUMAR M, GUPTA Y. Methods for solving singular boundary value problems using splines: a review[J]. Journal of Applied Mathematics and Computing, 2010, 32(1): 265-278.

[75] KUMAR M, PANDIT S. A composite numerical scheme for the numerical simulation of coupled Burgers' equation[J]. Computer Physics Communications, 2014, 185(3): 809-817.

[76] LAGARIS I E, LIKAS A, FOTIADIS D I. Artificial neural networks for solving ordinary and partial differential equations [J]. IEEE Transactions on Neural Networks, 1998, 9(5): 987-1000.

[77] LECUN Y, BENGIO Y, HINTON G. Deep learning[J]. Nature, 2015, 521(7553): 436-444.

[78] LEE H, KANG I S. Neural algorithm for solving differential equations[J]. Journal of Computational Physics, 1990, 91(1): 110-131.

[79] LESEM L B, GREYTOK F, MAROTTA F, et al. A method of calculating the distribution of temperature in flowing gas wells[J]. Transactions of the AIME, 1957, 210(01): 169-176.

[80] LI S Y, WEI T. Identification of a moving boundary for a heat conduction problem in a multilayer medium[J]. Heat and Mass Transfer, 2010, 46(7): 779-789.

[81] LI Y, HU X. Artificial neural network approximations of Cauchy inverse problem for linear PDEs[J]. Applied Mathematics and Computation, 2022, 414: 126678.

[82] LIN H Z, SHA H H, ZHENG C C, et al. Inverse identification of heat boundary conditions for 2-D anisotropic coating structures [J]. Applied Mechanics and Materials, 2011, 130: 1825-1828.

[83] LING L, TAKEUCHI T. Boundary control for inverse Cauchy problems of the Laplace equations[J]. CMES: Computer Modeling in Engineering & Sciences, 2008, 29(1): 45-54.

[84] LING L, YAMAMOTO M, HON Y C, et al. Identification of source locations in

two-dimensional heat equations[J]. Inverse Problems,2006,22(4):1289-1305.

[85] LIU J,LUO D. On stability and regularization for backward heat equation[J]. Chinese Annals of Mathematics,2003,24(01):35-44.

[86] LIU T,LIU L,XU H,et al. Numerical approximation of the solution of an inverse heat conduction problem based on quartic splines[C]. World Congress on Global Optimization in Engineering & Science,2009,12(B):917-922.

[87] LIU Z,TANG H. Global well-posedness for the Fokker-Planck-Boltzmann equation in Besov-Chemin-Lerner type spaces [J]. Journal of Differential Equations,2016,260(12):8638-8674.

[88] LONG Z,LU Y,DONG B. PDE-Net 2. 0:Learning PDEs from data with a numeric-symbolic hybrid deep network[J]. Journal of Computational Physics,2019,399:108925.

[89] LU L,MENG X,MAO Z,et al. DeepXDE:A deep learning library for solving differential equations[J]. SIAM Review,2021,63(1):208-228.

[90] LUO Z,WANG G,CHEN H. Decentralized fuzzy inference method for estimating thermal boundary condition of a heated cylinder normal to a laminar air stream[J]. Computers & Mathematics with Applications,2013,66(10):1869-1878.

[91] MA L M,WU Z M. Identifying the temperature distribution in a parabolic equation with overspecialed data using a multiquadric quasi-interpolation method[J]. Chinese Physics B,2010,19(1):1-6.

[92] MCFALL K S,MAHAN J R. Artificial neural network method for solution of boundary value problems with exact satisfaction of arbitrary boundary conditions[J]. IEEE Transactions on Neural Networks,2009,20(8):1221-1233.

[93] MENG X,LI Z,ZHANG D,et al. PPINN:Parareal physics-informed neural network for time-dependent PDEs[J]. Computer Methods in Applied Mechanics and Engineering,2020,370:113250.

[94] MOSS J T,WHITE P D. How to calculate temperature profiles in a water-injection well[J]. Oil and Gas Journal,1959,57(11):174-178.

[95] MUHIEDDINE M,CANOT É,MARCH R,et al. Coupling heat conduction and water-steam flow in a saturated porous medium[J]. International Journal for Numerical Methods in Engineering,2011,85(11):1390-1414.

[96] NIKOlAEV N Y,IBA H. Learning polynomial feedforward neural networks by genetic programming and backpropagation[J]. IEEE Transactions on Neural Networks,2003,14(2):337-350.

[97] NIU R P, LIU G R, LI M. Reconstruction of dynamically changing boundary of multilayer heat conduction composite walls [J]. Engineering Analysis with Boundary Elements, 2014, 42: 92-98.

[98] NONNER J C, NONNER J. Introduction to Hydrogeology [M]. New York: Springer, 2011.

[99] ONYANGO T, INGHAM D, LESNIC D. Reconstruction of heat transfer coefficients using the boundary element method [J]. Computers and Mathematics with Applications, 2007, 56(1): 114-126.

[100] ONYANGO T, INGHAM D, LESNIC D. Reconstruction of boundary condition laws in heat conduction using the boundary element method [J]. Computers and Mathematics with Applications, 2008, 57(1): 153-168.

[101] BANERJEE P K, BUTTERFIELD R. Boundary element methods in engineering science [M]. New York: McGraw-Hill, 1981.

[102] PANG G, LU L, KARNIADAKIS G E. FPINNs: Fractional physics-informed neural networks [J]. SIAM Journal on Scientific Computing, 2019, 41(4): A2603-A2626.

[103] PETER BASTIAN. Numerical computation of multiphase flows in porous media [D]. Habilitationsschrift, 1999.

[104] PHILLIPS D L. A technique for the numerical solution of certain integral equations of the first kind [J]. Journal of the ACM, 1962, 9(1): 84-97.

[105] PINKUS A. Approximation theory of the MLP model in neural networks [J]. Acta Numerica, 1999, 8(8): 143-195.

[106] PIRET C. The orthogonal gradients method: A radial basis functions method for solving partial differential equations on arbitrary surfaces [J]. Journal of Computational Physics, 2012, 231(14): 4662-4675.

[107] QIAN Y Y, PANG W J. An implicit sequential algorithm for solving coupled Lyapunov equations of continuous-time Markovian jump systems [J]. Automatica, 2015, 60: 245-250.

[108] QIU S F, WANG Z W, XIE A L, et al. Multivariate numerical derivative by solving an inverse heat source problem [J]. Inverse Problems in Science & Engineering, 2018, 26(8): 1178-1197.

[109] MOHANTY R K. An unconditionally stable finite difference formula for a linear second order one space dimensional hyperbolic equation with variable coefficients [J]. Applied Mathematics and Computation, 2005, 165(1): 229-236.

[110] BEIDOKHTI R S, MALEK A. Solving intial-boundary value problems for systems of partial differential equations using neural networks and optimization techniques[J]. Journal of the Franklin Institute,2009,346(9):898-913.

[111] RAISSI M, PERDIKARIS P, KARNIADAKIS G E. Physics-informed neural networks:A deep learning framework for solving forward and inverse problems involving nonlinear partial differential equations[J]. Journal of Computational Physics,2019,378:686-707.

[112] RAMUHALLI P, UDPA L, UDPA S S. Finite-element neural networks for solving differential equations[J]. IEEE Transactions on Neural Networks,2005, 16(6):1381-1392.

[113] RÜHAAK W, HELDMANN C D, PEI L, et al. Thermo-hydro-mechanical-chemical coupled modeling of a geothermally used fractured limestone [J]. International Journal of Rock Mechanics and Mining Sciences,2017,100:40-47.

[114] XU R N,JIANG P X. Numerical simulation of fluid flow in micro porous media[J]. International Journal of Heat and Fluid Flow,2008,29(5):1447-1455.

[115] MEHRKANOON S,SUYKENS J A K. LS-SVM approximate solution to linear time varying descriptor systems[J]. Automatic,2012,48(10):2502-2511.

[116] MEHRKANOON S,SUYKENS J A K. Learning solutions to partial differential equations using LS-SVM[J]. Neurocomputing,2015,159:105-116.

[117] MEHRKANOON S, SUYKENS J A K. LS-SVM based solution for delay differential equations[C]. Journal of Physics:Conference Series,2013(1).

[118] MEHRKANOON S,SUYKENS J A K. Parameter estimation of delay differential equations:An integration-free LS-SVM approach [J]. Communications in Nonlinear Science and Numercial Simulation,2014,19(4):830-841.

[119] MEHRKANOON S, FALCK T, SUYKENS J A K. Approximate solutions to ordinary differential equations using least squares support vector machines[J]. IEEE Transactions on Neural Networks and Learning Systems,2012,23(9):1356-1367.

[120] MEHRKANOON S,FALCK T,SUYKENS J A K. Parameter estimation for time varying dynamical systems using least squares support vector machines [J]. IFAC Proceedings,2012,45(16):1300-1305.

[121] YANG S,XIONG X T,HAN Y. A modified fractional Landweber method for a backward problem for the inhomogeneous time-fractional diffusion equation in a

cylinder［J］. International Journal of Computer Mathematics，2020，97（11）：2375-2395.

［122］ SALLAM S，KARABALLI A A. A quartic C3-spline collocation method for solving second－order initial value problems［J］. Journal of Computational and Applied Mathematics，1996，75（2）：295-304.

［123］ SCHOLKOPF B，SUNG K K，BURGES C J C，et al. Comparing support vector machines with Gaussian kernels to radial basis function classifiers［J］. IEEE Transactions on Signal Processing，1997，45（11）：2758-2765.

［124］ BOYCE S E，YEH W W G. Parameter－independent model reduction of transient groundwater flow models：Application to Inverse Problems［J］. Advances in Water Resources，2014，69：168-180.

［125］ SHAH K，ALI A，KHAN R A. Degree theory and existence of positive solutions to coupled systems of multi-point boundary value problems［J］. Boundary Value Problems，2016，2016（1）：1-12.

［126］ MCGEE S，SESHAIYER P. Finite difference methods for coupled flow interaction transport models［J］. Electronic Journal of Differential Equations，2009（2009）：171-184.

［127］ SHIDFAR A，KARAMALI G R，DAMIRCHI J. An inverse heat conduction problem with a nonlinear source term［J］. Nonlinear Analysis：Theory，Methods & Applications，2006，65（3）：615-621.

［128］ SHIDFAR A，POURGHOLI R，EBRAHIMI M. A numerical method for solving of a nonlinear inverse diffusion problem［J］. Computers & Mathematics with Applications，2006，52（6-7）：1021-1030.

［129］ SHIDFAR A，POURGHOLI R. Numerical approximation of solution of an inverse heat conduction problem based on Legendre polynomials［J］. Applied Mathematics and Computation，2006，175（2）：1366-1374.

［130］ SHIN Y. On the convergence of physics informed neural networks for linear second-order elliptic and parabolic type PDEs［J］. Communications in Computational Physics，2020，28（5）：2042-2074.

［131］ SIRIGNANO J，SPILIOPOULOS K. DGM：A deep learning algorithm for solving partial differential equations［J］. Journal of computational physics，2018，375：1339-1364.

［132］ SÓBESTER A，NAIR P B，KEANE A J. Genetic programming approaches for solving elliptic partial differential equations [J]. IEEE Transactions on Evolutionary Computation,2008,12(4):469-478.

[133] SUN Z,ZHANG X,XU Y,et al. Numerical simulation of the heat extraction in EGS with thermal-hydraulic-mechanical coupling method based on discrete fractures model[J]. Energy,2017,120:20-33.

[134] SUYKENS J A K,GESTEL T V,BRABANTER J D,et al. Least squares support vector machines[M]. Singapore:World Scientific Publishing Co Inc,2002.

[135] SUYKENS J A K, VANDEWALLE J,MOOR B D. Optimal control by least squares support vector machines[J]. Neural networks,2001,14(1):23-35.

[136] SUYKENS J A K, VANDEWALLE J. Least squares support vector machine classifiers[J]. Neural Processing Letters,1999,9(3):293-300.

[137] SUYKENS J A K. Nonlinear modelling and support vector machines[C]//IMTC 2001. Proceedings of the 18th IEEE instrumentation and measurement technology conference. Rediscovering measurement in the age of informatics (Cat. No. 01CH 37188). IEEE,2001,1:287-294.

[138] FALCK T,DREESEN P,BRABANTER K D,et al. Least-squares support vector machines for the identification of wiener-hammerstein systems [J]. Control Engineering Practice,2012,20(11):1165-1174.

[139] TALEEI A, DEHGHAN M. Time-splitting pseudo-spectral domain decomposition method for the soliton solutions of the one-and multi-dimensional nonlinear Schrödinger equations[J]. Computer Physics Communications, 2014, 185 (6): 1515-1528.

[140] LIU T W,CHEN X R,XU D H. Numerical inversion of heat exchange coefficient and source sink term for a thermal-fluid coupled model in porous medium[J]. Applicable Analysis,2017,96(10):1784-1798.

[141] TARANTOLA A. Inverse problem theory and methods for model parameter estimation[M]. Society for Industrial and Applied Mathematics,2005.

[142] TARON J, ELSWORTH D. Coupled mechanical and chemical processes in engineered geothermal reservoirs with dynamic permeability[J]. International Journal of Rock Mechanics and Mining Sciences,2010,47(8):1339-1348.

[143] TIKHONOV A A, GLASKO V V. Methods of determining the surface temperature of a body[J]. USSR Computational Mathematics and Mathematical Physics,1967,7(4):267-273.

[144] QIN B，CHEN Z H ，FANG Z D，SUN S G et al. Analysis of coupled thermo-hydro-mechanical behavior of unsaturated soils based on theory of mixtures I[J]. Applied mathematics and mechanics，2010，31(12)：1476-1488.

[145] TONG F，JING L，ZIMMERMAN R W. A fully coupled thermo-hydro-mechanical model for simulating multiphase flow，deformation and heat transfer in buffer material and rock masses[J]. International Journal of Rock Mechanics and Mining Sciences，2010，47(2)：205-217.

[146] TSOULOS I G，GAVRILIS D，GLAVAS E. Solving differential equations with constructed neural networks[J]. Neurocomputing，2009，72(10-12)：2385-2391.

[147] TSOULOS I G，LAGARIS I E. Solving differential equations with genetic programming[J]. Genetic Programming and Evolvable Machines，2006，7(1)：33-54.

[148] SIEDLECKA U. Radial heat conduction in a multilayered sphere[J]. Journal of Applied Mathematics and Computational Mechanics，2014，13(4)：109-116.

[149] THOMEE V. From finite difference to finite elements：A short history of numerical analysis of partial differential equations[J]. Applied Mathematics and Computation，2001，128(1)：1-54.

[150] VAPNIK V. Statistical learning theory[M]. DBLP，1998.

[151] HEIJDE B V D，FUCHS M，TUGORES C R，et al. Dynamic equation-based thermo-hydraulic pipe model for district heating and cooling systems[J]. Energy Conversion and Management，2017，151：158-169.

[152] VANI C，AVUDAINAYAGAM A. Regularized solution of the Cauchy problem for the Laplace equation using Meyer wavelets[J]. Mathematical and Computer Modelling，2002，36(9-10)：1151-1159.

[153] SRIVASTAVA V K，AWASTHI M K，TAMSIR M. A fully implicit Finite - difference solution to one dimensional coupled nonlinear Burgers' equations[J]. International Journal of Mathematical Sciences，2013，7(4)：23.

[154] SRIVASTAVA V K，TAMSIR M，BHARDWAJ U. Crank-Nicolson scheme for numerical solutions of two-dimensional coupled burgers' equations[J]. International Journal of Scientific & Engineering Research. 2011，2(5)：1-7.

[155] VOGEL C R. Computational methods for inverse problems[M]. Society for Industrial and Applied Mathematics，2002.

[156] WANG L，MENDEL J M. Structured trainable networks for matrix algebra[C].

IEEE International Joint Conference on Neural Networks,1990:125-132.

[157] WANG Z, QIU S, RUAN Z, et al. A regularized optimization method for identifying the space-dependent source and the initial value simultaneously in a parabolic equation[J]. Computers & Mathematics with Applications, 2014, 67 (7):1345-1357.

[158] WATANABE N, WANG W, MCDERMOTT C I, et al. Uncertainty analysis of thermo-hydro-mechanical coupled processes in heterogeneous porous media[J]. Computational Mechanics,2010,45:263-280.

[159] WEI T, LI Y. An inverse boundary problem for one-dimensional heat equation with a multilayer domain[J]. Engineering Analysis with Boundary Elements, 2008,33(2):225-232.

[160] WEI T, WANG J. Simultaneous determination for a space-dependent heat source and the initial data by the MFS[J]. Engineering Analysis with Boundary Elements,2012,36(12):1848-1855.

[161] XIONG X T, CAO X X, HE S M, WEN J. A modified regularization method for a Cauchy problem for heat equation on a two-layer sphere domain[J]. Applied Mathematics and Computation,2016,290:240-249.

[162] CHEN X R, LIU T W. Numerical simulation of 3d thermal-fluid coupled model in porous medium[J]. Mathematical Computation,2013,2(4):73-80.

[163] XU D, WEN L, XU B. An inverse problem of Bilayer textile thickness determination in dynamic heat and moisture transfer[J]. Applicable Analysis, 2014,93(3):445-465.

[164] XU J. The well-posedness theory for Euler-Poisson fluids with non-zero heat conduction[J]. Journal of Hyperbolic Differential Equations, 2014, 11 (04): 679-703.

[165] XU R N, JIANG P X. Numerical simulation of fluid flow in microporous media [J]. International Journal of Heat and Fluid Flow. 2008,29(5):1447-1455.

[166] YAMAMOTO M, ZOU J. Simultaneous reconstruction of the initial temperature and heat radiative coefficient[J]. Inverse Problems,2001,17(4):1181-1202.

[167] YAN B, HUANG S X. Variational regularization method of solving the Cauchy problem for Laplace's equation: Innovation of the Grad-Shafranov (GS) reconstruction[J]. Chinese Physics B,2014,23(10):654-662.

[168] YAN L, FU C L, DOU F F. A computational method for identifying a spacewise-

dependent heat source [J]. Communications in Numerical Methods in Engineering,2010,26(5):597-608.

[169] YANG F,FU C. A mollification regularization method for the inverse spatial-dependent heat source problem [J]. Journal of Computational & Applied Mathematics,2014,255(1):555-567.

[170] YANG S,XIONG X,HAN Y. A modified fractional Landweber method for a backward problem for the inhomogeneous time-fractional diffusion equation in a cylinder[J]. International Journal of Computer Mathematics, 2020, 97 (11): 2375-2393.

[171] YANG Y ,LI Z,SI L,et al. Study on test method of heat release intensity and thermophysical parameters of loose coal[J]. Fuel,2018,229:34-43.

[172] YASUHARA H,KINOSHITA N,OGATA S,et al. Coupled thermo-hydro-mechanical-chemical modeling by incorporating pressure solution for estimating the evolution of rock per-meability[J]. International Journal of Rock Mechanics and Mining Sciences,2016,86:104-114.

[173] YE C R,SUN Z Z. A linearized compact difference scheme for an one-dimensional parabolic inverse problem[J]. Applied Mathematical Modelling, 2009, 33 (3): 1521-1528.

[174] YE C R,SUN Z Z. On the stability and convergence of a difference scheme for a one-dimensional parabolic inverse problem[J]. Applied Mathematics and computation,2007,188(1):214-225.

[175] YENTIS R,ZAGHLOUL M E. VLSI implementation of locally connected neural network for solving partial differential equations [J]. IEEE Transactions on Circuits and Systems I:Fundamental Theory and Applications,1996,43(8):687-690.

[176] CHEN Y F,ZHOU S,HU R,et al. Estimating effective thermal conductivity of unsaturated bentonites with consideration of coupled thermo-hydro-mechanical effects[J]. International Journal of Heat and Mass Transfer,2014,72:656-667.

[177] YU J,LU L,MENG X,et al. Gradient-enhanced physics-informed neural networks for forward and inverse PDE problems [J]. Computer Methods in Applied Mechanics and Engineering,2022,393:114823.

[178] ZADEH K S,MONTAS H J. Parametrization of flow processes in porous media by multi-objective inverse modeling[J]. Journal of Computational Physics,2014,

259:390-401.

[179] ZHA W S,WEN Z,LI D L,et al. Convolution-based model-solving method for three-dimensional,unsteady,partial differential equations[J]. Neural Computation,2022 ,34(2):518-540.

[180] ZHANG B,QI H,REN Y T,et al. Application of homogenous continuous ant colony optimization algorithm to inverse problem of one-dimensional coupled radiation and conduction heat transfer[J]. International Journal of Heat and Mass Transfer,2013,66:507-516.

[181] ZHANG G,WANG S,WANG Y,et al. LS-SVM approximate solution for affine nonlinear systems with partially unknown functions[J]. Journal of Industrial and Management Optimization,2013,10(2):621-636.

[182] ZHANG S G,LI Z J,XUY Y H,et al. Three-dimensional numerical simulation and analysis of fluid-heat coupling heat-transfer in fractured rock mass[J]. Rock Soil Mechanics 2011,32(8):2507-2511.

[183] ZHAO Z. On the heat transfer coefficient between rock fracture walls and flowing fluid[J]. Computers and Geotechnics,2014,59:105-111.

[184] 柏恩鹏,熊向团. 分数阶热传导方程侧边值问题的一种分数次 Tikhonov 方法[J]. 西南师范大学学报,2021,46(03):119-125.

[185] 贝尔. 多孔介质流体动力学[M]. 李竞生,陈崇希,译. 北京:中国建筑工业出版社,1983.

[186] 卞步喜,周焕林,程长征,等. 二维位势边界条件反识别 TSVD 正则化法[J]. 合肥工业大学学报(自然科学版),2014,37(09):1097-1101.

[187] 蔡国庆,赵成刚,田辉. 高放废物地质处置库中非饱和缓冲层的热-水-力耦合数值模拟[J]. 岩土工程学报,2013,35(zk1):1-8.

[188] 曹瑞华. 多联通区域中的拉普拉斯方程柯西问题的一种数值计算方法[J]. 山西师范大学学报(自然科学版),2014,28(04):8-12.

[189] 曹笑笑,毛东玲,程强,等. 带有非齐次 Neumann 条件的 Laplace 方程 Cauchy 问题的一种傅里叶正则化方法[J]. 湖北大学学报(自然科学版),2017,39(3):236-240.

[190] 曾玉超,苏正,吴能友,等. 漳州地热田基岩裂隙水系统温度分布特征[J]. 吉林大学学报(地球科学版),2012,42(03):814-820＋831.

[191] 查文舒,李道伦,沈路航,等. 基于神经网络的偏微分方程求解方法研究综述[J]. 力学学报,2022,54(03):543-556.

[192] 陈必光,宋二祥,程晓辉. 二维裂隙岩体渗流传热的离散裂隙网络模型数值计算方

法[J].岩石力学与工程学报,2014,33(01):43-51.

[193] 陈大伟,斯小琴.一维热传导过程的计算模拟[J].沈阳大学学报(自然科学版),2018,30(4):338-341.

[194] 陈立勇.改进最小二乘支持向量机及其应用[D].南昌:华东交通大学,2014.

[195] 陈祥瑞.几类抛物型方程正反问题的数值计算[D].抚州:东华理工大学,2014.

[196] 戴卫杰,张文,徐会林,等.Helmholtz方程反问题的PINNS解法[J].赣南师范大学学报,2022,43(6):1-7.

[197] 杜喆,刘三阳.最小二乘支持向量机变型算法研究[J].西安电子科技大学学报(自然科学版),2009,36(2):331-337.

[198] 段晨阳.地热井钻采灌过程中耦合地层温度的井筒温度/压力分布研究[D].武汉:中国地质大学,2019.

[199] 冯立新,李媛.求解二维热传导方程侧边值问题的小波正则化方法的误差估计[J].中国科学:数学,2011,41(4):301-316.

[200] 谷韬,徐定华.带随机Robin边界数据的三层热传递模型及参数识别反问题[J].浙江理工大学学报(自然科学版),2021,45(2):266-272.

[201] 顾延安.保温层外壁面温度的计算方法[J].化工设备设计,1981,1:1-4.

[202] 韩孝明.矩阵奇异值分解算法及应用研究[J].兰州文理学院学报(自然科学版),2021,35(1):14-18.

[203] 黄方,刘琼颖,何丽娟.中上扬子区奉节——观音剖面深部温度场及热结构特征[J].地质科学,2014,03:799-811.

[204] 吉小明.饱和多孔岩体中温度场渗流场应力场耦合分析[J].广东工业大学学报,2006,23(3):46-53.

[205] 贾现正.热传导方程的若干反问题[D].上海:复旦大学,2005.

[206] 金邦梯.一类椭圆型偏微分方程反问题的无网格方法[D].杭州:浙江大学,2005.

[207] 孔祥言,李道伦,徐献芝,等.热-流-固耦合渗流的数学模型研究[J].水动力学研究与进展:A辑,2005,20(2):269-275.

[208] 孔彦龙,陈超凡,邵亥冰,等.深井换热技术原理及其换热量评估[J].地球物理学报,2017,60(12):4741-4752.

[209] 孔彦龙,黄永辉,郑天元,等.地热能可持续开发利用的数值模拟软件OpenGeoSys:原理与应用[J].地学前缘,2020,27(01):170-177.

[210] 赖金凤.一类多层介质热传导问题的计算方法[D].抚州:东华理工大学,2021.

[211] 李春香,张为民,钟碧良.最小二乘支持向量机的参数优化算法研究[J].杭州电子科技大学学报.2010,30(04):213-216.

[212] 李官保,裴彦良,刘保华. 海底热流探测技术综述[J]. 地球物理学进展,2005,20(3):611-619.

[213] 李洪芳,傅初黎,熊向团,等. 一类求解抛物型方程侧边值问题的最优滤波方法[J]. 数学物理学报,2009,29A(2):245-252.

[214] 李洪芳,傅初黎,熊向团. 一个抛物型方程侧边值问题的正则逼近解在一类 Sobolev 空间中的最优误差界[J]. 应用数学和力学,2005,26(9):1128-1134.

[215] 李荣华,刘播,微分方程数值解法[M]. 北京:高等教育出版社,2009.

[216] 李曦,刘忠玮. 热传导方程的半显式格式[J]. 南昌大学学报,2001,23(4):69-70.

[217] 李长玉,方彦奎,刘福旭,等. 热防护服-空气-皮肤热传导模型及其解析解[J]. 应用数学和力学,2021,42(2):162-169.

[218] 廖志杰. 福建无岩浆热源的深循环水热系统[J]. 现代地质,2012,26(01):85-98.

[219] 蔺文静,王凤元,甘浩男,等. 福建漳州干热岩资源选址与开发前景分析[J]. 科技导报,2015,33(19):28-34.

[220] 刘德朋. 边界条件齐次化辅助函数的统一形式[J]. 高等数学研究,2006(03):52-54.

[221] 刘浩洋,户将,李勇锋,等. 最优化:建模、算法与理论[M]. 北京:高等教育出版社,2020.

[222] 刘继军. 不适定问题的正则化方法及应用[M]. 北京:科学出版社,2005.

[223] 刘静. 数值微分的正则化方法研究[D]. 西安:西安理工大学,2020.

[224] 刘其琛,穆炜炜. 最小二乘支持向量机的核函数及参数选择算法研究[J]. 电脑知识与技术,2015,11(19):160-162.

[225] 刘唐伟,欧阳旺林,阮晓晴,等. 一类热流耦合模型边界条件的反演计算方法[J]. 江西科学,2024,42(02):231-238.

[226] 刘唐伟,孙占学,王安东,等. 漳州盆地深部岩层温度数值模拟及热储量估算[J]. 东华理工大学学报(自然科学版),2016,39(4):310-318.

[227] 刘唐伟,钟小雨,欧阳旺林,等. 一类二维有界域上稳态热传导方程侧边值问题的计算方法[J]. 东华理工大学学报(自然科学版),2023,46(01):93-100.

[228] 卢德唐,曾亿山,郭永存. 多层地层中的井筒及地层温度解析解[J]. 水动力学研究与进展:A辑. 2002,17(3):382-390.

[229] 陆帅,王彦博. 用 Tikhonov 正则化方法求一阶和两阶的数值微分[J]. 高等学校计算数学学报. 2004,26(1):62-74.

[230] 罗卫华,邬凌,王彬. 变系数反应扩散方程的差分解法[J]. 西南师范大学学报. 2011:88-92.

[231] 穆小伟. 极坐标系下 Laplace 方程柯西问题的非局部边界值问题[D]. 上海:复旦大

学,2010.

[232] 欧阳旺林.几类热传导反问题的数值解法[D].抚州:东华理工大学,2024.

[233] 庞忠和,樊志成,汪集旸.漳州盆地水热系统的氢氧稳定同位素研究[J].岩石学报,1990(04):75-84.

[234] 庞忠和,黄少鹏,胡圣标,等.中国地热研究的进展与展望(1995-2014)[J].地质科学,2014,49(3),719-727.

[235] 庞忠和,罗霁,程远志,等.中国深层地热能开采的地质条件评价[J].地学前缘,2020,27(01):134-151.

[236] 庞忠和.漳州盆地地热系统—成因模式,热能潜力与热水分布规律的研究[D].北京:中国科学院地质与地球物理研究所,1987.

[237] 彭鹏,徐定华.热防护服中反常热扩散方程 Robin 问题的条件适定性[J].浙江理工大学学报(自然科学版),2020,43(2):267-271.

[238] 钱志.热方程侧边值问题的正则化方法及频域中的修改"核"思想[J].应用数学与计算数学学报,2012,26(3):298-311.

[239] 钱志.数学物理反问题的正则化[D].兰州:兰州大学,2008.

[240] 邱楠生.中国西北部盆地岩石热导率和生热率特征[J].地质科学,2002,37(2):196-206.

[241] 邱淑芳,王泽文,曾祥龙,等.一类时间分数阶扩散方程中的源项反演解法[J].江西师范大学学报(自然科学版),2018,42(6):610-615.

[242] 阮周生,王泽文,张文.数值求解时间分数阶扩散方程源项反问题[J].黑龙江大学自然科学学报,2015,32(5):586-590.

[243] 阮周生,张文,王泽文.一类空间分数阶扩散方程系数反问题的数值解[J].黑龙江大学自然科学学报,2012,29(6):759-765.

[244] 盛宏玉,范家让.非平面应变状态下的叠层厚壁筒[J].应用力学学报,1997,14(2):64-71.

[245] 盛宏玉.组合实心圆柱体热传导瞬态分析的状态变量法[J].上海交通大学学报,2011,45(2):247-251.

[246] 石娟娟,熊向团.时间反向热传导问题的拟逆正则化方法及误差估计[J].江西师范大学学报,2021,45(01):22-25.

[247] 石万霞,熊向团.多层介质中逆热传导问题的傅里叶正则化方法[J].应用数学与计算数学学报,2012,26(3):348-354.

[248] 司守奎,孙玺菁.数学建模算法与应用[M].北京:国防工业出版社,2011.

[249] 苏京勋.一类抛物型方程的系数反演问题[D].南京:东南大学,2006.

［250］孙志忠.偏微分方程数值解法:第二版［M］.北京:科学出版社,2005.

［251］唐阿敏.球形域内多层介质热传导正反演问题的数值计算方法［D］.抚州:东华理工大学,2022.

［252］滕吉文,司芗,庄庆祥,等.福建陆缘壳幔异常结构与深部热储潜能分析［J］.科学技术与工程,2017,17(17):6-38.

［253］万辉,魏延.一种改进的最小二乘支持向量机算法［J］.重庆师范大学学报(自然科学版),2010,27(04):69-72+93.

［254］汪集旸,胡圣标,程本合,等.中国大陆科学钻探靶区深部温度预测［J］.地球物理学报,2001(06):774-782.

［255］王凤霞.非齐次热方程侧边值问题的正则化方法及误差估计［D］.兰州:西北师范大学,2022.

［256］王高雄,周之铭,朱思铭,等.常微分方程［M］.北京:高等教育出版社,2020.

［257］王良书,刘绍文,肖卫勇,等.渤海盆地大地热流分布特征［J］.科学通报,2002,47(2):151-155.

［258］王伟芳,王晋茹.三维 Laplace 方程 Cauchy 问题的小波解［J］.数学杂志,2012,32(02):239-248.

［259］王彦飞.反演问题的计算方法及其应用［M］.北京:高等教育出版社,2007.

［260］王一鸣.基于 LS-SVM 的常微分方程求解［D］.天津:天津大学,2013.

［261］王泽文,刘唐伟,徐定华.Laplace 方程 Cauchy 问题的一种数值解法［J］.华东地质学院学报,2002(04):356-360.

［262］王泽文,钱海忠,徐定华.高维 Poisson 方程 Cauchy 问题的一种数值解法［J］.宁夏大学学报(自然科学版),2003(03):221-224.

［263］王泽文,邱淑芳.正则化方法与抛物型方程源项反演［M］.北京:科学出版社,2021.

［264］王泽文,徐定华.一维热传导反问题的条件稳定性与正则化［J］.南昌大学学报(理科版),2004,28(4):371-375.

［265］王自明,杜志敏.油藏热流固耦合渗流问题的有限元方法［J］.西南石油学院学报,2002,24(2):28-30.

［266］魏昕婧.二维位势及弹性边界条件识别反问题的正则化间接边界元法［D］.淄博:山东理工大学,2015.

［267］吴自库,陈建毅.二维对流扩散方程逆过程的最小二乘支持向量机求解［J］.东北师大学报(自然科学版),2017,49(3):47-51.

［268］吴自库,李福乐,KWAK D Y.一维热传导方程热源反问题基于最小二乘法的正则化方法［J］.计算物理,2016,33(1):49-56.

［269］吴自库,许海洋,李福乐.一维对流扩散方程逆过程 LS－SVM 解［J］.黑龙江大学

自然科学学报,2016,33(4):429-434.

[270] 仵彦卿. 多孔介质渗流与污染迁移数学模型[M]. 北京:科学出版社,2012.

[271] 仵彦卿. 多孔介质污染物迁移动力学[M]. 上海:上海交通大学出版社,2007.

[272] 奚梅成编著. 数值分析方法[M]. 合肥:中国科技大学出版社.2003.

[273] 向晓燕,徐会林,肖宇辉. 磨光化方法在数值微分中的应用[J]. 赣南师范大学学报,2020,41(06):7-11.

[274] 肖庭延,于慎根,王彦飞. 反问题的数值解法[M]. 北京:科学出版社,2003.

[275] 熊绍柏,金东敏,孙克忠,等. 福建漳州地热田及其邻近地区的地壳深部构造特征[J]. 地球物理学报,1991(01):55-63.

[276] 熊向团,柏恩鹏. 分数阶热传导方程侧边值问题的最优滤波方法[J]. 西北师范大学学报(自然科学版),2020,56(3):14-16.

[277] 熊杨. 最小二乘支持向量机算法及应用研究[D]. 长沙:国防科学技术大学,2010.

[278] 徐定华. 纺织材料热湿传递数学模型及设计反问题[M]. 北京:科学出版社,2013.

[279] 徐俊杰. 高维热流耦合方程正反演的数值计算方法[D]. 东华理工大学,2017.

[280] 徐俊杰,刘唐伟. 高维热流耦合方程的一种交替差分格式[J]. 江西科学,2017,35(01):73-78.

[281] 徐有缘,周健,缪俊发. Laplace方程若干问题的解及其在渗透破坏中的应用[J]. 上海地质,2006(03):49-52.

[282] 许涵,冯立新. 求解Laplace方程Cauchy问题的磨光化方法[J]. 黑龙江大学自然科学学报,2022,39(04):379-387.

[283] 薛禹群,谢春红. 地下水数值模拟[M]. 北京:科学出版社,2007.

[284] 阎威武,邵惠鹤. 支持向量机和最小二乘支持向量机的比较及应用研究[J]. 控制与决策,2003(3):358-360.

[285] 杨强生,浦保荣. 高等传热学[M]. 上海:上海交通大学出版社,2001:144-146.

[286] 杨小秋,曾信,石红才,等. 海底热流长期观测系统研制进展. 地球物理学报,2022,65(2):427-447.

[287] 于加举,李福乐,刘振斌,等. 二维稳态热传导热源反问题LS-SVM解[J]. 工程数学学报,2018,35(5):55-569.

[288] 岳俊宏,李明,牛瑞萍. 广义边界控制法在多层热传导边界识别问题中的应用[J]. 太原理工大学学报,2016,47(04):545-551.

[289] 岳素芳. 关于抛物型偏微分方程反问题的一种新解法[D]. 哈尔滨:哈尔滨工业大学,2006.

[290] 张国山,王一鸣,王世伟,等. 常微分方程近似解的LS-SVM改进求法[J]. 系统科

学与数学,2013(06):695-707.

[291] 张国山,王一鸣,王世伟,等.基于LS-SVM求常微分方程近似解的新方法[C].第三十二届中国控制会议论文集.天津大学,2013:7851-7856.

[292] 张鹤琼,罗文陶.Fredholm积分方程的解的存在性和唯一性[J].科技资讯,2009(23):225-225.

[293] 张宏武,朱睦正.Laplace方程Cauchy问题的修正Tikhonov正则化方法[J].河西学院学报,2009,25(02):14-17.

[294] 张健,李家彪.南海西南海盆壳幔结构重力反演与热模拟分析[J].地球物理学报,2011,12:3026-3037.

[295] 张树光,李志建,徐义洪,等.裂隙岩体流-热耦合传热的三维数值模拟分析[J].岩土力学,2011,(8):2507-2511.

[296] 张锁春.抛物型方程定解问题的有限差分数值计算[M].北京:科学出版社,2010.

[297] 张玉军,琚晓冬.热-水-应力-迁移耦合条件下双重孔隙-裂隙介质的抗剪强度及有限元分析[J].岩土力学,2015,(3):877-884.

[298] 张玉军.模拟热-水-应力耦合作用的三维节理单元及其数值分析[J].岩土工程学报,2009,31(8):1213-1218.

[299] 赵九月.利用高阶修正型方程逼近热传导方程侧边值问题[D].济南:山东大学,2014.

[300] 赵平,中国东南地区岩石生热率研究[D].北京:中国科学院地质研究所,1993.

[301] 赵婷婷,杨凤莲.Laplace方程柯西问题的B样条方法[J].广西师范大学学报(自然科学版),2023,41(3):118-129.

[302] 赵毅,张国山.基于LS-SVM求解非线性常微分方程组的近似解[J].传感器与微系统,2018,37(1):129-132.

[303] 赵郑宇,林日光,李志,等.确定热方程未知源问题的超阶正则化方法[J].数学物理学报,2020,40A(3):717-724.

[304] 钟洪宇,熊璐杰,陈涛.一维非稳态多层介质导热问题的研究[J].广西物理,2019,40(1):13-17.

[305] 钟小雨.几类二维矩形域上稳态热传导方程侧边值问题的计算方法[D].抚州:东华理工大学,2023.

[306] 周博韬,李安贵.最小二乘支持向量机的一种改进算法[J].南昌大学学报(理科版),2006,30(6):616-619.

[307] 周晶莹.微分方程正反演求解的LS-SVM方法[D].抚州:东华理工大学,2020.

[308] 周敏,周世健,谯婷,等.一种选取补偿最小二乘正则化参数的改进方法[J].测绘科

学,2018,43(4):105-108.

[309] 周水生,王保军,安亚利.基于 LS-SVM 方法求高阶线性 ODE 近似解[J].计算机工程与应用,2018,54(23):51-56＋73.

[310] 周希豪.人工神经网络求解两类微分方程反问题[D].杭州:杭州电子科技大学,2023.

[311] 朱家玲,张国伟,李君,等.裂隙通道内流固换热系数解析解及敏感性分析[J].太阳能学报,2016,37(8):2019-2025.

[312] 朱家元,陈开陶,张恒喜.最小二乘支持向量机算法研究[J].计算机科学,2003,30(7):157-159.

[313] 朱金芳,方盛明,张先康,等.漳州盆地及其邻区地壳深部结构的探测与研究[J].中国地震,2006,22(4):405-417.

[314] 朱世昕,李林蓉,尚岩松,等.基于多层热传导模型的高温专用服装研究[J].山西大同大学学报(自然科学版),2020,36(4):27-29.

[315] 朱芝,许恒杰,陈维等.超临界二氧化碳螺旋槽干气密封热流耦合润滑临界阻塞特性研究[J].化工学报,2024,75(2):604-615.

[316] 朱文卫,郭耀栋,许志锋等.基于三维热流耦合仿真的登杆电缆载流量计算[J].广东电力,2021,34(6):137-144.

[317] 张冠华.基于卷积神经网络的鲸鱼叫声分类研究[D].哈尔滨:哈尔滨工程大学,2019.

[318] 曾佳.神经网络结构裁剪与搜索研究与实现[D].长春:吉林大学,2022.